中国海相碳酸盐岩大中型油气田分布规律及勘探实践丛书

金之钧　马永生　主编

中国海相层系碳酸盐岩储层与油气保存系统评价

何治亮　沃玉进　等　著

科学出版社

北　京

内 容 简 介

本书针对海相油气勘探所面对的碳酸盐岩储层成因机理与地质发育模式、保存条件形成机理与评价等科学问题，围绕优质储层成因机理、识别描述和表征方法、评价和预测技术难题，深化了不同地质条件下碳酸盐岩溶解-沉淀机理认识，揭示了一种新的白云岩储集空间形成机制，建立了优质储层形成与发育模式，形成了三大类储层识别与描述的技术方法。针对多旋回演化多期变形背景下封盖条件形成演化与有效性评价难问题，揭示了泥页岩裂缝形成与封闭性能演化规律，总结了油气藏的破坏机制与方式，完善了海相层系油气保存条件多学科综合评价技术，建立了油气保存评价定量指标体系，综合评价了三大盆地海相层系油气保存条件。

本书适合从事海相碳酸盐岩油气地质研究与勘探决策的专业人员阅读，也可供高等院校地质与地球物理等相关专业的师生参考。

审图号：GS（2022）1688 号

图书在版编目（CIP）数据

中国海相层系碳酸盐岩储层与油气保存系统评价/何治亮等著. —北京：科学出版社，2022.4

（中国海相碳酸盐岩大中型油气田分布规律及勘探实践丛书/金之钧，马永生主编）

ISBN 978-7-03-067723-5

Ⅰ. ①中… Ⅱ. ①何… Ⅲ. ①海相-碳酸盐岩-储集层-研究 Ⅳ. ①P618.130.2

中国版本图书馆 CIP 数据核字（2020）第 262404 号

责任编辑：孟美岑/责任校对：何艳萍
责任印制：吴兆东/封面设计：陈 敬

科学出版社 出版
北京东黄城根北街 16 号
邮政编码：100717
http://www.sciencep.com
北京中科印刷有限公司 印刷
科学出版社发行 各地新华书店经销
*
2022 年 4 月第 一 版 开本：787×1092 1/16
2022 年 4 月第一次印刷 印张：19 1/4
字数：430 000
定价：258.00 元
（如有印装质量问题，我社负责调换）

丛书编委会

编委会主任： 金之钧　马永生

编委会副主任： 冯建辉　郭旭升　何治亮　刘文汇
　　　　　　　　王　毅　魏修成　曾义金　孙冬胜

编委会委员（按姓氏笔画排序）：
　　　　　　马永生　王　毅　云　露　冯建辉
　　　　　　刘文汇　刘修善　孙冬胜　何治亮
　　　　　　沃玉进　季玉新　金之钧　金晓辉
　　　　　　郭旭升　郭彤楼　曾义金　蔡立国
　　　　　　蔡勋育　魏修成

执行工作组组长： 孙冬胜

执行工作组主要人员（按姓氏笔画排序）：
　　　　　　王　毅　付孝悦　孙冬胜　李双建
　　　　　　沃玉进　陆晓燕　陈军海　林娟华
　　　　　　季玉新　金晓辉　蔡立国

本书主要作者名单

何治亮	沃玉进	焦存礼	钱一雄
周　雁	顾　忆	胡文瑄	樊太亮
李国蓉	鲍征宇	何　生	周江羽
范　明	杨子川	李宏涛	李双建
张殿伟	高志前	袁玉松	孙宜朴
张军涛	丁　茜	彭守涛	魏水建
张　宏	卞昌蓉		

丛 书 序

保障国家油气供应安全是我国石油工作者的重大使命。在东部老区陆相盆地油气储量难以大幅度增加和稳产难度越来越大时，油气勘探重点逐步从中国东部中、新生代陆相盆地向中西部古生代海相盆地转移。与国外典型海相盆地相比，国内海相盆地地层时代老、埋藏深，经历过更加复杂的构造演化史。高演化古老烃源岩的有效性、深层储层的有效性、多期成藏的有效性与强构造改造区油气保存条件的有效性等油气地质理论问题，以及复杂地表、复杂构造区的地震勘探技术、深层高温高压钻完井等配套工程技术难题，严重制约了海相油气勘探的部署决策、油气田的发现效率和勘探进程。

针对我国石油工业发展的重大科技问题，国家科技部 2008 年组织启动国家科技重大专项"大型油气田及煤层气开发"，并在其中设立了"海相碳酸盐岩大中型油气田分布规律及勘探评价"项目。"十二五"期间又持续立项，前后历时 8 年。项目紧紧围绕"多期构造活动背景下海相碳酸盐岩层系油气富集规律"这一核心科学问题，以"落实资源潜力，探索海相油气富集与分布规律，实现大中型油气田勘探新突破"为主线，聚焦中西部三大海相盆地，凝聚 26 家单位 500 余名科研人员，形成了"产学研"一体化攻关团队，以成藏要素的动态演化为研究重点，开展了大量石油地质基础研究和关键技术与装备的研发，进一步发展和完善了海相碳酸盐岩油气地质理论、勘探思路及配套工程工艺技术，通过有效推广应用，获得了多项重大发现，落实了规模储量。研究成果标志性强，产出丰富，得到了业界专家高度评价，在行业内产生了很大影响。

由金之钧、马永生两位院士主编的《中国海相碳酸盐岩大中型油气田分布规律及勘探实践丛书》是在项目成果报告基础上，进一步凝练而成。

在海相碳酸盐岩层系成盆成烃方面，突出了多期盆地构造演化旋回对成藏要素的控制作用及关键构造事件对成藏的影响，揭示了高演化古老烃源岩类型及生排烃特征与机理，建立了多元生烃史恢复及有效性评价方法；在储层成因机理与评价方法方面，重点分析了多样性储层发育与分布规律，揭示了埋藏过程流体参与下的深层储层形成与保持机理，建立了储层地质新模式与评价新方法；在油气保存条件方面，提出了盖层有效性动态定量评价思路和指标体系，揭示了古老泥岩盖层的封盖机理；在油气成藏方面，阐明了海相层系多元多期成藏、油气转化和改造调整的特征，完善了油气成藏定年示踪及混源定量评价技术，明确了海相层系油气资源及盆地内各区带资源分布。创新提出了海相层系"源-盖控烃""斜坡-枢纽控聚""近源-优储控富"的油气分布与富集规律，并依此确立了选区、选带、选目标的勘探评价思路。

在地震勘探技术方面，面对复杂地表、复杂构造和复杂储层，形成了灰岩裸露区的地震采集技术，研发了山前带低信噪比的三维叠前深度偏移成像技术及起伏地表叠前成像技术；在钻井工程方面，针对深层超深层高温高压及酸性腐蚀气体等难点，形成了海相油气井优快钻井技术、超深水平井钻井技术、井筒强化技术及多压力体系固井技术等，逐步形成了海相大中型油气田，特别是海相深层油气勘探配套的工程技术系列。

这些成果代表了海相碳酸盐岩层系油气理论研究的最新进展和技术发展方向，有力支撑了海相层系油气勘探工作。实现了塔里木盆地阿-满过渡带的重大勘探突破、四川盆地元坝气田的整体探明及川西海相层系的重大导向性突破、鄂尔多斯盆地大牛地气田的有序接替，新增探明油气地质储量 8.64 亿吨油当量，优选了 6 个增储领域，其中 4 个具有亿吨级规模。同时，形成了一支稳定的、具有国际影响力的海相碳酸盐岩研究和勘探团队。

我国海相碳酸盐岩层系油气资源潜力巨大，勘探程度较低，是今后油气勘探十分重要的战略接替领域。我本人从 20 世纪 80 年代末开始参加塔里木会战，后来任中国石油副总裁和总地质师，负责科研与勘探工作，一直在海相碳酸盐岩领域从事油气地质研究与勘探组织工作，对中国叠合盆地形成演化与油气分布的复杂性，体会很深。随着勘探深度的增加，勘探风险与成本也在不断增加。只有持续开展海相油气地质理论与技术、装备方面的科技攻关，才能不断实现我国海相油气领域的开疆拓土、增储上产、降本增效。我相信，该套丛书的出版，一定能为继续从事该领域理论研究与勘探实践的科研生产人员提供宝贵的参考资料，并发挥日益重要的作用。

谨此将该套丛书推荐给广大读者。

国家科技重大专项"大型油气田及煤层气开发"技术总师

中国科学院院士　　翟承造

2021 年 11 月 16 日

丛 书 前 言

中国海相碳酸盐岩层系具有时代老、埋藏深、构造改造强的特点，油气勘探面临一系列的重大理论技术难题。经过几代石油人的艰苦努力，先后取得了威远、靖边、塔河、普光等一系列的油气重大突破，初步建立了具有我国地质特色的海相油气地质理论和勘探方法技术。随着海相油气勘探向纵深展开，越来越多的理论技术难题逐步显现出来，影响了海相油气资源评价、目标优选、部署决策，制约了海相油气田的发现效率和勘探进程。借鉴我国陆相油气地质理论与国外海相油气地质理论和先进技术，创新形成适合中国海相碳酸盐岩层系特点的油气地质理论体系和勘探技术系列，实现海相油气重大发现和规模增储，是我国油气行业的奋斗目标。

2008 年国家三部委启动了"大型油气田及煤层气开发"国家科技重大专项，设立了"海相碳酸盐岩大中型油气田分布规律及勘探评价"项目。"十二五"期间又持续立项，前后历时 8 年。项目紧紧围绕"多期构造活动背景下海相碳酸盐岩层系油气富集规律"这一核心科学问题，聚焦中西部三大海相盆地石油地质理论问题和关键技术难题，开展了多学科结合，产-学-研-用协同的科技攻关。

基于前期研究成果和新阶段勘探对象特点的分析，进一步明确了项目研究面临的关键问题与攻关重点。在地质评价方面，针对我国海相碳酸盐岩演化程度高、烃源岩时代老、生烃过程恢复难，缝洞型及礁滩相储层非均质性强、深埋藏后优质储层形成机理复杂，多期构造活动导致多期成藏与改造、调整、破坏等特点导致的勘探目标评价和预测难度增大，必须把有效烃源、有效储盖组合、有效封闭保存条件统一到有效的成藏组合中，全面、系统、动态地分析多期构造作用下油气多期成藏与后期调整改造机理，重塑动态成藏过程，从而更好地指导有利区带的优选。在地震勘探方面，面对"复杂地表、复杂构造、复杂储层"等苛刻条件，亟需解决提高灰岩裸露区地震资料品质、山前带复杂构造成像、提高特殊碳酸盐岩储层预测及流体识别精度等技术难题。在钻完井工程技术方面，亟需开发出深层多压力体系、裂缝孔洞发育、富含腐蚀性气体等特殊地质环境下的钻井、固井、储层保护等技术。项目具体的理论与技术难题可概括为六个方面：①海相烃源岩多元生烃机理和资源量评价技术；②深层-超深层、多类型海相碳酸盐岩优质储层发育与保存机制；③复杂构造背景下盖层有效性动态评价与保存条件预测方法；④海相大中型油气田富集机理、分布规律与勘探评价思路；⑤针对"复杂地表、复杂构造、复杂储层"条件的地球物理采集、处理以及储层与流体预测技术；⑥深层-超深层地质环境下，优快钻井、固井、完井和酸压技术。

围绕上述科学技术问题与攻关目标，项目形成了以下技术路线：以"源-盖控烃""斜坡-枢纽控聚""近源-优储控富"地质评价思路为指导，以"落实资源潜力、探索海相油气富集分布规律、实现大中型油气田勘探新突破"为主线，围绕多期构造活动背景下的海相碳酸盐岩油气聚散过程与分布规律这一核心科学问题，以深层-超深层碳酸盐岩储层预测与优快钻井技术为攻关重点，将地质、地球物理与工程技术紧密结合，形成海相大中型油气田勘探评价及配套工程技术系列，遴选出中国海相碳酸盐岩层系油气勘探目标，为实现海相油气战略突破提供有力的技术支撑。

针对攻关任务与考核目标，项目设立了 6 个课题：课题 1——海相碳酸盐岩油气资源潜力、富集规律与战略选区；课题 2——海相碳酸盐岩层系优质储层分布与保存条件评价；课题 3——南方海相碳酸盐岩大中型油气田分布规律及勘探评价；课题 4——塔里木-鄂尔多斯盆地海相碳酸盐岩层系大中型油气田形成规律与勘探评价；课题 5——海相碳酸盐岩层系综合地球物理勘探技术；课题 6——海相碳酸盐岩油气井井筒关键技术。

项目和各课题按"产-学-研-用一体化"分别组建了研究团队。负责单位为中国石化石油勘探开发研究院，联合承担单位包括：中国石化石油工程技术研究院、勘探分公司、西北油田分公司、华北油气分公司、江汉油田分公司、江苏油田分公司、物探技术研究院、中国科学院广州地球化学研究所、南京地质古生物研究所、武汉岩土力学研究所，北京大学，中国石油大学（北京），中国石油大学（华东），中国地质大学（北京），中国地质大学（武汉），西安石油大学，中国海洋大学，西南石油大学，西北大学，成都理工大学，南京大学，同济大学，浙江大学，中国地质科学院地质力学研究所等。

在全体科研人员的共同努力下，完成了大量实物工作量和基础研究工作，取得了如下进展：

（1）建立了海相碳酸盐岩层系油气生、储、盖成藏要素与动态成藏研究的新方法与地质评价新技术。①明确了海相烃源岩成烃生物类型及生烃潜力。通过超显微有机岩石学识别出四种成烃生物：浮游藻类、底栖藻类、真菌细菌类、线叶植物和高等植物类。海相烃源岩以Ⅱ型干酪根为主，不同成烃生物生油气产率表现为陆源高等植物（Ⅲ型）＜真菌细菌类＜或≈底栖生物（Ⅱ型）＜浮游藻类（Ⅰ型）。硅质型、钙质型、黏土型三类烃源岩在早、中成熟阶段排烃效率存在显著差异。硅质型烃源岩排烃效率约为 21%～60%，随硅质有机质薄层增加而增大；钙质型烃源岩排烃效率约为 13%～36%，随碳酸盐含量增加而增大；黏土型烃源岩排烃效率约为 1%～4%。在成熟晚期，三类烃源岩排油效率均迅速增高到 60%以上。②揭示了深层优质储层形成机理与发育模式，建立了评价和预测新技术。通过模拟实验研究，发现了碳酸盐岩溶蚀率受温度（深度）控制的"溶蚀窗"现象，揭示出高温条件下白云石-SiO_2-H_2O 的反应可能是一种新的白云岩储集空间形成机制。通过典型案例解剖，建立了深层岩溶、礁滩、白云岩优质储层形成与发育模式。完善了成岩流体地球化学示踪技术；建立了基于分形理论的储集空间定量表征技术；在地质建模的基础上，发展了碳酸盐岩储层描述、评价与预测新技术。③建立了海相层系油气保存条件多学科综合评价技术。研发了地层流体超压的地震预测新算法；探索了以横波估算、分角度叠加、叠前弹性反演为核心的泥岩盖层脆塑性评价方法；建立了改造阶段盖层封闭性动态演化评价方法，完善了"源-盖匹配"关系研究内容，形成了油气保存条件定量评价指标体系，综合评价了三大盆地海相层系油气保存条件。④建立了海相层系油气成藏定年-示踪及混源比定量评价技术。根据有机分子母质继承效应、稳定同位素分馏效应以及放射性子体同位素累积效应，构建了以稳定同位素组成为基础，以组分生物标志化合物轻烃、非烃气体和稀有气体同位素、微量元素为重要手段的烃源转化、成烃、成藏过程示踪指标体系，明确了不同类型烃源的成烃过程及贡献，厘定了油气成烃、成藏时代。采用多元数理统计学方法，建立了定量计算混源比例新技术。利用完善后的定年地质模型测算元坝气田长兴组天然气成藏时代为 $12\sim8\ \mathrm{Ma}$。定量评价塔河油田混源比，确定了端元烃源岩的性质及油气充注时间。

（2）发展和完善了海相大中型油气田成藏地质理论，剖析了典型海相油气成藏主控因素与分布规律，建立了海相盆地勘探目标评价方法。①明确了四川盆地大中型油气田成藏主控因素与分布规律。通过晚二叠世缓坡—镶边台地动态沉积演化过程及区域沉积格架恢复，重建了"早滩晚礁、多期叠置、成排成带"的生物礁发育模式，建立了"三微输导、近源富集、持续保存"的超深层生物礁成藏模式。提出川西拗陷隆起及斜坡带雷口坡组天然气成藏为近源供烃、网状裂缝输导、白云岩化+溶蚀控储、陆相泥岩封盖、构造圈闭及地层+岩性圈闭控藏的地质模式。提出早寒武世拉张槽控制了优质烃源岩发育，建立了沿拉张槽两侧"近源-优储"的油气富集模式。②深化了塔里木盆地大中型油气田成藏规律认识，建立了不同区带油气成藏模式。通过典型油气藏解剖，建立了塔中北坡奥陶系碳酸盐岩"斜坡近源、断盖匹配、晚期成藏、优储控富"的天然气成藏模式。揭示了塔河外围与深层"多源供烃、多期调整、储层控富、断裂控藏"的碳酸盐岩缝洞型油气成藏机理。③建立了鄂尔多斯盆地奥陶系风化壳天然气成藏模式和储层预测方法。在分析鄂尔多斯盆地奥陶系风化壳天然气成藏主控因素的基础上，建立了"双源供烃、区域封盖、优储控富"的成藏模式。提出了基于沉积（微）相、古岩溶相和成岩相分析的"三相控储"优质储层预测方法和风化壳裂缝-岩溶型致密碳酸盐岩储层分布预测描述技术体系。④建立了海相盆地碳酸盐岩层系油气资源评价及勘探目标优选方法。开展了油气资源评价方法和参数体系的研究，建立了 4 个类比标准区，计算了塔里木、四川、鄂尔多斯盆地海相烃源岩油气资源量。阐明了海相碳酸盐岩层系斜坡、枢纽油气控聚机理，总结了海相碳酸盐岩层系油气富集规律。在"源-盖控烃"选区、"斜坡-枢纽控聚"选带和"近源-优储控富"选目标的勘探思路指导下，开展了海相碳酸盐岩层系油气勘探战略选区和目标优选。

（3）研发了一套适合于复杂构造区和深层-超深层地质条件的地震采集处理和钻完井工程技术。①针对我国碳酸盐岩领域面临的复杂地表、复杂构造和储层条件，建立了系统配套的地球物理技术。形成了南方礁滩相和西部缝洞型储层三维物理模型与物理模拟技术，建立了一套灰岩裸露区地震采集技术。研发了适应山前带低信噪比资料特征的 Beam-ray 三维叠前深度偏移成像技术，建立了一套起伏地表各向异性速度建模与逆时深度偏移技术流程，形成了先进的叠前成像技术。②发展了海相碳酸盐岩层系优快钻、完井技术。研制了随钻地层压力测量工程样机、带中继器的电磁波随钻测量系统、高效破岩工具及高抗挤空心玻璃微珠、低摩阻钻井液体系、耐高温地面交联酸体系等。揭示了碳酸盐岩地层大中型漏失、高温条件下的酸性气体腐蚀、碳酸盐岩储层导电等机理。建立了碳酸盐岩地层孔隙压力预测、混合气体腐蚀动力学、超深水平井分段压裂、完井管柱安全性评价、含油气饱和度计算等模型。提出了地层压力预测及测量解释、漏层诊断、井壁稳定控制、碳酸盐岩深穿透工艺、水平井分段压裂压降分析、流体性质识别等方法，形成了长传输电磁波随钻测量系统、超深海相油气井优快钻井、超深水平井钻井、海相油气井井筒强化、深井超深井多压力体系固井、缝洞型储层测井解释与深穿透酸压等技术。

（4）研究成果及时应用于三大海相盆地油气勘探工作之中，成效显著。①阐释了"源-盖控烃""斜坡-枢纽控聚""近源-优储控富"的机理，提出了勘探选区选带选目标评价方法，有效指导海相层系油气勘探。在"源-盖控烃"选区、"斜坡-枢纽控聚"选带、"近源-优储控富"选目标勘探思路的指导下，开展了海相碳酸盐岩层系油气勘探战略选区评价，推动了4个滚动评价区带的扩边与增储上产，明确了16个预探和战略准备区，优选了9个区带，提出了20口风险探井（含科探井）井位建议（塔里木盆地10口，南方10口），其中8口井获得工业油气流。②储层地震预测技术应用于元坝超深层礁滩储层，厚度预测符合率90.7%，礁滩复合体钻遇率100%，生屑滩储层钻遇率90.9%，礁滩储层综合钻遇率95.4%。在塔里木玉北地区裂缝识别符合率大于80%，碳酸盐岩储层预测成功率较"十一五"提高5%以上。③关键井筒工程技术在元坝、塔河及外围地区推广应用307口井，碳酸盐岩深穿透酸压设计符合率93%，施工成功率100%，施工有效率>91.3%。Ⅱ类储层测井解释符合率≥86%，基本形成Ⅲ类储层测井识别方法。固井质量合格率100%。大中型堵漏技术现场应用一次堵漏成功率93%，堵漏作业时间、平均钻井周期与"十一五"末相比分别减少50%和22.69%以上。④"十二五"期间，在四川盆地发现与落实了4个具有战略意义的大中型气田勘探目标，新增天然气探明储量4148.93×10^8 m^3。塔河油田实现向外围拓展，塔北地区海相碳酸盐岩层系合计完成新增探明油气地质储量44868.43×10^4 t油当量。鄂尔多斯盆地实现了大牛地气田奥陶系新突破，培育出马五 1+2 气藏探明储量目标区（估算探明储量103×10^8 m^3），控制马五 5 气藏有利勘探面积834 km^2，圈闭资源量271×10^8 m^3。

（5）项目获得了丰富多彩的有形化成果，得到了业界高度认可与好评，打造了一支稳定的、具有国际影响力的海相碳酸盐岩研究团队。①项目相关成果获得国家科技进步一等奖1项、二等奖1项，省部级科技进步一等奖5项、二等奖7项、三等奖2项，技术发明特等奖1项、一等奖1项。申报专利108件，授权39件。申报中国石化专有技术8件。发布行业标准5项，企业标准13项，登记软件著作权34项。发表论文396篇，其中 SCI-EI 177 篇。 ②新当选中国工程院院士1人、中国科学院院士1人。获李四光地质科学奖1人，孙越崎能源大奖1人，全国优秀科技工作者1人，青年地质科技奖金锤奖1人、银锤奖1人，孙越崎青年科技奖1人，中国光华工程奖1人。引进千人计划1人。培养百千万人才1人，行业专家19人，博士后22人，博士58人，硕士123人。③项目验收专家组认为，该项目完成了合同书规定的研究任务，实现了"十二五"攻关目标，是一份优秀的科研成果，一致同意通过验收。

《中国海相碳酸盐岩大中型油气田分布规律及勘探实践丛书》是在项目总报告和各课题报告基础上进一步凝练而成，包括以下7个分册：

《海相碳酸盐岩大中型油气田分布规律及勘探评价》，作者：金之钧等。

《海相碳酸盐岩层系成烃成藏机理与示踪》，作者：刘文汇、蔡立国、孙冬胜等。

《中国海相层系碳酸盐岩储层与油气保存系统评价》，作者：何治亮、沃玉进等。

《南方海相层系油气形成规律及勘探评价》，作者：马永生、郭旭升、郭彤楼、胡东风、付孝悦等。

《塔里木盆地下古生界大中型油气田形成规律与勘探评价》，作者：王毅、云露、杨伟利、周波等。

《碳酸盐岩层系地球物理勘探技术》，作者：魏修成、季玉新、刘炯等。

《海相碳酸盐岩超深层钻完井技术》，作者：曾义金、刘修善等。

我国海相碳酸盐岩层系资源潜力大，目前探明程度仍然很低，是公认的油气勘探开发战略接替阵地。随着勘探深度不断增加，勘探难度越来越大，对地质理论认识与关键技术创新的需求也越来越迫切。这套丛书的出版旨在总结过去，启迪未来。希望能为未来从事该领域油气地质研究与勘探技术研发的广大科研人员的持续创新奠定基础，同时，也为我国海相领域后起之秀的健康成长助以绵薄之力。

"大型油气田及煤层气开发"重大专项总地质师贾承造院士是我国盆地构造与油气地质领域的著名学者，更是我国海相油气勘探的重要实践者与组织者，他全程关心和指导了项目的研究过程，百忙之中又为本丛书作序，在此，深表感谢！重大专项办公室邹才能院士、宋岩教授、赵孟军教授、赵力民高工等专家，以及项目立项、中期评估与验收专家组的各位专家，在项目运行过程中，给予了无私的指导、帮助与支持。中国石化科技部张永刚副主任、王国力处长、关晓东处长、张俊副处长及相关油田的多位领导在项目立项与实施过程中给予了大力支持。中国石油、中国石化、中国科学院及各大院校为本项研究提供了大量宝贵的资料。全体参研人员为项目的研究工作付出了热情与汗水，是项目成果不可或缺的贡献者。在此，谨向相关单位与专家们表示崇高的敬意与诚挚的感谢！

由于作者水平有限，书中错误在所难免，敬请广大读者赐教，不吝指正！

金之钧　马永生

2021 年 11 月 16 日

本 书 前 言

储层研究一直是油气勘探的重点。从世界范围看，碳酸盐岩储层的油气产量约占总产量的2/3；特别是中东、北美、俄罗斯的许多大型-特大型油气田都与碳酸盐岩储层密切相关，研究历史由来已久，资料积累也很丰富。1964年至今，我国先后在四川、鄂尔多斯、渤海湾、塔里木等盆地的海相层系中发现了众多油气藏。特别是近几年陆续发现了塔里木盆地的轮南、塔中和塔河油田，四川盆地的普光和龙岗等大油气田。最近又在四川盆地川西地区川科1井下三叠统马鞍塘组海相碳酸盐岩中测试获日产86.8万m^3、川东南新区兴隆1井长兴组试获51.7万m^3高产工业气流，阆中1井中二叠统茅口组、元坝中三叠统雷口坡组亦获得工业气流，展示了我国前新生代海相碳酸盐岩良好的勘探前景和巨大潜力。

油气保存条件评价是中国海相层系油气勘探选区的关键。大量研究表明，任何沉积盆地的含油气潜力皆与盖层的质量、数量及分布面积有关，油气田分布与区域盖层形成演化及有效性密切相关。虽然存在多种类型的油气藏，但油气藏最终能否形成与保存，关键在于区域盖层条件的形成演化及其有效性。国内外27个盆地、200余个大型海相油气田成藏条件和成藏规律表明，良好有效的区域盖层是大型油气田最终成藏保存的关键条件。

为推进我国海相碳酸盐岩层系油气勘探的技术进步，提高勘探效率，科技部先后设立了两轮国家科技重大专项项目("海相碳酸盐岩层系优质储层分布与保存条件评价"一、二期)，项目攻关均涉及三大盆地海相碳酸盐岩层系优质储层形成与分布、油气保存机理与综合评价。中国石化石油勘探开发研究院联合中国地质大学（北京）、南京大学、中国地质大学（武汉）、成都理工大学、中国石油化工股份有限公司西北油田分公司等单位，组成了一个100余人的研究团队开展联合攻关研究。在储层研究方面，系统分析以下古生界海相碳酸盐岩层系为主的多类型储层形成的区域动力学条件，明确了在常温常压和高温高压条件下碳酸盐岩储层溶蚀机理；建立不同类型优质储层发育的沉积模式，总结了有利储集相带的发育分布规律；研究不同类型优质储层成岩作用与成岩环境，建立了优质储层地质发育模式；总结不同类型优质储层地震响应特征，形成了不同类型优质储层地质地球物理预测方法，开展了储层描述和评价。在油气保存研究方面，通过多种岩石力学实验，揭示了泥页岩裂缝形成与封闭性能演化规律；建立了改造阶段盖层封闭性动态演化评价方法，完善了"源盖匹配"评价技术；研发了利用地震资料开展地层超压预测新方法；总结油气藏破坏机制，建立了油气有效保存模式和评价方法。

为了使从事碳酸盐岩油气勘探研究的同行了解中国三大盆地海相碳酸盐岩储层与油气保存的基本地质特征，本书以"十一五"与"十二五"期间完成的两轮国家科技重大专项项目攻关成果为基础，通过对海相碳酸盐岩储盖层发育的构造背景、碳酸盐岩储层成因机理与评价方法、三大盆地碳酸盐岩储层发育的宏观地质规律与分布模式及预测描述技术、油气封盖机理与保存条件综合评价技术方法、三大盆地油气保存系统与评价等方面的系统分析，力求从机理与理论、方法与技术、成果与应用等方面，较全面地介绍中国三大海相盆地碳酸盐岩储层与油气保存的代表性研究成果。

本书由何治亮主持编写。各章的主要执笔人如下：前言由何治亮编写；第一章由樊太亮、李双建、张军涛、焦存礼、李国蓉、高志前、孙宜朴、沃玉进编写；第二章由钱一雄、范明、胡文瑄、鲍征宇、丁茜、彭守涛编写；第三章由焦存礼、樊太亮、李国蓉、张军涛、李宏涛编写；第四章由何治亮、李宏涛、焦存礼、杨子川、张军涛、张宏、卞昌蓉编写；第五章由周雁、范明、袁玉松编写；第六章由周雁、何生、袁玉松、魏水建编写；第七章由沃玉进、顾忆、周江羽、张殿伟编写；最后由何治亮、沃玉进统稿定稿。朱东亚、罗开平、廖太平、谢淑云、王小林、尤东华、刘伟新、俞凌杰、孙炜、张仲培、余琪祥、王龙樟、李绍虎、朱虹、金晓辉、陈霞、张荣强、邱登峰、李天义、刘忠宝、吴仕强、张瑜、王康宁、汲生珍、游瑜春、刘国萍、冯琼、杜洋、胡晓兰、杨帆、乔博、张文涛、马红强、乔桂林、陈强路、姜海健、储呈林、史政、陈跃、邬兴威、高键、王芙蓉、侯宇光、赵明亮、杨锐、魏思乐、张建坤、杨兴业等，参与了大量的研究工作。

项目负责人金之钧院士全面指导了本项目的各项工作，在研究和编写过程中，得到了科技部、"大型油气田及煤层气开发"国家科技重大专项实施管理办公室、中国石化集团、中国石油集团和有关院校等单位的大力支持和帮助，在此一并表示衷心感谢。

目 录

第一章 海相碳酸盐岩储盖层发育的构造沉积背景

第一节 塔里木盆地区域构造背景与盆地演化

一、塔里木盆地区域构造背景

（一）盆地大地构造位置

塔里木盆地是塔里木板块的核心稳定区部分。塔里木板块是一个具有古老大陆地壳基底，自元古宙超大陆裂解出来，古生代独立演化的古陆块。其四周边界分别为：北部边界为南天山北界断裂带；西南部边界为西昆仑断裂带；东南部边界为阿尔金断裂带。现今为欧亚大陆板块南缘蒙古弧与帕米尔弧之间的广阔增生边缘中的中间地块（图1-1）。塔里木板块经历了长期复杂的构造演化。它在早古生代为一独立漂移的古陆块，在晚古生代拼贴在欧亚大陆南缘成为大陆边缘增生活动带的一部分，在晚古生代末期到中生代塔里木板块受特提斯构造带控制。由于羌塘地块、印度板块等与欧亚大陆碰撞，随着特提斯洋闭合，塔里木成为大陆内部稳定地块及沉降的山间盆地。新生代则主要受喜马拉雅构造带控制。

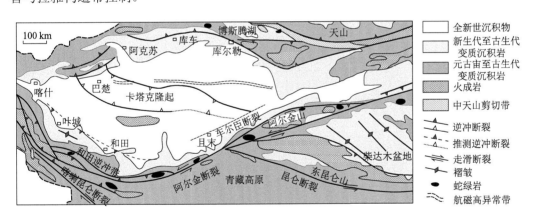

图 1-1 塔里木及其邻区构造格架简图

（二）板块边缘古生界动力学性质

塔里木盆地周边露头、盆地内深部地球物理资料及盆地地震、探井资料综合分析表明，塔里木板块的基底为前震旦纪陆壳。震旦纪后塔里木板块陆壳伸展分裂，其北缘有伊犁等地块的分离与南天山洋的形成，南缘有昆仑地块的分离和昆仑洋的形成与消减。

1. 塔里木北缘古生代的构造演化

震旦纪开始，与罗迪尼亚超大陆解体相呼应，天山构造域的塔里木古陆块、哈萨克斯坦-北天山古陆块也开始在拉张背景下裂解、漂移，震旦纪晚期—早寒武世古亚洲洋已经具备相当规模，中大山一带发育了大小不等、相互分离，但具有前寒武纪基底的微陆块，形成多岛有限洋，北支在中天山以北为北天山洋，南支在中天山以南为南天山洋。洋内漂浮的陆块后期作为洋壳俯冲的触发带和俯冲产物的依附体以及酸性、中酸性岩浆活动带，导致天山构造域开合构造的复杂性、多变性。

寒武纪古亚洲洋为鼎盛时期，其性质类似于大西洋，但呈多岛洋的状态。中天山北缘 520~480 Ma 蛇绿岩形成于中寒武世—早奥陶世，北天山古洋盆向南俯冲作用起始于早奥陶世，向北俯冲发生在晚奥陶世，志留纪开始发生碰撞。

南天山洋可能与北天山洋同期或稍微滞后于晚震旦世拉开，在寒武纪成大洋，早奥陶世晚期（478 Ma）发育侵入岩体代表扩张背景，志留纪（440~420 Ma）的侵入岩和变质岩的年代测定说明此时开始向中天山微地块群之下俯冲。

晚志留世到早泥盆世，北天山在志留纪持续发育蛇绿岩说明碰撞作用尚未结束，在碰撞造山带-残余海槽的背景下又发生新一轮的拉张解体作用。晚泥盆世—早石炭世，出现以巴音沟蛇绿岩为代表的晚古北天山裂陷槽，宽度不大，延伸也不长，并以洋内剪切方式闭合消减。北天山现今表现出的由南向北的大规模推覆作用可能是洋内剪切作用的进一步发展，使蛇绿混杂岩呈推覆岩片上覆于早中石炭世火山岩、浊积岩之上，伊犁中天山板块内部发育早石炭世裂谷带，并起一定的屏障作用，分隔了北天山和南天山两个生物地理区。

而古南天山洋得到新的发展，南天山扩张中心向南有所迁移。早古南天山洋向北的俯冲作用促使原塔里木北部被动大陆边缘发生地壳拉张作用，其中陆缘的一部分被解体出去，构成继续向伊犁中天山板块下俯冲的南天山微板块，中泥盆世—早石炭世，塔里木板块和南天山微板块之间存在以南天山晚古生代蛇绿混杂岩代表的晚古南天山洋盆。早石炭世末，晚古北天山有限洋关闭，伊犁地块南北部于晚石炭世隆起，北天山局部发育上石炭统磨拉石建造。塔里木陆块中北缘、哈尔克山南坡及库米什北一带发生裂谷型引张作用的同时，西天山造山带发生大规模的推覆作用，二叠纪（290~280 Ma）晚古南天山小洋盆洋壳开始俯冲，早二叠世（280~270 Ma）中天山与塔里木陆块碰撞，结束海侵历史，山脉雏形形成，形成右旋走滑韧性剪切作用，发育了高压-超高压变质岩。塔里木板块、伊犁中天山板块和准噶尔板块又重新拼合为统一的整体。晚二叠世，进一步的挤压应力加速了古天山山脉的进一步隆升，西天山及邻区广泛接受陆表海稳定型碎屑岩、碳酸盐岩沉积。塔里木北部、南天山、北大山、准噶尔地区均遭受海侵。

2. 塔里木西南缘西昆仑构造演化

库地蛇绿岩形成于 525 Ma 以前，说明新元古代—早寒武世洋盆发育并为拉张环境。而俯冲年龄还没有确切依据，根据资料研究，花岗质侵入岩最老为 480 Ma，属早奥陶世，

"阿卡孜洋盆"向南开始消减，最老的消减杂岩变质年龄为 460 Ma，属于中奥陶世。因此洋盆向南消减最早开始于早奥陶世，形成变质岩最早在中-晚奥陶世，晚奥陶世可能伴随有右行剪切（许志琴等，2004）。根据碰撞型侵入岩和变质岩的发育，最早的碰撞时间为晚奥陶世—早志留世（442.3±2.8 Ma），志留纪持续造山并仍发育 430～420 Ma 的弧后盆地，碰撞作用完全结束在晚志留世之后。早古生代总体上是包含微陆块的原特提斯洋盆格局，俯冲消减是向南的，塔里木南缘一直处于被动大陆边缘状态，昆仑山才是微陆块演化形成的早奥陶世—晚奥陶世的活动陆块边缘，晚奥陶世进入碰撞造山阶段。

晚古生代进入古特提斯洋演化阶段，泥盆纪—早二叠世为伸展扩张阶段，康西瓦-苏巴什早古生代残留盆地，北部为塔里木陆块南部，即现在的昆仑山位置为早古生代碰撞造山带。在此基础上泥盆纪格局发生改变，由北向南先后裂解了昆盖山裂谷带、库尔良裂谷带及阿羌裂谷带。早石炭世—早二叠世伸展裂解作用加剧，逐步形成了三个不同性质的盆（洋）地夹两个陆块的构造格局。中二叠世—三叠纪为消减挤压阶段，这一阶段康西瓦-苏巴什洋盆向北侧俯冲消减，形成麻扎构造岩浆弧。

3. 塔里木东南缘阿尔金大陆边缘构造特征

阿尔金造山带构造演化复杂，目前还没有公认的、确定性的系统认识。

中元古代以前，阿尔金地块可能是一个古岛弧，位于多岛洋盆之中，此时塔里木、柴达木、东昆仑等地块同属于亲塔里木古大陆性质。中元古代末大陆拼贴后，新元古代晚期又发生裂解，在目前的北祁连、阿尔金山北缘、阿尔金山南缘地区发育一系列裂谷，并演化为小洋盆。其中阿尔金小洋盆与新元古代晚期的昆仑洋盆应该是相连的。

震旦纪—早古生代是多岛洋盆的持续发育，是由大西洋型向太平洋型转化的过程。北祁连山和阿尔金山北缘的蛇绿岩年代为 568～481 Ma，说明震旦纪晚期—早奥陶世晚期北祁连洋-阿尔金北缘小洋盆处在持续拉张阶段；高压变质带形成于 480～440 Ma，说明向南俯冲作用开始于早奥陶世末—晚奥陶世；北祁连火山岛弧形成于 486～438 Ma，弧后盆地扩张作用产生于 460～440 Ma，闭合时代为晚奥陶世（445～428 Ma）；阿尔金山南缘和南祁连山最老的俯冲-碰撞型岩体为 575 Ma 和 440 Ma，为晚震旦世—奥陶纪晚期，说明晚震旦世阿尔金洋的南支开始俯冲；而发生陆内俯冲（500～440 Ma）是在北祁连洋盆闭合之前，阿尔金洋的南支闭合在 440 Ma（奥陶纪末）开始，志留纪—泥盆纪北祁连洋和阿尔金洋逐步消失，成为塔里木、阿拉善、东昆仑、柴达木地块之间的加里东造山带。

晚古生代阿尔金地区构造演化呈现挤压与拉张转换和交替的基本程式。木孜塔格蛇绿岩年龄上限确定为早石炭世，代表的消失洋盆与可可西里和祁漫塔格等地区的古洋盆共同构成了青藏高原北部早石炭世古特提斯多岛洋的一部分，同时说明早石炭世青藏高原北部陆壳的裂解是沿多处进行的。阿尔金北带继承原特提斯洋的晚古生代古特提斯洋继续向北俯冲消减，但构造体制发生了显著的变化，形成沟-弧-盆构造格局。

阿尔金-昆仑地区晚泥盆世开始沉降，石炭纪有强烈基性、酸性火山活动，形成石炭纪弧后陆内裂谷盆地。在大陆板块与大洋板块之间发育中基性火山岩为主的岛弧火山岩，弧间（或外弧槽）沉积了火山碎屑沉积岩夹中酸性火山岩（416.2±1.3 Ma），并发育弧前盆地。晚古生代早期发生了普遍的伸展运动。二叠纪岛弧带之南在俯冲带堆积了强剪切变形的二叠系深色泥质粉砂岩、泥岩夹硅质岩等。小洋盆开始向弧、陆南北两侧双向俯冲消减，中二叠世末发生弧-陆碰撞，发育大陆增生造山期后的磨拉石建造。

二、塔里木盆地主要不整合特征

塔里木盆地是多期构造运动造就的叠加复合盆地，许多层序界面与构造运动直接相关。根据盆地构造演化研究（谢晓安等，1996），塔里木盆地主要经历了塔里木、加里东、海西、印支、燕山和喜马拉雅六大构造运动，相应地引起了海平面的大规模相对升降变化，形成了一系列的地层不整合面。

（一）T_7^4 不整合发育特征

T_7^4 不整合面主要是加里东中期构造运动的产物，并被加里东晚期运动、海西早期运动强烈改造，分布较为广泛。中奥陶统底部不整合（T_7^4）在塔中地区的地震剖面上显示反射能量强，反射波组特征明显、连续，是古生代地层的不整合界面中最容易识别和对比的界面。在中央断垒带附近，T_7^4 界面有尖灭现象，该界面之上多发育上超现象，之下发育削蚀现象。T_7^4 地震反射波组多为弱振幅杂乱反射，而上覆地震波组则为较连续的反射特征。

1. 加里东中期

早奥陶世末期的加里东中期运动是塔里木盆地构造背景发生转化的重要时期，使塔里木克拉通南部由伸展体制转化为挤压环境。该时期，T_7^4 不整合面展布特征整体为：南北盆缘为不整合叠合区，盆内腹部为平行不整合-整合区，盆内隆起局部为削蚀不整合（图 1-2）。盆地北缘库车-提匀根一带，处于抬升剥蚀区，形成 T_7^4-T_8^0-T_9^0 不整合叠合区。但盆地内部没有明显遭受挤压，大部分为 T_7^4 平行不整合-整合区；加里东中期构造运动，在巴楚和塔北及塔中地区发生构造抬升，隆升幅度不大，形成局部 T_7^4 削蚀不整合三角带。

2. 加里东晚期

奥陶纪末期，区域挤压作用进一步增强，塔里木盆地内海水大面积退出，仅南天山、阿瓦提-满加尔部分地区仍为水系覆盖，接受沉积。该时期，T_7^4 不整合面展布特征整体为：盆地周缘为不整合叠合区，隆起局部为不整合三角带，盆内腹部为平行不整合或整合区（图 1-3）。盆地北缘库车-提匀根一带，处于抬升剥蚀区，形成 T_7^0-T_7^4 不整合叠合区。英买力-轮南、塔中地区的隆起幅度进一步抬升，形成 T_7^0-T_7^4 削蚀不整合三角带。塔西南和田古隆起继续发育，并向东部迁移，中上奥陶统地层不仅遭受严重剥蚀，而且下奥陶统地层也遭受剥蚀，形成 T_7^0-T_7^4 不整合叠合区。盆内其他地区，T_7^4 界面并未遭受加里东晚期运动改造。

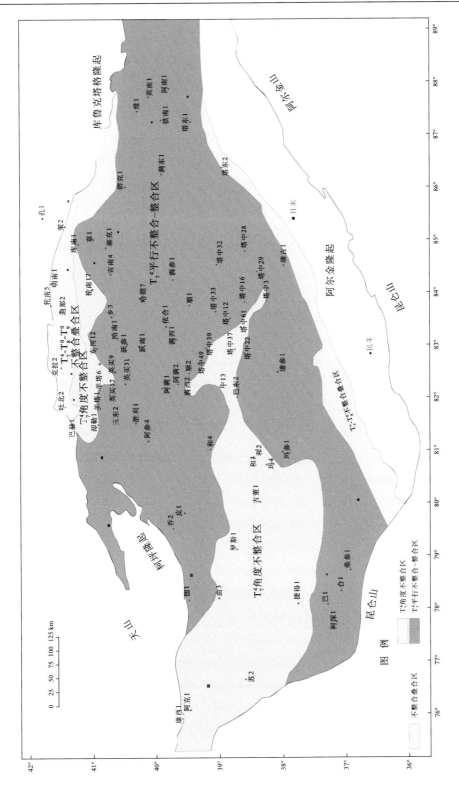

图1-2　塔里木盆地加里东中期 T_7^4 不整合类型分布图

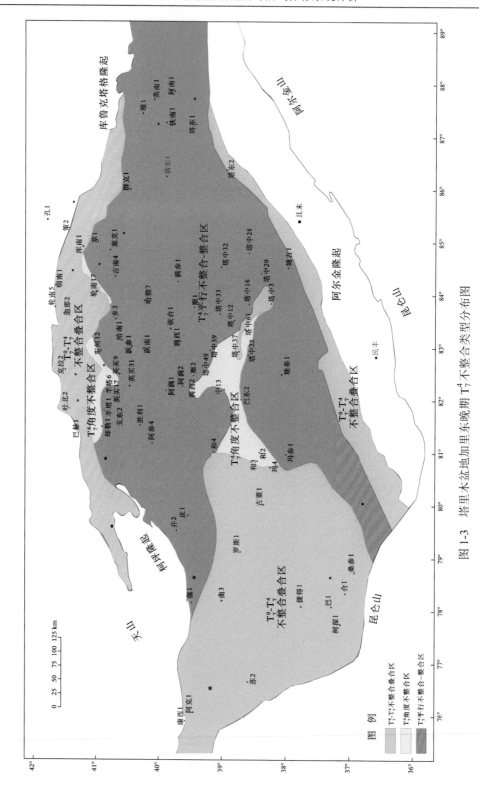

图 1-3　塔里木盆地加里东晚期 T_7^4 不整合类型分布图

3. 海西早期

志留纪—中泥盆世，塔里木盆地发生大规模的海西早期运动，塔里木盆地南压北张，盆地南北缘均为活动大陆边缘，盆地内大部分地区抬升，致使盆地内广大的晚泥盆世前地层被剥蚀。该时期，T_7^4不整合面展布特征与加里东运动晚期较一致，整体上为：盆地周缘为不整合叠合区，隆起局部为不整合三角带，盆内腹部为平行不整合或整合区（图1-4）。盆地北缘地层剥蚀范围向塔北隆起南坡扩展，轮台凸起下古生界被强烈剥蚀，形成T_6^0-T_7^0-T_7^4不整合叠合区，但局部保留T_7^4削蚀不整合三角带。塔西南隆起此时也演化为北西倾的单斜隆起，中上奥陶统、志留系、泥盆系被剥蚀而缺失，在巴楚-麦盖提-皮山一带，由南往北依次为T_7^4平行不整合-整合区、T_7^0-T_7^4不整合叠合区、T_6^0-T_7^0-T_7^4不整合叠合区。塔中地区，卡塔克隆起为向西倾伏的大型鼻状凸起，形成局部T_6^0-T_7^0-T_7^4不整合叠合区。盆内其他地区，T_7^4界面并未遭受加里东晚期运动改造。

4. 海西晚期

晚泥盆世—二叠纪末，塔里木盆地构造格局发生了根本的变化，出现了北压南张的构造环境。该时期，T_7^4不整合面展布特征与海西运动早期较一致，整体上为：盆地周缘为不整合叠合区，隆起局部为不整合三角带，盆内腹部为平行不整合或整合区（图1-5）。强烈的区域挤压作用，导致盆地北缘拜城-库车-提匀根形成T_5^0-T_6^0-T_7^0-T_7^4不整合叠合区。盆地其他地区，T_7^4界面未遭受加里东晚期运动改造，仍保持海西运动早期时的分布特征。

5. 印支期

三叠纪末期，印支运动导致盆地周边造山带进一步隆升（图1-6）。塔里木盆地南缘为塔南碰撞边缘隆起，北缘为古天山隆起，盆地内遭受大面积隆起剥蚀。该时期，T_7^4不整合面展布特征与海西运动时期较一致，整体上为：盆地周缘为不整合叠合区，隆起局部为削蚀不整合三角带，盆内腹部为平行不整合或整合区。盆地北缘塔北地区，印支构造运动表现为较强烈的差异升降活动，阿合奇-乌什-新和一带和库尔勒-尉犁一带，晚古生代地层遭受严重剥蚀，形成T_4^4-T_5^0-T_6^0-T_7^0-T_7^4不整合叠合区。盆内其他地区，T_7^4界面并未遭受加里东晚期运动改造，仍保持海西运动早期时的分布特征。

综上所述，T_7^4界面的构造类不整合分布于塔北、塔中、塔东南及塔西南地区：塔北、塔中地区，T_7^4界面不整合面组合类型比其他地区多，说明盆地北缘T_7^4界面主要受后期构造运动改造较频繁，卡塔克隆起地区次之；塔西南巴楚-皮山地区，T_7^4界面不整合面组合类型主要是加里东运动和海西早期运动的产物，后期较为稳定；盆地东南缘民丰-且末-若羌一带，长期遭受破坏性剥蚀，形成多个期次不整合面的叠合区；满加尔凹陷、阿瓦提凹陷地区，T_7^4界面主要是受加里东中期运动差异剥蚀，形成平行不整合或整合区，在后期构造运动中并未遭受剥蚀和破坏。

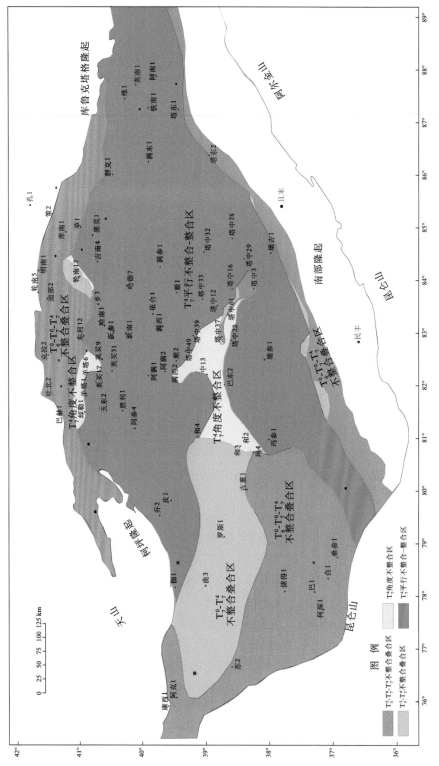

图 1-4 塔里木盆地海西早期 T_7^4 不整合类型分布图

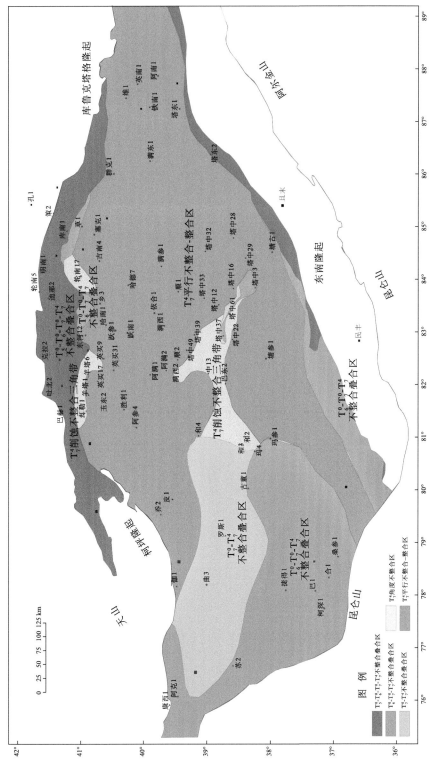

图 1-5 塔里木盆地海西晚期 T_7^4 不整合类型分布图

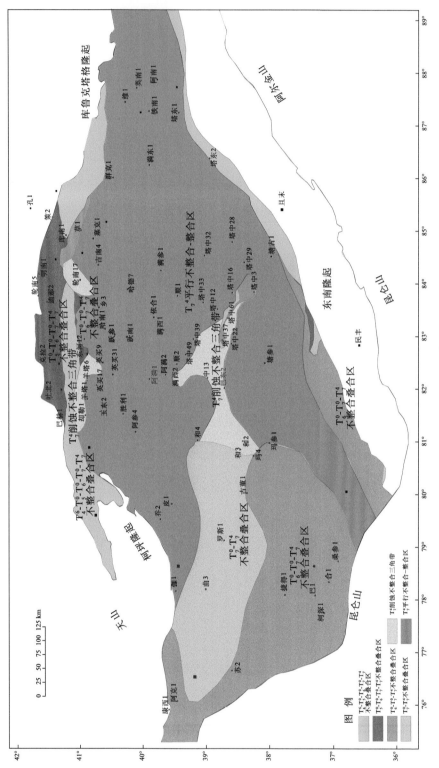

图 1-6　塔里木盆地印支期 T_7^4 不整合类型分布图

（二）T_7^0不整合发育特征

T_7^0不整合面主要形成于奥陶纪末期是加里东构造旋回重要的构造变革期，后被海西早期运动强烈改造，在盆地大部分地区表现为角度不整合，分布较为广泛。在东西向地震剖面上T_7^0反射波组对下伏奥陶系有明显的剥蚀现象；在南北向剖面上，塔北南坡奥陶系顶部地震反射波组以由南向北剥蚀尖灭为主要特征，在塔中的北斜坡也可明显见到奥陶系顶部地震反射波组都被T_7^0反射波组削蚀，反射能量较强、反射较连续。局部地区形成沉积楔形体，表明该时期构造活动较强烈，不是简单的隆升，大部分地区遭受强烈剥蚀作用。

1. 加里东晚期

奥陶纪末期，区域挤压作用进一步增强，塔里木盆地内海水大面积退出，仅南天山、阿瓦提-满加尔部分地区仍为水系覆盖，接受沉积。该时期，T_7^0不整合面展布特征整体为：盆地南部为不整合叠合区或不整合三角带，塔北-草湖为不整合叠合区或不整合三角带，北部凹陷发育平行不整合或整合区（图1-7）。

巴楚以南至塔西南缘为强烈的削蚀区，形成T_7^0与下伏T_7^4等不整合界面的削截叠合区，向东或东南方向过渡为T_7^4与T_7^0的不整合三角带。塔中隆起以南为大面积的角度不整合区，总体上显示出由西南向东北方向隆起减弱的趋势。塔北隆起带受到了较强的剥蚀作用，形成了T_7^0不整合面大面积强烈削蚀到T_7^4界面，T_7^0与T_7^4形成大面积的叠合带。塔北隆起的南斜坡为T_7^0与T_7^4的高角度不整合三角带，在轮南和孔雀河低凸起形成两个向南或西南方向凸出、剥蚀厚度较大的高角度不整合三角带，并与塔中隆起向北凸出的不整合三角带对应。盆地北部拗陷带为平行不整合或整合区。满加尔拗陷与阿瓦提拗陷间存在北东东向的平行、微角度不整合低凸起带。

2. 海西早期

中泥盆世后，塔里木盆地发生大规模的海西早期运动，塔里木盆地南压北张，盆地南北缘均为活动大陆边缘，盆地内大部分地区抬升，致使盆地内广大的晚泥盆世前地层被剥蚀。该时期，T_7^0不整合面展布特征与加里东运动晚期较一致，整体上为：盆地南部为不整合叠合区或不整合三角带，塔北-孔雀河为不整合叠合区或不整合三角带，北部凹陷发育平行不整合或整合区（图1-8）。塔西南缘处于强烈削蚀区，形成T_6^0-T_7^0-T_7^4不整合叠合区，向北至巴楚形成T_7^0与下伏T_7^4等不整合界面的削截叠合区，继续向东或东南方向过渡为T_7^4与T_7^0的不整合三角带。塔中隆起形成局部角度不整合叠合区，总体上，显示出由西南向东北方向改造减弱的趋势。塔北隆起带受到了较强的剥蚀作用，大面积的T_7^0不整合面及下伏T_7^4界面，遭受了强烈削蚀，形成T_6^0-T_7^0-T_7^4不整合叠合区。盆地其他地区，T_7^0界面并未遭受海西早期运动改造，仍保持加里东运动晚期的分布特征。

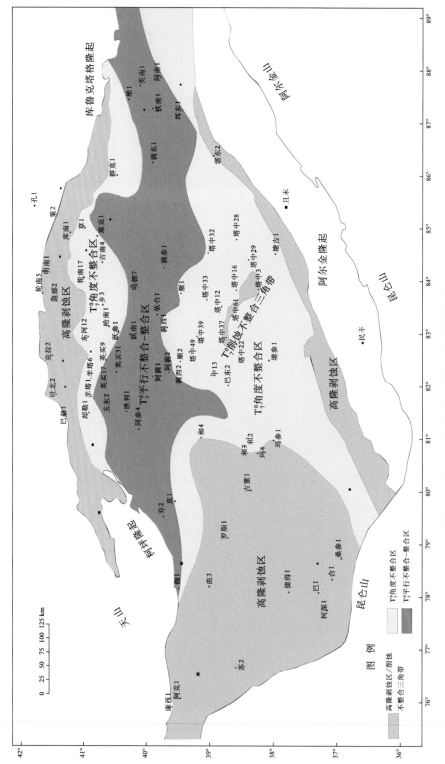

图 1-7 塔里木盆地加里东晚期 T_7^0 不整合类型分布图

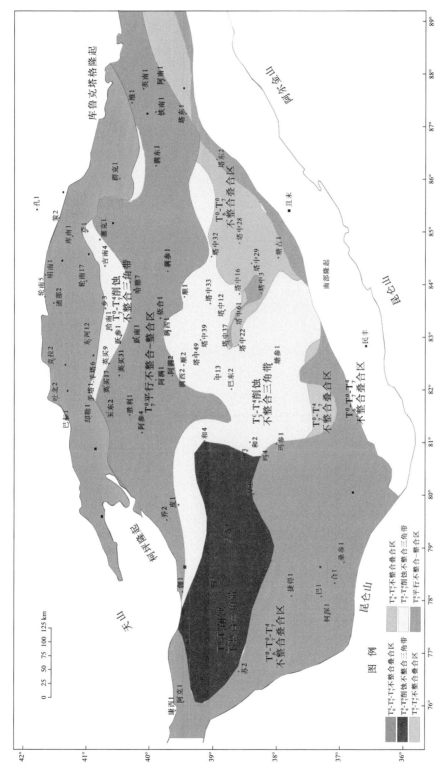

图 1-8　塔里木盆地海西早期 T_7^0 不整合类型分布图

3. 海西晚期

晚泥盆世—二叠纪末，塔里木盆地构造格局发生了根本的变化，出现了北压南张的构造环境。该时期，T_7^0 不整合面展布特征与海西运动早期较一致，整体上为：盆地南部为不整合叠合区或不整合三角带，塔北-孔雀河为不整合叠合区或不整合三角带，北部凹陷发育平行不整合-整合区（图1-9）。盆地北缘拜城-库车-提匀根晚古生代地层遭受大面积剥蚀，T_5^0 不整合面直接覆盖在下伏的 T_6^0、T_7^0、T_7^4 界面，形成 T_5^0-T_6^0-T_7^0-T_7^4 不整合叠合区。盆地其他地区，T_7^0 界面并未遭受海西晚期运动改造，仍保持海西早期运动时的分布特征。

三、塔里木盆地构造旋回划分与盆地演化

塔里木盆地是经历过多期构造作用、由多个原盆地叠加而形成的大型叠合盆地。一系列代表重要构造变革期不整合分隔着不同构造旋回或构造层序（图1-10）。其中一些构造不整合面不仅剥蚀范围大，剥蚀量大，在盆地大部分地区均表现为角度不整合，而且界面上、下的盆地性质和地球动力学背景发生了重大的变化，如震旦系底（T_{10}^0）、志留系底（T_7^0）、上泥盆统底（T_6^0）、三叠系底（T_5^0）、侏罗系底（T_4^6）、白垩系底（T_4^0）、古近系底（T_3^1）及第四系底（T_2^0）等构造不整合面。依据这些主要的构造变革不整合面可划分出震旦纪—显生宙的7个一级构造层序，代表了7个重要的构造发育演化阶段（表1-1）。这些一级构造层序内发育了多个由区域规模的构造不整合面所限定的二级构造层序。值得指出，不同构造不整合面的接触关系及其所限定的构造层序内的构造样式和变形特征，在纵、横方向上均表现出显著差异，反映出盆地的形成演化及变形在时空上的非同步性，受控于盆地基底性质和周边构造作用或地球动力学背景的不同。

塔里木叠合盆地的形成演化经历了四大构造旋回，即加里东构造旋回、海西构造旋回、印支-燕山构造旋回、喜马拉雅构造旋回（图1-11）；其中经历了7次重要的构造变革期，形成7个一级和20个二级构造不整合面和构造层序。盆地构造古地理和隆拗格局发生了多次重要变革，导致了原盆地在纵、横向上的叠加改造和并列复合，形成了独特的复杂地质结构。不同演化阶段盆地构造性质和变形强度在时空上的差异和原盆地复杂的叠合结构，与地球动力学背景演化、周边构造作用以及基底分块差异有关，并决定着盆地成藏组合和油气聚集的基本特征。

（一）加里东构造旋回（Z-D₂）

塔里木叠合盆地在加里东构造旋回（Z-D₂）的形成演化经历了从早期的大陆裂解、伸长背景到克拉通拗陷、周缘前陆的原型盆地演化。可划分为以下4个演化阶段。①震旦纪—早中寒武世区域伸长背景：裂谷、拗拉槽、被动大陆边缘和碳酸盐岩台地发育阶段。②晚寒武世—早奥陶世区域弱伸长背景：克拉通碳酸盐岩台地和斜坡。③中-晚奥陶世区域挤压背景：周缘前陆、前陆-克拉通碳酸盐岩台地。④志留纪—早中泥盆世区域挤压背景：周缘前陆、克拉通内碎屑岩拗陷-区域挤压背景。

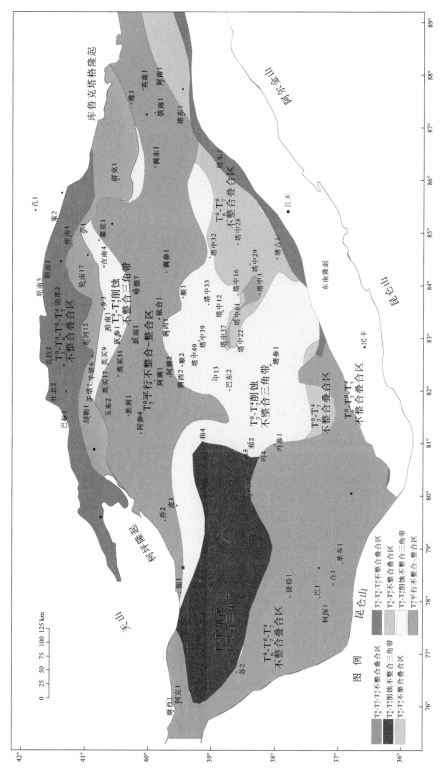

图 1-9　塔里木盆地海西晚期 T_7^0 不整合类型分布图

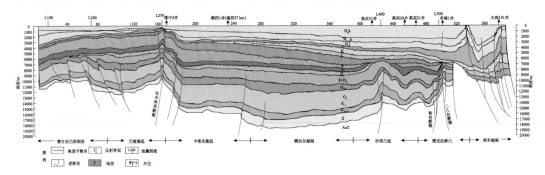

图 1-10　塔里木盆地 Z30 测线示盆地叠合结构和构造单元划分（据林畅松，2006）

表 1-1　构造层（序）的划分和主要构造变革期

地质时代	构造层（序）		反射界面	原盆地演化	主要构造不整合	构造旋回
	一级	二级				
Q	VII		T_2^0			早喜马拉雅期
N		3	T_2^2	陆内前陆盆地		
	VI	2	T_3^0		古近纪末	
E		1	T_3^1			晚燕山期
K	V	4	T_4^0	陆内拗陷、前陆拗陷	白垩纪末	燕山期
		3		陆内拗陷	侏罗纪末	
J		2	T_4^6			
		1				
T	IV	2	T_5^0	陆内拗陷-前陆拗陷	三叠纪末	印支期
		1				
P	III	4	T_5^1	陆内拗陷、裂陷克拉通边缘拗陷	二叠纪末	晚海西期
		3	T_5^4			
C		2	T_5^7			早海西期
D_3		1	T_6^0			
D_{1+2}	II	2	T_6^1	周缘前陆盆地克拉通边缘拗陷	中泥盆世末	
S_3						
S_{1+2}		1	T_7^0			
O_{2+3}	I	4	T_7^2	周缘前陆、前隆-克拉通台地	奥陶纪末	中加里东期
		3	T_7^4		中奥陶世	
O_1			T_8^0	克拉通台地离散（张裂）大陆边缘、拗拉槽	早奥陶世末	
$\in_3$		2	T_8^1			早加里东期
$\in_{1-2}$			T_9^0			
Z		1	T_{10}^0	裂陷、拗拉槽-离散大陆边缘、克拉通台地	震旦纪末	

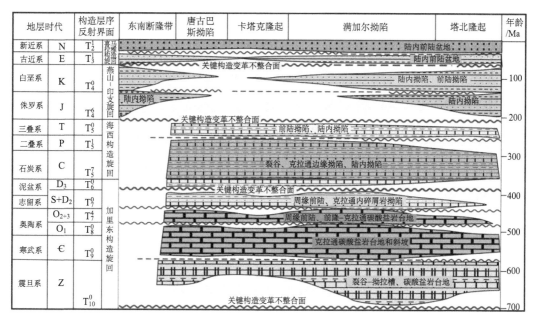

图 1-11　塔里木原盆地形成演化阶段综合分析（据林畅松，2006）

1. 震旦纪—寒武纪

塔里木地块统一基底形成于新元古代晚期发生的塔里木运动。从震旦纪开始进入应力松弛和区域伸展的构造背景，新元古代形成的罗迪尼亚超大陆开始裂解。元古宙形成的"新疆"板块在震旦纪早期发生分离，使得塔里木陆壳板块分别与其西南侧羌塘地块和东北侧准噶尔地块及北侧中天山的伊犁地块相继分离，至寒武纪塔里木地块周缘出现了洋壳，分别形成昆仑洋和南天山洋、北部古大洋。南北两侧的昆仑和天山地区逐渐从早期裂谷演化为后来的被动大陆边缘。在东北部的库鲁克塔格地区发育了与古亚洲洋开裂相关的板内裂谷支，震旦纪—早寒武世发育了酸性和基性双峰式大陆裂谷火山岩系，形成了由北山-南天山伸入塔里木地块的满加尔拗拉槽（贾承造，1995，1997；刘生国等，2001；贾承造和魏国齐，2003）。

晚震旦世发生了多次张裂的陆相火山喷发；晚震旦世晚期海水浸漫，发育灰岩与白云岩沉积。在克拉通边缘拗陷出现半深海深水浊积岩沉积。震旦纪末期的柯坪运动，使塔中和塔西南的剥蚀区扩大，形成了震旦系与上覆寒武系之间的构造不整合面（T_9^0）。早寒武世盆地的西南缘与北缘分别发育北昆仑裂谷盆地和南天山裂谷盆地，盆地内部西高东低，西部发育开阔台地与局限台地沉积；盆地东部为拉张背景下的克拉通边缘拗陷（高志前等，2011）。中寒武世北昆仑洋开始出现，塔西南缘形成了被动大陆边缘发育开阔台地与斜坡相沉积。在塔西克拉通内拗陷发育了局限台地相膏泥坪沉积。塔东仍为克拉通边缘拗陷。巴楚-塔中一带从震旦纪至早中寒武世形成近 EW 向的台地边缘斜坡或拗陷，发育有向北倾为主的张性断裂。晚寒武世北昆仑洋和南天山洋进一步扩张。叶城-和田一带的塔西南隆起（和田隆起）可能已具雏形，形成一水下低隆起带。塔东边缘拗陷沉降加深，主要为欠补偿沉积环境。

2. 奥陶纪

在盆地北缘的古亚洲洋北支在中奥陶世早期已处于闭合阶段，使阿尔泰古陆与西伯利亚古陆碰撞、褶皱造山并伴有同造山期花岗岩侵入，最终拼贴于西伯利亚板块西南缘成为其增生陆壳。北天山洋盆自中奥陶世沿艾比湖至吐哈地块南缘向中天山地体之下俯冲，至奥陶纪末期洋盆消减灭亡。南天山奥陶纪主要为碳酸盐岩建造，沿着塔里木地块的北缘，发育了斜坡、浅-半深海相的被动大陆边缘环境下的沉积。中奥陶世可能存在一个阿尔金洋盆（陈宣华等，2001；高志前等，2012；Gao et al., 2015），它与祁连山地区早、中奥陶世形成的完整的沟弧盆体系和成熟大洋可能具有统一的封闭和造山历史，形成阿尔金-祁连造山带（冯益民，1997）。盆地南缘的北昆仑洋，在奥陶纪末期可能已接近封闭。

3. 志留纪—中泥盆世

志留纪—中泥盆世，塔里木地块南压北张。塔里木板块北缘形成了南天山洋与南天山克拉通边缘拗陷；塔里木板块南缘中昆仑岛弧及中昆仑地体与塔里木块体相碰撞，导致西昆仑带向盆地掩冲，形成了前陆冲断带及其相关盆地系统。

（二）海西构造旋回（D₃-P）

1. 晚泥盆世

东河塘组沉积期塔里木盆地以塔西克拉通内拗陷的发育为特征，沉积了一套滨岸-浅海陆棚相的砂岩、泥质粉砂岩。由于塔东地区的隆升，盆地向西倾斜，水体西深东浅。

2. 石炭纪

早石炭世仅发育了和田、东南、柯坪等低缓隆起，轮南-古城一带的低隆起成为水下低隆起。半闭塞-闭塞台地相占据大部分盆地。克拉通内拗陷分割为西部与东部两个凹陷，西部凹陷的阿瓦提一带沉降较快。北山裂陷活动加强。塔里木板块北缘被动大陆边缘盆地因南天山洋的俯冲消减而发生分异，水体西深东浅。塔西南缘发育成为成熟的被动大陆边缘。

3. 二叠纪

早二叠世时古特提斯洋开始沿塔什库尔干-康西瓦-木孜塔格-玛沁向北俯冲,在峡南桥-赛图拉一带，出现陆缘弧，形成钙碱性安山岩、英安岩及火山碎屑岩建造，同时在整个西昆仑陆缘弧带有大量的海西期花岗岩类侵入活动。古特提斯洋的俯冲可能造成此时塔里木板块内部的弧后扩张，导致了板块内部大规模的早二叠世岩墙群和喷溢玄武岩的发育。早二叠世，塔里木盆地发生大规模海退，盆地主体成为隆起剥蚀区。盆地西南部被动大陆边缘盆地中发育了碳酸盐岩开阔台地，其范围达到巴楚、古董山、和田河一线，柯坪-岳普湖以西为大面积的台地边缘相。南天山洋东段褶皱隆升成陆，只在黑英山以西保留海水，包孜东以北为开阔台地，乌恰以西为大陆斜坡，其间为台地边缘沉积体系。

中二叠世的塔里木盆地是一个向西倾斜的盆地，东部主要为隆起剥蚀区。康西瓦断裂以南的古特提斯洋板块向塔里木板块开始俯冲，西南缘形成了塔西南弧后盆地，发育了曲流河-滨湖相沉积体系。盆地内部为克拉通盆地内拗陷，发育河流-湖泊相沉积。塔西北-南天山一带形成边缘拗陷，为残余海湾，由于局部裂解作用的发生，中二叠世早期（康克林组沉积时期），海水曾到达柯坪、印干-四石厂、巴楚小海子等地，海水西深东浅。中二叠世晚期（库普库兹满组及开派兹雷克组时期），南天山海盆萎缩，东部已逐渐隆起，同时受北侧北天山洋盆俯冲的影响，出现大规模中酸性的火山活动。二叠纪早期海盆随着整个天山两侧板块的碰撞而逐渐升起。北山裂陷强烈发生，祁漫塔格一带形成弧后盆地。

晚二叠世塔里木地块南、北缘都处于挤压环境。强烈的区域挤压作用导致博格达山、天山、塔北-塔东-阿尔金带强烈隆升。准噶尔南部地区海水全部退出；北山裂陷消亡，出现河流相沉积。库车-南天山地区冲断作用十分强烈，但还没有（来得及）挠曲沉降形成较大型的前陆盆地，仅仅是一些冲-洪积扇体的发育。塔里木盆地仅限于西南地区，由于西昆仑岩浆岛弧后褶皱冲断带的形成，发育了一个形态极不规则的前陆盆地，出现了浅湖-半深湖相沉积。

（三）印支-燕山构造旋回

早三叠世，古特提斯洋向北的俯冲作用加剧，盆地西部地区、祁漫塔格地区隆起，这样盆地为其周缘隆起围限，沉积局限于拗陷内，即现今盆地的中部和北部边缘。初步分析表明，构成库车前陆盆地的新和前缘隆起在这一时期可能沿轮台、雅克拉等断裂向南侧的盆地发生冲断，这些断裂的南侧广泛发育了三角洲沉积体系。据此认为，处于新和前缘隆起之后的盆地内部，即"前陆盆地体系的隆后部位"，不但具有热冷却沉降、隆后环境的均衡调整成因，而且还由于新和前缘隆起的冲断作用，发生了一定程度的挠曲沉降。因此，中部盆地具有复合成因机制，成为被前陆冲断隆起分割的"山间盆地"。

中三叠世，上述盆地格局依然存在。中部盆地的轴向由于阿瓦提-阿拉尔一带的沉降而逆时针旋转，呈 NEE 向。库车前陆盆地的范围略有缩小。若羌-米兰一带形成长条状拗陷型湖盆，天山山间盆地发育。

晚三叠世，随着南侧碰撞事件的发生，挤压作用达到高潮，盆地表现出强烈的隆升与剥蚀。中部盆地范围缩小。库车前陆盆地由于挠曲沉降充分，沉降幅度大，形成了较为宽广的河流-湖盆沉积体系。

自三叠纪晚期羌塘地体与塔里木板块碰撞（230～200 Ma）拼合之后，欧亚大陆的南部边缘向南移至西藏的班公湖-怒江一线。沿着班公湖、怒江零星分布着许多蛇绿混杂岩，代表了侏罗纪时期新特提斯洋的存在。新特提斯洋于二叠纪晚期—三叠纪初就开始破裂扩张，早、中侏罗世已出现了具有大洋地壳的深水远洋沉积（孙鸿烈和郑度，1998）。

早、中侏罗世，构造运动相对平缓，南天山褶皱隆起带开始遭受强烈剥蚀，在区域弱伸展背景下（可能也有造山期后的热沉降和应力松弛以及重力均衡作用影响），盆地与造山带结合部分由于处于构造软弱带上，易拉张形成断陷湖盆。

晚侏罗世为构造调整期，上侏罗统与中侏罗统之间，或中侏罗统内部（如准噶尔盆地西山窑组与头屯河组之间）普遍见到角度不整合。目前，对其成因不甚了解，一般是将其与拉萨地体和欧亚大陆的碰撞相联系，但比较勉强。因为这一不整合普遍见于西北地区，且气候转为干旱炎热。或许与欧亚大陆内部块体的旋转调整有关（何登发和赵文智，1999）。晚侏罗世的盆地范围有所缩小，原来的库车、塔西南、塔东南等断陷已演变为拗陷。

白垩纪时期新特提斯的大洋岩石圈快速向冈底斯之下俯冲消减，形成了冈底斯岛弧的大规模岩浆火山活动（孙鸿烈和郑度，1998）。在羌塘盆地和拉萨地块上的沉积以上白垩统红色磨拉石建造为特征，它们覆盖在变形的侏罗系之上，形成明显的角度不整合关系（贾东等，1997；夏邦栋，1998），在拉萨地块上局部地区存在浅海相上白垩统（Zhang et al.，1998）。此时，塔里木盆地早白垩世沉积分布基本上继承了侏罗纪时期的特点，但是由于气候环境的变化沉积以红色碎屑岩建造为主，上白垩统普遍缺失。这种缺失可能与 Graham 等（1993）、Hendrix 等（1992）所强调的晚白垩纪时期 Kohistan-Dras 岛弧与拉萨地体发生碰撞（80～70 Ma）有关。

早白垩世，主要发育了库车拗陷、塔东拗陷与塔西南盆地。盆地由于进一步拗陷和海平面上升而不断扩大，海水由西边进入，同时西昆仑作为一个屏障把塔西海盆与南边海域相隔开。下白垩统红色粗粒沉积物（冲积扇和辫状河流产物）代表了另一次断裂作用的开始，并伴随有岩浆活动。晚白垩世调整期，上白垩统在新疆地区普遍缺失，与江孜岛弧的碰撞有关系。塔里木地区仅在西南缘发育一套海相沉积。

（四）喜马拉雅构造旋回

自晚白垩世到古近纪时期，中亚大陆的南部大陆边缘已向南移至雅鲁藏布江一线，新特提斯洋向北俯冲于拉萨地体之下，造成大量岩浆侵入活动。塔里木盆地北部古近纪沉积延续了早白垩世时期的沉积环境和气候条件，以红色碎屑岩为主，底部夹有海相碳酸盐岩，并与下伏下白垩统呈平行不整合接触关系，局部可以见到角度不整合。在塔里木盆地西部边缘和甜水海、阿富汗-塔吉克斯坦地区上白垩统和古近系发育海相沉积，反映该地区可能毗邻新特提斯洋。

古新世—始新世早期裂陷-拗陷期，古新世发育库车-阿瓦提拗陷、塔东拗陷与塔西南裂陷三大单元，盆地分布广。始新世整个塔西南地区开始出现明显的海侵，浅水碳酸盐岩几乎遍布全区，仅在周缘地区发育细粒硅质碎屑沉积物。

中新世开始，南部远端强烈的碰撞挤压作用明显影响到塔里木周缘造山带。天山隆升并向盆地冲断；西昆仑发生强烈的褶皱和断裂，铁克里克推覆体开始向北逆冲和抬升；阿尔金断裂带和阿合奇断裂带构成塔里木盆地的东南与西北边界，都发生冲断-走滑作用，从而使塔里木盆地处于强转换挤压环境。塔里木块体呈统一刚性板块向天山、西昆仑山下发生陆内俯冲。也许受喜马拉雅非连续性碰撞过程的影响（钟大赉和丁林，1996），西昆仑与天山的抬升或构造变形也可能具阶段性，其中较为强烈的抬升发生在中新世中期，因为在此阶段塔西南地区的南部边缘发育巨厚的快速堆积（安居安组）。这与近年来对青藏高原隆升过程的研究较为吻合。

第二节 四川盆地区域构造背景与盆地演化

一、四川盆地区域构造背景

（一）基 底 特 征

四川盆地的基底岩系包括太古宇—古元古界结晶变质的康定群和崆岭群、中元古界褶皱变质的会理群、黄水河群、火地垭群、梵净山群以及新元古界—下震旦统的开江桥组、苏雄组、澄江组和板溪群等（罗志立等，1988）。康定群同位素年龄为 1585～2341 Ma（中元古代—太古宙），板溪群同位素年龄为 850～1000 Ma（新元古代）（宋鸿彪和罗志立，1995）。川中女基井揭示上震旦统之下的流纹英安岩同位素年龄为 710.54 Ma，威 28 井钻及的基底花岗岩同位素年龄为 740.99 Ma（早震旦世）。太古宙—古元古代以超基性-基性-中基性深变质杂岩为主的结晶基底主要分布于川中地区；中新元古代—早震旦世固结程度低、卷入沉积盖层褶皱的浅变质褶皱基底分布于结晶基底外围和万州地区。

基底时代、岩性与埋深均具地区差异性（图 1-12）。川东基底为新元古界板溪群，埋深 8～11 km，石柱地区最深；川中基底为太古宇—中元古界康定群，埋深 4～11 km，最浅在威远构造上，基底埋深仅 4 km，往北东方向逐渐加深；川西基底为中元古界黄水河群，埋深 7～11 km，最深在德阳附近（罗志立等，1988）；川东南赤水地区的基底埋深为 6～7 km。

（二）变形结构特征

四川盆地发育在上扬子克拉通之上，为周缘构造带围限，受多期构造运动的影响，纵向上发育多个区域不整合面，受晚中生代以来多期构造运动的叠加改造，现今盆地构造差异变形明显，造山带边缘为多期不同性质的逆冲推覆构造。

从现今四川盆地构造变形特征来看（图 1-13），四川盆地周缘主要发育龙门山逆冲断褶带、米仓山-大巴山逆冲断褶带、雪峰西北缘盖层滑脱断褶带和大娄山-大凉山盖层滑脱走滑断褶带。根据构造线的走向和地层起伏变形强度，四川盆地内部可以划分为 6 个构造单元，分别为川东高陡断褶带、川东南低陡带、川西南低缓褶皱带、川中平缓带、川北低缓带和川西低陡带。

川东高陡断褶带东界为齐岳山断裂，西界为华蓥山断裂，南界为重庆-南川-遵义断裂，北界为南大巴山铁溪-巫溪隐伏断裂，该构造带的构造线主要呈北东向，向北受大巴山弧形变形带的限制，构造线走向逐渐转变为东西向，该构造带的变形样式为典型的隔

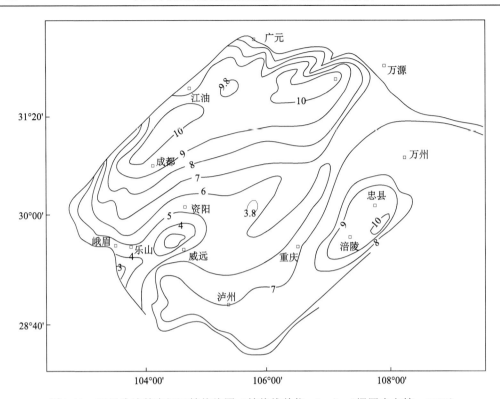

图 1-12　四川盆地基底埋深等值线图（等值线单位：km）（据罗志立等，1988）

挡式，背斜高陡而紧闭；川东南低陡带东南边界为齐岳山断裂，西缘边界为华蓥山断裂，南部边界为大娄山断褶带，东北边界为重庆-南川-遵义断裂，该构造带的构造线主体为北东向，南部赤水地区叠加东西向构造，显示至少受两期构造作用影响。川西南低缓褶皱带南界为大娄山断褶带，北部与川中平缓带以资阳-内江一线分界，界线两侧的构造线走向略有差别，南侧主体为北东向，北侧主体为东西向，该构造带的东界为华蓥山断裂，西界为龙泉山断裂，构造带内主体构造线呈北东向，南部受大娄山褶皱变形影响，发育北西向构造；川中平缓构造带，西界为龙泉山断裂，东界为华蓥山断裂，南北边界不明显，主要依据区内构造线走向差异划分边界，北界以外主体构造走向为北东向和北西向，边界以内主体构造走向为东西向；川北低缓带，北界为米仓山和大巴山，西界为龙门山，东界为华蓥山断裂，受造山带逆冲推覆的影响，该区构造线的走向与山前带推覆方向密切相关，大巴山前主体为北西向，米仓山前主体为北东向和东西向，龙门山前主体为北东向；川西低陡带，南界为大凉山断褶带，西界为龙门山断裂，东北边界为龙泉山断裂，区内构造变形主要受龙门山逆冲推覆影响，构造线主体呈北东向。

　　四川盆地的膏盐岩、泥岩、煤层（及基岩中的韧性剪切层）等非能干层在盆地内部的普遍发育，导致盆地及其周缘出现流变学分层结构，由此在盆地内部及周缘发育了多期次的构造运动形成的不同层次、不同尺度、不同样式的构造变形，总体上看多重滑脱构造变形系统是盆地及其周缘普遍的、重要的构造现象，也是四川盆地特色鲜明的地质结构特点。

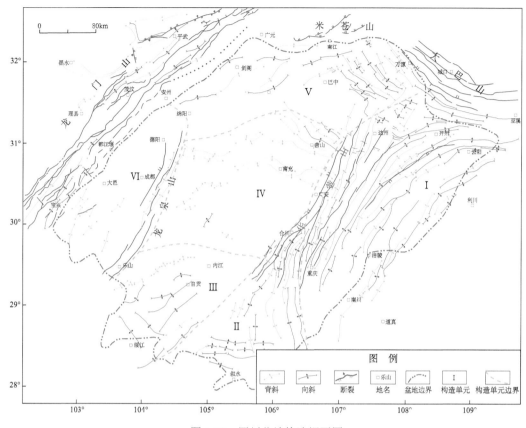

图 1-13 四川盆地构造纲要图

Ⅰ. 川东高陡断褶带；Ⅱ. 川东南低陡带；Ⅲ. 川西南低缓褶皱带；Ⅳ. 川中平缓带；Ⅴ. 川北低缓带；Ⅵ. 川西低陡带

四川盆地的多层滑脱变形结构主要体现在造山带的周缘和川东地区，受造山带基底性质、边缘断裂滑脱层的分布等影响，四川盆地及周缘地质结构特征差异性明显。

龙门山造山带及其前缘褶皱带具有典型的大型逆冲推覆构造系统特征（刘和甫等，1994），纵向上差异变形特征不明显，主要滑脱层为基底、中下三叠统和上三叠统；米仓山与南大巴山的造山带至前陆褶皱-冲断带结构为一个较为简单的逆冲推覆构造，其主体结构可分为根带、显露前锋带与隐伏前锋带，缺乏脆-韧性过渡带变形的中带显著特征，纵向上分层变形结构明显，主要滑脱层为基底和中下三叠统；雪峰山造山带至湘鄂西隔槽式、川东隔挡式褶皱-冲断带是一个规模巨大的壳内基底拆离系统（丁道桂等，2007），这一带构造变形的纵向分层最为明显，主要滑脱层为寒武系、志留系和中下三叠统。

四川盆地现今的地质结构具有明显的平面分区分带、纵向分层的特点，无论是地层实体还是构造变形方式都受到了多期构造运动的影响和叠加改造。显生宙以来四川盆地经历了裂陷（早震旦世）→克拉通（晚震旦世—志留纪）→再裂陷（泥盆纪—石炭纪）→克拉通（二叠纪—中三叠世）→前陆盆地（晚三叠世—古近纪）的发育历程（魏魁生等，1997）。目前比较一致的观点是在印支-燕山运动以前，四川盆地主要表现为升降构造运动，晚印支运动之后，四川盆地周缘开始有褶皱变形，并且由造山带向盆地逐渐递进变形（罗志立等，1988；郭正吾等，1996；刘树根等，2003；张国伟等，2004）。

二、四川盆地主要不整合特征

（一）桐湾期构造运动不整合特征

早震旦世四川盆地及周缘为克拉通初始裂陷，沉积了澄江组和南沱组陆上火山岩、火山碎屑岩、碎屑岩和冰积砾岩等。晚震旦世盆地向克拉通拗陷盆地发展，至晚震旦世末发生的桐湾运动，使四川盆地及其以东大范围抬升、剥蚀，发育了区域不整合，在盆地大部表现为平行不整合，在川西部分地区表现为角度不整合。

桐湾运动可以分为两幕，分别发育在灯影组灯二段和灯四段沉积末期，均表现为地层缺失和平行不整合，桐湾运动二幕形成的不整合在地震剖面上可以识别，而桐湾运动一幕形成的不整合在地震剖面上难以识别。在野外和钻井剖面上，四川盆地及周缘的灯影组可分为 4 段，每一段具有明显的沉积标志。灯一段以浅灰色-深灰色泥粉晶云岩为主，夹藻云岩，纹层状结构，局部可见膏质云岩，含泥质和灰质夹层；灯二段以浅灰色、浅灰白色藻云岩、粉晶云岩为主，具叠层状、雪花状、团块状及葡萄状结构，总体上岩性较纯，局部夹盐膏层及膏质云岩；灯三段以深灰色-灰色细-粉晶层状云岩为主，夹藻云岩，局部含生屑、砂屑，川中和川北地区灯三段底部普遍为含碳质云质泥岩，向西南泥岩减薄；灯四段由浅灰色-深灰色层状粉晶云岩、含砂屑云岩、溶孔粉晶云岩、藻云岩组成，局部夹硅质条带和燧石团块。桐湾运动一幕主要识别标志为灯二段厚层葡萄状白云岩顶部被灯三段蓝灰色、黑色泥岩超覆（如峨边先锋剖面）；桐湾运动二幕主要表现为灯四段含硅质云岩被下寒武统黑色泥岩超覆（如南江桃园剖面）；两个不整合均造成下伏地层的剥蚀和岩溶发育，界面呈波状起伏。

震旦纪末的桐湾运动使四川盆地大部分地区震旦系隆起抬升，遭受风化剥蚀，形成了展顶的古风化壳，发育有良好的溶蚀孔洞缝，形成了典型的古岩溶型储层。古风化壳岩溶一般在侵蚀面之下一定深度内发育（一般小于 80 m），富含 CO_2 的地表水和地下水的溶蚀作用强烈，形成复杂多样的地表古岩溶地貌以及大量的地下溶蚀洞穴系统。桐湾运动一幕沉积间断时间较短，在资阳地区所钻 7 口井中仅见于资 2 井和资 4 井，资 4 井有近 3 m 的风化残积砾屑白云岩。桐湾运动二幕剥蚀时间为 1000 万年左右，除发育风化残积层外，在灯影组，主要在灯四段和灯三段地层上部近 50 m 地层中形成不少规模不大的岩溶洞穴、岩溶漏斗、岩溶漏管和漏滴状小溶洞（侯方浩等，1999）。

（二）加里东期构造运动不整合特征

四川盆地及周缘的加里东运动主要分三幕，即寒武纪末的郁南运动、中奥陶世末的都匀运动和志留纪末的广西运动。

对四川盆地及周缘寒武纪中晚期发育的不整合面统计可以发现，郁南运动造成的地层平行不整合主要分布在川北米仓山周缘，区域上缺失上寒武统，以南江沙滩剖面为例，中寒武统陡坡寺组浅海陆棚相泥岩和薄层灰岩之上发育了下奥陶统滨岸相薄层石英砂岩，表明古隆起自中寒武世一直持续到奥陶纪，与盆地内碳酸盐岩沉积明显不同，奥陶纪沉积了近物源的碎屑沉积。虽然有沉积地层的缺失，但地层之间并未见到明显的角度不整合，表明郁南运动在川北表现为整体的隆升，并未发生大规模的褶皱变形。川南地区汉源-乐山-雷波-筠连等地区，从地层沉积来看，寒武系和奥陶系为连续沉积，并未出现沉积间断，汉源轿顶山剖面下奥陶统发育厚层石英砂岩，代表其距离物源区（康滇古陆）较近，向东至窝深1井、宫深1井下奥陶统逐渐变为碳酸盐岩沉积，可见郁南运动在川南的影响并不明显。在川中地区受加里东期多期构造抬升的叠加影响，乐山-资阳及其以西地区主要的不整合接触关系为下二叠统与下寒武统之间的平行不整合，很难确定是否有郁南运动的影响，在寒武系和奥陶系发育齐全的剖面如安平1井和女基井可以见到，下奥陶统南津关组与中上寒武统西王庙组的整合接触关系，说明郁南运动在川中地区未造成大规模的地层缺失。

都匀运动发生在中奥陶世末持续至志留纪之前，在黔中地区表现最明显。四川盆地周缘表现不明显，但是局部地区也有上奥陶统的缺失。川北米仓山地区绝大多数地区上奥陶统发育齐全，以南江桥亭剖面为例，上奥陶统临湘组和五峰组厚度不大，仅有几米厚，但从岩性来看，临湘组为瘤状灰岩，五峰组为黑色碳质硅质页岩，均为较深水的海相沉积，可见都匀运动期川北隆起并没有大规模扩大，而是经受了一次海侵。从地层接触关系来看，川中地区都匀运动的强度仍然不大，在地层发育完整的井位，如自深1井和座3井，中上奥陶统均为连续沉积。在中下奥陶统与下二叠统接触的井位，很难确定是否是由都匀运动造成的缺失。但是从跨越川中隆起的地震剖面来看，上奥陶统与下志留统地层超覆在中奥陶统地层之上，可见川中古隆起在都匀运动期发生了强烈的隆升并发生了褶皱。由于古隆起周缘上奥陶统和下志留统均为黑色页岩沉积，缺乏陆源碎屑，说明古隆起暴露的持续时间很短，未发生大规模剥蚀。

广西运动对四川盆地及周缘的影响是普遍的，主要表现为下二叠统与下伏不同层位的地层之间的不整合接触关系。川北汉南-米仓山周缘下志留统发育完整，沉积环境与大巴山山前和川东地区相同，说明米仓山古隆起在志留纪时期已经停止发育，不能对上覆地层的沉积起到控制作用。川中地区广西运动引起的地层剥蚀范围最广，且强度最大，除了志留系地层被剥蚀以外，川中古隆起核部的奥陶系和寒武系也遭受了强烈的剥蚀。

由不整合的分布和地层缺失范围来看，加里东期三幕构造运动对四川盆地及周缘的影响具有明显的差异性，郁南运动的影响主要在汉南-米仓山地区，并造成上寒武统缺失，川中地区曾有过短暂的暴露，上寒武统白云岩受到过表生岩溶的影响。都匀运动的影响范围主要在川中地区，可见到上奥陶统—下志留统上超在川中隆起边缘之上，其他地区表现不明显。广西运动是加里东期构造运动的主幕，整个四川盆地及周缘都曾暴露于地表，受到了强烈的剥蚀。

（三）海西期构造运动不整合特征

海西早晚期四川盆地及周缘发生了一次大规模构造运动，称为东吴运动。东吴运动在中国南方影响广泛中，主要表现为造陆性质的振荡运动，造成中国南方地区的总体隆起抬升，一般多表现为中二叠统顶部遭到一定程度的剥蚀，中、上二叠统之间的平行不整合接触，而具有明显的角度不整合的褶皱运动主要发生在钦防地区。

四川盆地及周缘东吴运动具有西强东弱、南强北弱的特点，它的直接表现就是茅口组的剥蚀和峨眉山玄武岩的喷发。茅口组不仅存在差异剥蚀，而且在空间上具有明显的变化规律。茅口组的剥蚀程度以大理-米易为中心呈圆环状分布，自西到东、自南到北可分为深度剥蚀带（内带）、部分剥蚀带（中带）、古风化壳带（外带）和连续沉积带（边缘带）（图1-14、图1-15；何斌等，2003，2005）。①深度剥蚀带（内带）：大理、米易一带直径为400 km 的近圆形区域内，该带茅口组大量缺失，残留的地层厚度多为几十米，局部峨眉山玄武岩直接盖在梁山组砂岩上，茅口组全部缺失。②部分剥蚀带（中带）：包括云南东部（昆明、会东、巧家）和四川的西南部，总体表现为宽度为300 km 左右的圆弧形环带，在此带茅口组部分缺失，厚度为200～350 m。③古风化壳带（外带）：

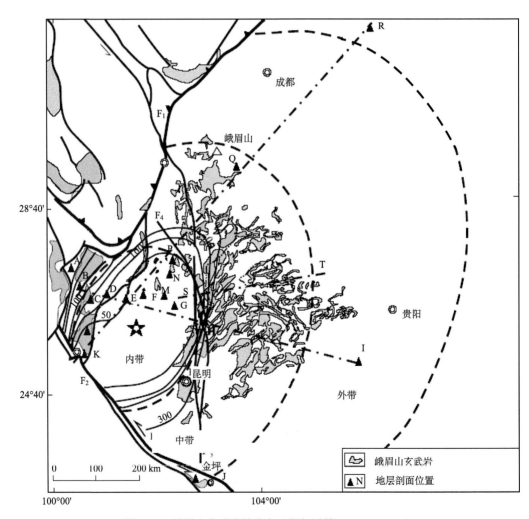

图1-14 峨眉山玄武岩的分布（据何斌等，2003，2005）

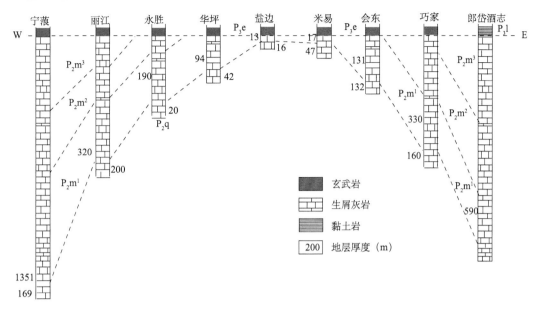

图 1-15　东吴运动不整合结构剖面对比（据何斌等，2005）

P_3l.龙潭组；P_3e.峨眉山玄武岩；P_2m.茅口组；P_2q.栖霞组

成都、贵阳在内的四川中部、广西和贵州大部地区，茅口组缺失较少；在贵州和广西厚度为 400～700 m，在四川中部为 250～400 m。该带茅口组顶部古剥蚀面平坦，普遍见有一层含黄铁矿、锰质、煤线、硅质黏土岩的古风化壳，为一短暂的沉积间断。④连续沉积带（边缘带）：上扬子东部边缘和下扬子广大地区，如陕西汉中、镇安，四川北部米仓山和东北大巴山前缘，中上二叠统为整合接触（李文恒，1992）。从上扬子茅口组的剥蚀程度和不整合特征分析，东吴运动在时间上具有西早东晚、南早北晚的演化规律。从内带至边缘带，茅口组的剥蚀厚度从 300 m 减少为 0 m。

（四）印支期构造运动不整合

四川盆地印支期存在三期不整合。T_3/T_2 之间的不整合记录了早印支运动，J_1/T_3 之间的不整合记录了晚印支运动。在龙门山地区 T_3 内部存在角度不整合，记录印支期该地区发生一次褶皱变形，称为"安县运动"。

早印支运动在盆地内形成了北东向的隆起和拗陷，其中以华蓥山为中心的隆起带隆升幅度最大，南段为泸州隆起，北段为开江隆起。中三叠世末期四川大部分地区受相邻板块碰撞影响一度隆升为陆（形成中三叠统雷口坡组与上三叠统马鞍塘组之间的构造不整合），在短暂的暴露剥蚀之后，包括龙门山、川西和川中地区在内受甘孜海槽巨厚沉积楔重力负载引起的强烈拖曳拗陷影响，川西地区开始向北西下倾和挠曲沉降，并伴随前陆隆起向东侧的川中古隆起方向迁移，逐渐沉没而进入向北西方向缓倾斜的前陆斜坡带。须四段沉积时，由于逆冲推覆和沉积物沉积时受更强烈的逆冲推覆和大幅度隆升影响（安县运动）形成真正定义上的龙门山造山带。充沛的物源由构造山系剥蚀区自西向东迅速注入盆地并快速堆积在前缘拗陷，不仅造成地壳进一步挠曲变形和早期地层局部被卷入造山带，形成须四段与须三段之间的构造不整合，同时因沉降幅度加大，迫使拗陷向东横向生长和前陆隆起带同方向迁移，形成自西向东的沉积超覆作用。

（五）燕山期构造运动不整合特征

四川盆地及周缘造山带主要褶皱变形期发生在燕山期和喜马拉雅期。受控于板块运动的远程效应的影响和地层本身性质的控制，每个造山带或盖层褶皱带的主变形期次有所不同。整个燕山期内，龙门山表现得相对平静，而扬子北缘的南秦岭则显得较为活跃，主要有三幕、五次构造活动。燕山早幕包括两次活动，分别发生于早侏罗世末和中侏罗世千佛崖组沉积末，二者在龙门山前表现均不十分明显，仅局部发育砾岩和微角度不整合。但在川西前陆盆地内部，燕山早幕形成了近东西向展布的三个"隆起"带：中坝-九龙山、绵竹-盐亭和邛崃-新津（郭正吾等，1996），成为后期油气聚集的关键地带。

川北的米仓山和大巴山主要是两期构造运动的复合产物，即印支期华南与华北板块碰撞导致的由北向南的逆冲推覆和燕山期与南秦岭大型陆内俯冲相对应的由北东向南西的中上地壳大规模的逆冲推覆。从大巴山现今地表构造轴线平行于城口主推覆断层展布这一点来看，南大巴冲断变形在印支期已经有活动，但主要为燕山期。

在雪峰西北缘慈利-保靖-铜仁-三都断裂到川东齐岳山之间的地区普遍缺失早白垩世地层，晚白垩世地层零星分布，并且与下伏地层都呈角度不整合接触。秭归向斜和渝东弧形构造带侏罗纪地层发育齐全，并卷入褶皱。而其他地区，缺失中、晚侏罗世地层，早侏罗世地层零星分布，并卷入褶皱。说明这次构造运动至少发生在早侏罗世之后，晚白垩世之前。齐岳山断裂与华蓥山断裂之间的川渝隔挡式变形带，在通江至黄金口可见下白垩统与中上侏罗统一起卷入变形，华蓥山以西白垩系角度不整合或平行不整合于下伏侏罗系之上，由此可见该带构造主要定形期在早白垩世末期。

（六）喜马拉雅期构造运动不整合特征

喜马拉雅期比较强烈的构造运动主要有两幕，构造运动产生的不整合主要分布在川西地区。喜马拉雅期构造运动早幕发生于始新统芦山组沉积之后，露头上可见上新统一下更新统大邑砾岩与上白垩统灌口组或古新统名山组呈角度不整合接触，在地震剖面上也表现得十分明显。晚幕发生于大邑砾岩沉积之后，大邑砾岩地层倾角达 31°（大邑）至78°（崇州市街子），中更新统雅安砾石层也有被断层切割的现象。这两次构造运动中，以早幕更为强烈，奠定了川西复合前陆盆地中南段现今构造格局，是早期北东向构造的进一步强化，并新生北东向构造和近南北向构造。从沉积中心的展布来看，喜马拉雅期龙门山南段构造活动最强烈，造成其山前沉积物堆积最厚。

三、四川盆地构造旋回划分与盆地演化

四川盆地及周缘海相盆地构造演化不仅控制了油气基本成藏条件，而且对油气藏保存与破坏具有关键影响。根据盆地构造环境、沉积充填特征、构造变形特征等因素，可以将四川盆地及周缘海相盆地构造演化分为南华纪—志留纪（原特提斯洋）、泥盆纪—中三叠世（古特提斯洋）、晚三叠世—第四纪（新特提斯洋）三个大的构造旋回（图1-16），根据构造体制的转变，每个构造旋回又可分为拉张期和挤压期两个阶段。

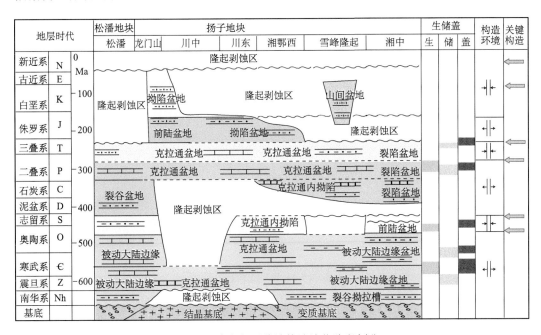

图 1-16　中上扬子盆地构造演化阶段划分

（一）南华纪—志留纪构造旋回

新元古代早期（900～700 Ma），全球罗迪尼亚超大陆发生解体，华南板块也在这个时期发生了大规模的裂谷活动，在扬子板块南北边缘形成槽-台展布的构造格局，大量的年代学和沉积学资料分析表明，华南裂谷作用开启的时间在 820 Ma 左右（王剑和潘桂堂，2009），从此以后扬子板块进入地台沉积阶段。南华纪—志留纪四川盆地及周缘的构造演化与原特提斯洋演化密切相关，处于陆块裂解-离散-聚合的构造运动体制下，其中，南华纪—中奥陶世总体处于原特提斯洋的发育、扩张的伸展构造背景，盆地性质总体表现为裂谷-被动大陆边缘盆地与克拉通盆地的组合；而晚奥陶世—志留纪则处于原特提斯洋的消减、闭合的挤压背景，盆地性质则表现为被动大陆边缘-克拉通-前陆盆地的组合。

1. 南华纪—早奥陶世

南华纪早期开始沿江绍断裂发生斜向伸展作用，在黔东—赣西形成宽阔的裂谷带，重新将华南板块区分为扬子陆块、华夏陆块和其间的湘桂陆内裂谷带。在此期间，扬子陆块上的中上扬子区，主要盆地类型为克拉通盆地，沉积物以稳定地台型碳酸盐岩为主，陆棚型泥质岩为次，盆地内次级单元有川南、鄂川黔拗陷带、川中隆起带、川滇古陆等，其中，川中在早寒武世末开始隆起。扬子陆块北缘与秦岭洋盆之间为南秦岭被动大陆边缘盆地；西缘的龙门山-康定一带，南华纪早期为大陆边缘裂谷盆地，晚期转变为被动大陆边缘盆地；南缘垭都-紫云-罗甸以南的克拉通边界尚不清楚；东南边缘湘中地区为陆内裂谷边缘盆地，雪峰一带为被动大陆边缘盆地。

2. 中奥陶世—志留纪

从中寒武世郁南运动开始，华夏陆块开始褶皱、隆起，以"基底拆离"方式，由南东向北西方向推移，湘桂裂谷开始反转、关闭，逐渐转为湘桂加里东褶皱带。在中上扬子区，这次构造转变从中奥陶世都匀运动开始出现，中上扬子区的主要盆地类型仍为克拉通盆地，充填物为陆棚相的碳酸盐岩-碎屑岩的混积沉积和以碎屑岩为主的沉积，盆地内相继出现川中隆起和黔中隆起，早志留世之后，海水逐渐由南向北退出中上扬子区。扬子陆块东南缘的陆内裂谷边缘盆地转化为内陆拗陷盆地，晚奥陶世开始，逐渐转化为北西突出的雪峰隆起；南缘黔南、桂西、桂东地区，从中奥陶世末开始褶皱隆起；北缘及西缘的被动大陆边缘盆地一直持续到志留纪末期，随着华北板块与扬子板块的碰撞，秦岭洋关闭，北缘被动大陆边缘盆地消失。

（二）泥盆纪—中三叠世构造旋回

四川盆地及周缘晚古生代—中生代早期（中三叠世）盆地原型的形成和演化与古特提斯洋的演化密切相关。据钟大赉（1998）的研究，滇西地区昌宁-孟连洋盆及其延伸部分代表了东特提斯域主洋盆的遗迹，并揭示出该古特提斯主洋盆经历了较为完整的威尔逊旋回，即裂谷阶段（D_1）、初始洋盆阶段（D_2）、大西洋阶段（D_3-C_1）、太平洋阶段（C_2-P_1）、地中海阶段（P_2-T_2）和碰撞造山阶段（T_3）；张国伟等（2004）则根据南秦岭勉略洋东西向穿时性的发展演化，把整个勉略有限洋盆从初始扩张裂陷到打开洋盆再到最终消亡碰撞造山的总体形成演化时限限定为泥盆纪—三叠纪（345～200 Ma），且同样经历了一个较完整的威尔逊旋回，即初始扩张裂陷-初始洋盆打开阶段（$D_{2\sim3}$-C_1）、小洋盆-有限洋盆扩张发育阶段（C_1-P_2）、洋壳板块消减俯冲阶段（P_3-T_2）、陆-陆碰撞造山阶段（$T_{2\sim3}$）。因此，从区域动力学及控制沉积盆地形成的大地构造环境的角度看，四川盆地及周缘大陆晚古生代经历了泥盆纪—早石炭世、晚石炭世—早二叠世、晚二叠世—中三叠世三个重要演化阶段。

1. 泥盆纪—早石炭世

早古生代末，北秦岭洋自东向西的剪式关闭而发生陆-陆碰撞造山，泥盆纪沿北秦岭加里东造山带分布有一些山间盆地，而南秦岭勉略洋在中泥盆世开始发展成为一条狭窄的洋盆。南部古特提斯洋扩张，发育泥盆纪放射虫硅质岩，为典型的深海远洋沉积类型。上扬子主体延续加里东末期的隆升剥蚀状态，中-下扬子地区形成一个东西向条状的台内拗陷。南部湘黔桂粤地区，形成以钦防扩张海槽为共轭中心的北东向湘桂断陷和北西向右江断陷。早中泥盆世，扬子陆块大面积暴露，仅有范围很小的拗陷发育区，限于鄂中和浙西北地区，沉积了厚度不大的滨岸-浅海石英砂岩；晚泥盆世—早石炭世，下扬子接受来自东侧的海侵，并与鄂中拗陷相连，海域向西侧四川盆地及周缘扩大，但止于西端的渝东北万州附近，沉降幅度不大，沉积了厚 300～500 m 的滨海碎屑岩和浅海碳酸盐岩。

2. 晚石炭世—中二叠世

晚石炭世，伴随着金沙江洋扩张，华南陆块整体沉降。海水自西南、东南两个方向侵入，海侵范围大，除上扬子南部的川南、滇东北、黔北和浙闽中东部仍然为隆起外，其余广大地区均为海水覆盖，接受开阔台地浅海碳酸盐岩沉积。因此，该阶段以区域整体沉降和广泛海侵为主，形成广阔的四川盆地及周缘碳酸盐岩台地。中二叠世早期，海侵范围达到最大，淹没了整个华南陆块，在相对较高的川中南-黔北区沉积了浅色厚层灰岩，其他地区为较深水深色灰岩、燧石条带灰岩夹硅质岩，形成华南地区重要的烃源岩。

3. 晚二叠世—中三叠世

晚二叠世开始，华南地区的构造应力场由拉张向挤压转化，西南的古特提斯洋于晚二叠世—早中三叠世沿金沙江-澜沧江一带俯冲碰撞，华南西北缘甘孜-理塘洋也于同期关闭（钟大赍，1998）。扬子陆块内部的构造应力场表现与周缘并不协调，晚二叠世早期，约 260 Ma 时，扬子西缘发生了代表区域拉张背景的大规模玄武岩喷发，同时北缘形成向扬子克拉通深入的多个边缘海槽，沉积了深水硅质岩，这种挤压背景下的拉张活动，可能与全球泛大陆形成过程中地幔岩浆活动加剧有关，扬子陆块周缘的海槽和裂谷是地幔上涌引起的上地壳拉张形成的，与古特提斯洋关闭关系不大。该期扬子北部下扬子-川北一带由前期的台内拗陷向拉张断陷转化，呈拗-断并列或交互演变格局。南部湘桂一带进入拉张最强烈时期，右江断陷内局部甚至开始出现洋壳物质，同时断陷进一步向北东方向发展，可达江绍-下扬子一带。该阶段中上扬子北缘城口、万源、旺苍、广元一带，连续分布有深水相的放射虫硅质岩和泥质硅质岩，沉积特征一般是从裂陷槽中的含硅灰岩、深色灰岩过渡到台地边缘礁滩和台内浅色灰岩。上扬子南缘，晚二叠世受峨眉山玄武岩喷发后的热冷却沉降的影响而整体下沉、海水逐渐变深，沉积了一套下部为海陆过渡相的含煤泥质岩与砂岩（龙潭组），上部为灰岩、生物灰岩夹泥灰岩与硅质岩（长兴组—大隆组）的沉积组合。早三叠世海盆逐步萎缩，沉积了灰岩与泥岩互层的飞仙关组和灰岩与白云岩、石膏层互层的嘉陵江组；中三叠世海水进一步咸化，发育了一套灰岩、白云岩夹泥质岩与硬石膏层的雷口坡组。

（三）晚三叠世—第四纪构造旋回

印支期后，扬子板块进入陆内构造演化阶段，处于三面受压的状态，即来自西伯利亚板块南移的挤压、来自新生的西太平洋板块的挤压和印度板块北移的挤压。根据中上扬子构造环境、沉积物充填特征和构造变形特征，可将晚三叠世—第四纪的构造演化阶段分为4个阶段：晚三叠世—中侏罗世、晚侏罗世—早白垩世、晚白垩世—古近纪、新近纪—第四纪。

1. 晚三叠世—中侏罗世

中三叠世末的印支运动，结束了扬子区的海相沉积，由于秦岭洋和松潘-甘孜洋盆的关闭，扬子北缘和西缘形成东西向的秦岭造山带和北东向的龙门山逆冲造山带。山前带部分地区形成前陆盆地，包括北缘的当阳盆地、大巴山前缘盆地，西缘的川中盆地、西昌盆地等。其中以川中盆地的规模最大。川中前陆盆地早期为海相和海陆过渡相沉积，直到晚三叠世须家河组须三段沉积时才完全转变为陆相沉积。早中侏罗世整个中上扬子处于强烈碰撞造山后的弱伸展期，区内陆相盆地范围较晚三叠世广，沉积厚度较大，此时的盆地性质更多地表现为拗陷盆地的特征。

2. 晚侏罗世—早白垩世

该期构造运动是燕山运动的主幕，它对四川盆地及周缘海相盆地的改造具有重要的变革意义。东南沿海地区陆内火山岩强烈发育，而且成带分布。它们主要沿北东向断裂发育，形成规模巨大的陆缘和陆内火山带。在中上扬子表现为除了四川盆地主体以外，广泛发育褶皱变形，包括湘鄂西、黔中、黔西北、大巴-米仓山等地区，缺失晚侏罗世—早白垩世地层沉积，同时，部分地区上白垩统地层与下伏不同层位的地层呈角度不整合接触，也从侧面证实了晚侏罗世—早白垩世的大规模褶皱与抬升。四川盆地仍表现为陆内拗陷盆地，沉积沉降中心由川西向川北迁移。

3. 晚白垩世—古近纪

该期是中国大陆东西分异的开始，东部主要表现为伸展与岩石圈减薄，前期构造活动特点表现为大范围的隆起、褶皱，之后成组出现的北北东向断裂及其拉张走滑作用，形成若干以长条形为主、成群分布、大小不一、岩相变化复杂的断陷-拗陷盆地。中上扬子空间上具有东西分带的特点，即以黄陵-雪峰为界，以东的中扬子地区以强烈的褶皱、冲断、隆起、裂陷作用为主，造成前期地层严重破坏，形成规模不等的断陷盆地，规模较大者有江汉、沅麻盆地。黄陵-雪峰以西以弱-中等的褶皱、隆起、拗陷作用为主，四川盆地晚白垩世—古近纪的沉积主要分布在川南-川西南地区，呈半环状，表现为拗陷盆地的特征。

4. 新近纪—第四纪

华南大陆上构造环境为强烈的挤压，总体表现为大面积的隆升剥蚀。中上扬子区仅在江汉-洞庭盆地中发育拗陷盆地沉积，四川盆地川西南地区发育零星的磨拉石沉积。

第三节 鄂尔多斯盆地区域构造背景与盆地演化

一、鄂尔多斯盆地区域构造背景

鄂尔多斯盆地为一大型克拉通叠合盆地，地跨陕、甘、宁、蒙、晋五省区，地理位置处于 $106°20'\sim110°30'E$，$35°\sim40°30'N$。在大地构造属性上，处于中国东部稳定区和西部活动带之间的结合部位，现今盆地形态为一不对称的矩形向斜盆地，向斜轴部位于天池-环县南北狭窄区域，东翼宽 350 km，西翼仅宽 20 km，且被逆冲断层复杂化，构成现今西缘逆冲构造带的主体部分；而东翼所辖地区则构成盆地的主体，为一个西倾的大单斜，倾角不足 1°，称为伊陕斜坡。各构造层系间呈协调关系，局部构造极不发育，其周边以大断裂与新生代断陷盆地或其他构造单元相隔。隆起（南、北缘）、挠褶（东缘）、断褶（西缘）环绕于盆地四周。构造形态有从盆缘向盆内由强到弱的变化规律，沉积盖层厚度达 5000～7000 m。

盆地现今构造格架始于燕山运动中期，发展完善于喜马拉雅运动。其构造面貌呈现南北隆升、东抬西冲，盆地内部是西倾的斜坡与其西侧的天环向斜相接连的特征。盆地边缘深部构造活跃，盖层内部的深部构造趋于稳定，盖层构造不太发育。

根据鄂尔多斯盆地下古生界顶面埋深图反映的构造特征，盆地区域构造可划分为 6 个一级构造单元。盆地中部是伊陕（或陕北）斜坡，向东为晋西挠褶带，向西依次为天环向斜、西缘冲断构造带，北部为伊盟隆起，南面为渭北隆起。

伊盟隆起：呈东西向展布于盆地北缘，为一继承性长期隆起。沉积盖层较薄，厚度为2000～3000 m。缺失下古生界的沉积；上古生界以不同层位超覆于下伏太古宇—元古宇基底岩系之上。

伊陕斜坡：是鄂尔多斯盆地的主体构造单元，北邻伊盟隆起，南抵渭北隆起，西接天环拗陷，东连晋西挠褶带，为这四个构造单元所围绕的西倾大单斜，平均坡度小于1°，区域构造线总体呈南北走向，总体表现为东高西低，南部南高北低，北部北高南低。

天环向斜：北起乌加庙，南至泾川以南，南北长约 550 km，东西宽 60～65 km，西与西缘冲断构造带相邻，东接伊陕斜坡。该区下古生界埋深达 4000 m，盖层保存最完整。该构造带近南北向延伸，西翼由北向南被桌子山东麓断层、铁克苏庙断层、摆宴井断层及沙井子断层、平凉-龙门逆冲断层切割。北部向斜面貌保存比较完整，明显的分为轴部、西翼和东翼；南部向斜由于断层的切割，已经很难区分出其轴部和西翼。根据这一特点将天环向斜分为南、北两部分，其分界线大致位于定边-苦深 1 井一线。向斜内不同层位都发育有一些小型褶皱和断层，断层以断距不大、延伸不长的正断层为主，仅有少量的逆冲断层，这些逆冲断层和褶皱的走向大致平行于南北走向的逆冲带，且越靠近向斜西翼，局部构造越发育。

西缘冲断构造带：指青铜峡-固原断裂和银川地堑东缘之东的大型断裂带，北部始于内蒙古磴口，南到陕西陇县一带，南北长 600 km。该带断裂复杂，既有大型西倾东冲的逆掩断裂，又有倾角较陡的东倾反冲断层；既有南北向的，也有东西向的；不同部位逆冲特征不同。

渭北隆起：南以渭河地堑北缘大断裂为界，北部与伊陕斜坡、天环拗陷逐渐过渡，东与晋西挠褶带逐渐过渡。渭北隆起在构造上呈南翘北倾状态，以致在南部地区寒武系和奥陶系出露地表。构造线在彬县以西呈现东西走向，向东逐渐变为北东向，至韩城附近转变为北北东向，并穿过黄河，延伸到乡宁、蒲县一带，总体上呈凸出的弧形，构成鄂尔多斯东南弧形构造带的一部分。

晋西挠褶带：东部以离石大断裂为界，与吕梁隆起带相邻，西部大体以黄河为界与伊陕斜坡逐渐过渡，南与汾渭地堑边界断裂为界，与汾渭地堑相邻，北与伊盟隆起呈过渡关系。该地区出露的地层有前寒武系、古生界和中生界。

二、鄂尔多斯盆地主要不整合特征

鄂尔多斯盆地主要发育五个重要的不整合面（O_1末、T_3末、J_2末、J_3末、K_1末），其中O_1末和K_1末不整合面对油气藏形成最具意义。

O_1末不整合面：发生在早奥陶世末期，剥蚀厚度大、剥蚀时间长（O_2-P_1），不整合面的演化对下古生界油气藏的形成具有决定性作用，在地质历史时期，剥蚀面的演化经历了四个重要阶段。

1. "L"形隆起发育阶段（O_1-C_1）——奥陶系储层形成阶段

不整合面呈西高东低展布，表现为沿盆地西南部"L"形隆起向两侧增厚；风化壳出露地层依次变新，由隆起向东马四-马六依次变换；形成三种主要类型的储层，即西南缘发育礁滩储层、中部发育白云岩储层、东部发育含膏白云岩储层。

2. 中部隆起发育阶段（O_2-T_{1+2}）——生储盖组合形成阶段

不整合面表现为中部高、东西部低的特点。从中奥陶世至石千峰组末期，中部隆起由西向东逐步迁移。该时期形成平凉组、山西组+太原组两套烃源岩；西南缘以平凉组为生烃中心，北部以上古生界为生烃中心；发育下古生界马家沟组+本溪组（山西组）储盖组合，上古生界储盖组合。

3. 南北隆起发育阶段（T_3-J_1）——上古生界气藏形成阶段

风化壳表现为南北高、中部低的特点。南部上古生界烃源岩成熟，天然气向南北两个方向运移，是上古生界重要的成藏期。晚三叠世早期平凉组烃源岩形成古油藏，在南部隆起区形成古油藏。

4. 反转发育阶段（K_1-Q）——气藏定型阶段

该时期不整合面表现为东高西低的特点，为单斜构造面貌。南部奥陶系古油藏形成裂解气向东部运移，盆地南部气藏最终定型。上古生界气藏进行调整运移，向东部聚集成藏定型。

T_3末不整合面：地层剥蚀表现为西强东弱的特征。盆地东部地区剥蚀厚度为60 m，西缘剥蚀厚度最大为400 m，具有东沉西抬的特点。

J_2末不整合面：发生在中侏罗世沉积末期，地层剥蚀表现为北弱南强、北沉南抬的特点。南部最大剥蚀厚度为300 m，北部最小剥蚀厚度为20 m，为区域性不整合，剥蚀强度相对较弱。

J_3末不整合面：发生在晚侏罗世末期，表现为西沉东抬的特征，盆地西部剥蚀厚度为20～100 m，东部剥蚀厚度为320 m，为区域性不整合。

K_1末不整合面：是发生在早白垩世末期的重要不整合面，该期构造运动造成盆地东西方向构造反转，形成当前盆地东高西低的单斜构造面貌，对油气藏的调整运移起到关键作用，对油气藏的分布产生重要影响。

三、鄂尔多斯盆地构造旋回划分与盆地演化

（一）盆地构造旋回划分

鄂尔多斯盆地可以划分为五个构造旋回：中新元古代沉积旋回、早古生代沉积旋回、晚古生代沉积旋回、中生代沉积旋回、中-新生代沉积旋回。

1. 中新元古代沉积旋回

青白口系沉积主要分布在贺兰-陇县-洛南一带低洼地带，为一残余海盆地内的堆积产物。鄂尔多斯地块结晶基底固结程度已相当高。长城系为粗碎屑岩沉积，总体不具有生烃意义（地台沉积100～700 m，为陆相砂岩；裂谷沉积100～5000 m，为砂岩、页岩、喷发岩、火山岩）。蓟县系为高成熟碳酸盐岩（第一套海相地层），失去生烃意义。之后抬升，缺失新元古界青白口系，历时2亿年。震旦系无海相沉积，地台西南沉积了罗圈组冰碛泥砾岩，不具有生烃意义。

2. 早古生代沉积旋回

在鄂尔多斯地块形成北部高、南部低，中间高、东西两侧低的古构造背景下古生界沉积了厚达400～1000 m的浅海台地相碳酸盐岩，在陆块西南缘，形成被动陆缘，在向秦、祁海槽倾斜的陆架上沉积了厚达4500 m的碳酸盐岩、海相碎屑岩及浊积岩，形成平凉组页岩和马家沟组碳酸盐岩两套烃源岩。寒武系厚400～1000 m，为碳酸盐岩、砂岩、泥灰岩、砂质灰岩等，多为动荡，富氧环境。泥页岩为紫红色，不具生烃能力。冶里组和亮甲山组分布在盆地东、西、南三个边缘，厚度为100～200 m。白云岩处于动荡

氧化的浅水环境，不具有生烃能力。

3. 晚古生代沉积旋回

海西期，南缘秦岭火山弧向北俯冲和华北克拉通向西伯利亚板块漂移使鄂尔多斯地块南、北海槽关闭并褶皱成山，鄂尔多斯盆地以至整个华北地块结束了漫长的抬升剥蚀，重新接受沉积。开始了克拉通拗陷发展阶段。

本溪期为滨、浅海环境，西厚、东薄，中央隆起仍未被海侵。太原期为东（华北海）西（祁连海）海水相连，海陆过渡环境。山西期为华北地台两侧海槽封闭，海水退出，沉积陆相环境的煤系地层。石盒子期为大致沿袭山西期沉积背景，气候渐干旱，沉积了河流相杂色碎屑岩。石千峰期为地壳剧烈运动，于鄂尔多斯地区开始与大华北盆地分离。

4. 中生代沉积旋回

发育南北向展布的大型三角洲体系，中部为大型湖盆，分别形成了三叠系延长组泥质烃源岩、延长组、延安组主力储层和延长组、延安组（煤系）区域盖层。

5. 中-新生代沉积旋回

直罗组厚度主要为 150～400 m。乌海-鄂托克前旗与苏里格庙间-镇原西北一线为厚达 400 m 左右的沉积中心。沿此带向东西部，厚度总体依次减薄。安定组延续了直罗组等厚线近南北向展布的总体趋势，厚度为 50～200 m，沉积中心位于乌海-鄂托克旗-盐池-环县西北部-镇原一线，厚度沿此带向东、西减薄。芬芳河组分布局限，仅见于鄂尔多斯地块西缘南北一带狭窄的范围，是一套以洪积坡积为主的砾岩沉积，盆地边缘山麓相沉积，厚度变化较大。

（二）盆地构造演化特征

鄂尔多斯盆地的演化分为六个阶段，即基底岩系形成阶段（太古宙—古元古代）、大陆裂谷集中发育阶段（中、新元古代）、槽台对立发展阶段（早古生代）、克拉通拗陷与碰撞边缘形成阶段（晚古生代—中三叠世）、内陆盆地发展阶段（晚三叠世—白垩纪）以及周边断陷盆地发育阶段（新生代）（表 1-2）。

1. 太古宙—古元古代基底岩系形成阶段

该阶段是鄂尔多斯盆地的基底形成时期，其间经历了迁西、阜平、五台及中条四次主要构造运动，使基底岩系经受复杂的变质作用、混合岩化作用和变形作用，形成由麻粒岩相、角闪岩相及绿片岩相组成的复杂变质岩系。

2. 中、新元古代大陆裂谷集中发育阶段

该阶段的主要特点是古陆内部及其边缘的大规模裂陷解体，非造山岩浆活动和似盖层性质的稳定型沉积建造形成。

表 1-2　鄂尔多斯盆地构造发展阶段与含油气系统划分简表

地质时代			构造旋回	构造运动	构造发展阶段	原型盆地	含油气系统	含油气性
宙(代)	纪							
新生代	第四纪	Q	阿尔卑斯 / 喜马拉雅	喜马拉雅运动	周边断陷盆地发育阶段	渭河、河套走滑断陷盆地，银川碰撞型拉张断陷盆地，六盘山压性盆地		
	古近纪—新近纪	N						
		E						
中生代	白垩纪	K₂	燕山	燕山晚期运动		剥蚀		
		K₁			内陆盆地发展阶段		三叠系—侏罗系碎屑岩含油气系统	大型油气田
	侏罗纪	J₃		燕山早期运动		压性小盆地（六盘山）和前陆盆地（鄂尔多斯）		
		J₂						
		J₁						
	三叠纪	T₃	印支	印支运动				
		T₂						
		T₁						
古生代	二叠纪	P₃	海西	海西运动	克拉通拗陷与碰撞边缘形成阶段	克拉通拗陷盆地	上古生界碎屑岩煤成气含气系统	大型气田
		P₂						
		P₁						
	石炭纪	C₃				碰撞谷、克拉通拗陷（贺兰北段，鄂尔多斯）		
		C₂						
		C₁						
	泥盆纪	D		加里东运动		剥蚀	下古生界碳酸盐岩含气系统	大型气田
	志留纪	S	加里东		槽台对立发展阶段	再生拗拉槽（贺兰），克拉通拗陷（鄂尔多斯）、边缘凹陷、弧后盆地、残留海盆地（南部）		
	奥陶纪	O₃						
		O₂						
		O₁						
	寒武纪	Є		怀远运动				
新元古代	震旦纪	Z	扬子		大陆裂谷集中发育阶段	剥蚀		
	青白口纪	Pt₃						
中元古代	蓟县纪	Pt₂²				陆内拗拉槽及其后的台向斜		
	长城纪	Pt₂¹						
古元古代	滹沱	Pt₁²	中条	中条运动	基底岩系形成阶段			
	五台	Pt₁¹	五台	五台运动				
太古宙	乌拉山	Ar	阜平或更老	阜平运动				
	集宁			迁西运动				

　　区内陆内裂陷槽主要有贺兰裂陷槽与临县-彬县裂陷槽，它们分别以近南北向和北东向插入古陆内部，并具有向北和北东方向收敛、向南及南西方向敞开的楔形轮廓。北部

乌加庙至杭锦旗地区的地震资料显示该区具有北东和北西两个方向的不对称裂陷槽，槽内具裂陷型充填沉积。

中元古界的沉积为长城系—蓟县系的碎屑岩与碳酸盐岩地层，并具有槽间台平覆型和拗拉槽凹陷型沉积类型的巨大差异。长城系—蓟县系按岩性可将其二分，即下部以石英砂岩为主夹安山岩、辉绿岩的长城系，上部以碳酸盐岩为主的蓟县系。新元古代隆起，缺失该期沉积，形成风化剥蚀面，仅在盆地边缘地带见有罗圈组（正目关组）冰成砾岩堆积。

3. 早古生代槽台对立发展阶段

该阶段表现为稳定的整体升降运动，在陆块内部形成典型的克拉通拗陷，在陆块的北、南边缘分别形成向活动带过渡的边缘凹陷；西缘则是被挟持于阿拉善与鄂尔多斯之间具再生性质的拗拉槽。

鄂尔多斯地区的寒武系构成了一个完整的陆表海海进海退旋回沉积，沉积厚度较薄，一般为 200～400 m，最厚可达 600 m；奥陶纪初期在怀远运动的影响下，克拉通整体抬升成陆，冶里组—亮甲山组仅分布在古陆周边，为厚度数十米至 200 m 的含燧石结核或条带的深灰色白云岩夹灰岩。马家沟期沉积以台地相碳酸盐岩发育为特征，次级隆起部位的沉积厚度为 0～400 m，凹陷中的沉积厚度为 500～800 m。亚相展布受次级隆、凹控制明显，隆起部位发育蒸发台地亚相，凹陷部位发育局限台地相和开阔台地相。

中奥陶世末因加里东运动，华北地块整体抬升，经历了 130 Ma 的沉积间断，盆地主体缺失晚奥陶世至早石炭世的沉积，马家沟期因处于浅海环境，沉积类型主要为碳酸盐岩，当其处于半封闭状态及气候干热时则有蒸发岩类发育。马家沟组地层顶部由于经受了长期的风化剥蚀及淋滤作用，风化壳及其溶蚀孔、缝发育，是鄂尔多斯盆地下古生界的主要天然气储、产层。

奥陶纪末，受北秦岭的隆升影响，盆地南部已开始逐步抬升，南部边界逐步形成。

4. 晚古生代—中三叠世克拉通拗陷与碰撞边缘形成阶段

克拉通拗陷内的沉积以厚度薄（中上石炭统 50～150 m，二叠系 400～820 m，下中三叠统 500～1450 m）、变化小、分布广为特征，表明克拉通内部的沉降为整体稳定型沉降。同时受南北向中部隆起的控制，形成中部为隆起、东西为拗陷的格局。西缘拗陷内的沉积以厚度大（中上石炭统 500～1500 m，中卫地区 4000 m，二叠系 700～980 m，下中三叠统 700～1450 m）、变化快（如中石炭统崔儿沟 1100 m，紧邻其东侧的公乌素仅20 m；上石炭统西侧 200～400 m，东侧不足 100 m）、分布狭窄为特点，反映该时期主体断陷活动性较强。

克拉通拗陷内以海相、海陆过渡相和陆相的逐渐过渡为特点，中、上石炭统为滨、浅海相；下二叠统山西组为三角洲相；下石盒子组为河流相；上二叠统为半干旱湖泊相；下、中三叠统为河流、湖泊相。说明这一时期是向内陆拗陷的转化的过渡时期。

5. 晚三叠世—白垩纪内陆盆地发展阶段

印支运动在鄂尔多斯盆地的地史发展过程中是一次重大变革，表现在沉积上实现了由海相、海陆过渡相向陆相的转变，使盆地自晚三叠世以来发育完整和典型的陆相碎屑岩沉积体系。其构造活动性明显增强，并在燕山期达到高峰，围绕盆地边缘形成褶皱冲断、逆冲推覆镶边。受构造活动性增强的影响，这一阶段出现了多期次的抬升与沉降，并在抬升期造成了一定程度的剥蚀。

晚三叠世开始发育的大型内陆拗陷，呈北西—北西西方向展布，向东延入山西、豫西直至商丘一带；侏罗纪以来盆地东部开始抬升，造成拗陷东部沉积边界不断西移，至早白垩世，沉积中心与沉降中心位于天池-环县一带。

6. 新生代周边断陷盆地发育阶段

河套、银川、渭河断陷内超外断的半地堑特征，表明其与外缘相邻断块山的隆升和发展紧密相关。但其发展存在明显的差异性，渭河、河套断陷中新近纪的沉降幅度达 5000 m 以上，远远大于古近纪的沉降幅度；银川断陷的沉降幅度相对比较均衡，古近纪、新近纪均在 2000 m 左右。

<h2 style="text-align:center">参 考 文 献</h2>

陈宣华, 王小凤, 杨凤, 等. 2001. 阿尔金山北缘早古生代岩浆活动的构造环境. 地质力学学报, 7(3): 193-200

丁道桂, 郭彤楼, 胡明霞, 等. 2007. 论江南-雪峰基底拆离式构造: 南方构造问题之一. 石油实验地质, 29(2): 120-127,132

冯益民. 1997. 祁连造山带研究概况——历史、现状及展望. 地球科学进展, 12(4): 307-313

高志前, 樊太亮, 尹微, 等. 2011. 塔里木盆地早中寒武世张裂构造及沉积响应. 西南石油大学学报(自然科学版), 33(03): 83-88, 195

高志前, 樊太亮, 杨伟红, 等. 2012. 塔里木盆地下古生界碳酸盐岩台缘结构特征及其演化. 吉林大学学报(地球科学版), 42(03): 657-665

郭正吾, 邓康龄, 韩永辉. 1996. 四川盆地形成与演化. 北京: 地质出版社

何斌, 徐义刚, 肖龙, 等. 2003. 峨眉山大火成岩省的形成机制及空间展布: 来自沉积地层学研究的新证据. 地质学报, 77(2): 194 -202

何斌, 徐义刚, 王雅玫, 等. 2005. 东吴运动性质的厘定及其时空演变规律. 地球科学——中国地质大学学报, 30(1): 89-96

何登发, 赵文智. 1999. 中国西北地区沉积盆地动力学演化与含油气系统旋回. 北京: 石油工业出版社

侯方浩, 方少仙, 王兴志, 等. 1999. 四川震旦系灯影组天然气藏储渗体的再认识. 石油学报, 20(6): 16-21

贾承造. 1995. 盆地构造演化与区域构造地质. 北京: 石油工业出版社

贾承造. 1997. 中国塔里木盆地构造特征与油气. 北京: 石油工业出版社

贾承造, 魏国齐. 2003. "九五"期间塔里木盆地构造研究成果概述. 石油勘探与开发, 30(1): 11-14

贾东, 卢华夏, 蔡东升, 等. 1997. 塔里木盆地北缘库车前陆褶皱-冲断构造分析. 大地构造与成矿学, 21(1): 1-8

李文恒. 1992. "东吴运动"不应做为上下二叠统的界线. 地层学杂志, 16(2): 138-141

林畅松. 2006. 沉积盆地的构造地层分析——以中国构造活动盆地研究为例. 现代地质, 20(2): 185-194

刘和甫, 梁慧社, 蔡立国, 等. 1994. 川西龙门山冲断系构造样式与前陆盆地演化. 地质学报, 68(2): 100-117

刘生国, 胡望水, 刘泽锋, 等. 2001. 塔里木盆地前震旦-石炭纪构造与地层组合特征. 西安科技学院学

报, 21(2): 136-139

刘树根, 罗志立, 赵锡奎. 2003. 中国西部盆山系统的耦合关系及其动力学模式——以龙门山造山带-川西前陆盆地系统为例. 地质学报, 77(2): 177-186

罗志立, 金以钟, 朱夔玉, 等. 1988. 试论上扬子地台的峨眉地裂运动. 地质论评, 34(1): 11-24

宋鸿彪, 罗志立. 1995. 四川盆地基底及深部地质结构研究的进展. 地学前缘, 2(3-4): 231-237

孙鸿烈, 郑度. 1998. 青藏高原形成演化与发展. 广州: 广东科技出版社

王剑, 潘桂堂. 2009. 中国南方古大陆研究进展与问题评述 II. 沉积学报, 27(5): 818-825

魏魁生, 徐怀大, 叶淑芬. 1997. 四川盆地层序地层特征. 石油与天然气地质, 18 (2): 151-157

夏邦栋. 1998. 下扬子前中生代构造演化. 成都理工学院学报, 25(2): 3-5

谢晓安, 王仁德, 李光文, 等. 1996. 塔里木盆地满加尔南切割谷的成因探讨与石油地质意义浅析. 沉积学报, 14(2): 43-48

许志琴, 曾令森, 杨经绥, 等. 2004. 走滑断裂、"挤压性盆-山构造"与油气资源关系的探讨. 地球科学, 29(6): 631-643

张国伟, 程顺有, 郭安林, 等. 2004. 秦岭-大别中央造山系南缘勉略古缝合带的再认识——兼论中国大陆主体的拼合. 地质通报, 23(9-10): 846-853

钟大赍. 1998. 滇川西部古特提斯造山带. 北京: 科学出版社

钟大赍, 丁林. 1996. 青藏高原的隆起过程及其机制探讨. 中国科学(D 辑: 地球科学), (4): 289-295

Gao Z, Ding Q, Hu X. 2015. Characteristics and controlling factors of carbonate intra-platform shoals in the Tarim Basin, NW China. Journal of Petroleum Science & Engineering, 127: 20-34

Graham S A, Hendrix M S, Wang L B, et al. 1993. Collisional successor basins of western China: impact of tectonic inheritance on sand composition. Geological Society of America Bulletin, 105(3): 323-344

Hendrix M S, Graham S A, Carroll A R, et al. 1992. Sedimentary record and climatic implications of recurrent deformation in the Tian Shan: evidence from Mesozoic strata of the north Tarim, south Junggar, and Turpan Basins, northwest China. GSA Bulletin, 104(1): 53-79

Zhang Y B, Wei Q R, Xiu C Y, et al. 1998. Discovery of the Proterozoic low-grade metamorphic submarine carbonatite lavas in China. Chinese Science Bulletin, 43(5): 416-420

第二章 碳酸盐岩储层成因机理与评价方法

碳酸盐岩储层研究的核心问题之一是其成因机理。碳酸盐岩中的部分储集空间是在地质条件下不同的温度压力及流体-岩石相互作用的结果。通过开展一系列不同的温压及介质条件下（尤其是高温高压）实验，初步揭示出 CO_2 流体、有机酸流体、含 SiO_2 热流体与碳酸盐岩的反应过程和机理，阐释了类似地质环境下碳酸盐岩储集空间的形成与保持机理。另外，从离子络合的角度，明确了常温至 350℃ 条件下 $MgSO_4$-H_2O 体系的相行为，即 Mg^{2+}-SO_4^{2-} 络合作用随温度的变化规律，这对揭示白云石溶蚀机理具有重要的启示作用。采用白云岩成岩流体稀土元素、卤族元素示踪技术研究等能够示踪白云岩中的不同流体性质。基于"源-汇"对比的岩溶洞穴形成演化时限约束方法，可为洞穴的形成时代和演化提供定量的判识依据。

第一节 碳酸盐岩溶蚀实验与储集空间形成及保持

一、碳酸盐岩溶蚀实验方法

（一）恒温水浴法

1. 方法原理

利用恒温水浴装置实现酸液与碳酸盐岩颗粒的反应，通过连续取样，测定所取溶液中 Ca^{2+}、Mg^{2+} 浓度，根据溶液中离子浓度的变化计算反应速率，得到反应过程的动力学信息，探讨碳酸盐岩在酸性介质中的溶解动力学行为，为预测油气储层发育区提供科学依据。

2. 实验步骤

（1）溶液准备：在容积为 500 mL 的有盖锥形瓶中分别加入 400 mL 已配制好的酸性溶液，加盖（防止反应中溶液蒸发太快）后放入恒温水浴箱中并加热至设定的温度，预热。

（2）固体称取：当酸液达到反应温度后，称取约 2 g 碳酸盐岩样品加入锥形瓶中，摇匀，保证所有固体和液体接触，固液质量比约为 1:200。

（3）实验过程中每隔一段时间用移液管汲取约 5 mL 反应溶液装入 15 mL 塑料离心管中，编号待测。注意汲取时尽量只汲取反应溶液的表层，减少扰动，并且要避免吸入固体粉末。

（4）取样间隔：由于碳酸盐岩矿物的易溶性，样品的溶解动力学特征主要体现在实验过程的前期，因此实验初期取样间隔适当加密，为 0.5～2 h/次，中期为 6～8 h/次，反应后期溶液基本达到平衡,取样间隔为 12~18 h/次。监测溶液 pH,当连续取样 pH 波动范围达到动态稳定后,进行最后一次取样。

(5)反应结束后,将残余样品置于 105℃的温度下烘烤 72 h 后,用电子天平称量剩余样品质量,并利用比表面仪(BET)对样品颗粒比表面积进行测量。所取溶液样品用原子吸收分光光度计分析 Ca^{2+}、Mg^{2+} 含量。

3. 结果计算

通常矿物的溶解速率可采用下式计算:

$$R = -\frac{\mathrm{d}m}{A \cdot \mathrm{d}t} = \frac{V}{A} \cdot \frac{\mathrm{d}c}{\mathrm{d}t} \tag{2-1}$$

式中,R 为溶解速率,mol/(cm^2·s);m 为矿物的摩尔数,mol;t 为反应时间,s;A 为反应固相矿物的总表面积,cm^2;V 为反应溶液的体积,L;c 为反应溶液中离子浓度,mol/L。

(二) 旋 转 盘 法

1. 方法原理

利用旋转盘装置实现酸液与碳酸盐岩岩片的反应。反应过程中按设定时间间隔取样,测定所取溶液中 Ca^{2+}、Mg^{2+} 浓度,计算反应速率,得到反应过程的动力学信息;观察溶蚀反应前后岩片的表面微观形貌变化及表面物质组成的信息,探讨碳酸盐岩在酸介质中的溶解动力学行为、表面形貌和溶蚀孔洞的演化过程;分析不同岩性-结构的碳酸盐岩的溶蚀孔洞形成机理,从而认识埋藏阶段碳酸盐岩储层中次生孔隙形成的控制因素和演化规律,为预测油气储层发育区提供科学依据。

2. 实验步骤

(1)将制作好的岩盘用双面胶及热缩胶固定于反应釜内转轴上,并在预热釜内倒入 500 mL 配好的酸液,密封反应釜与预热釜。

(2)预设实验所需的温度、压力、转速、取样次数(10 次左右)和取样时间。

(3)打开进气阀,调节进压调节器至压力预设值,开启加热系统,等待预热釜温度达到设定值。

(4)打开进液阀,待预热釜中的酸液全部注入反应釜后,调节反应釜内压力至预设值,开启反应釜转轴。

(5)根据设定取样时间在取样口收集溶液样品测定 pH,直至实验结束。实验后通过原子吸收光谱分别分析其 Ca^{2+}、Mg^{2+} 含量。

3. 结果计算

1)离子浓度

计算所取溶液中 Ca^{2+}、Mg^{2+} 浓度,计算累计总数:

$$[Me^{2+}]_{tot} = C_t \cdot V_t + \sum_{i}^{n} C_i \cdot V_i \qquad (2\text{-}2)$$

式中，$[Me^{2+}]_{tot}$ 为从岩盘中释放出来的 Ca^{2+} 或 Mg^{2+} 累计摩尔数，mol；C_t 为 t 时刻釜内反应液体 Ca^{2+} 或 Mg^{2+} 的浓度，mol/L；V_t 为 t 时刻釜内反应溶液体积，L；C_i 为第 i 次取样液体中 Ca^{2+} 或 Mg^{2+} 的浓度，mol/L，i 取值从 1 到 n；V_i 为第 i 次取样液体的体积，L。

2）反应速率

旋转盘酸-岩反应及腐蚀测试系统属于批次反应釜，其溶解速率通过初始溶解速率的方法计算，即 Ca^{2+} 或 Mg^{2+} 的释放速率，将式（2-2）计算所得$[Me^{2+}]_{tot}$代入式（2-3）：

$$r = \frac{1}{S} \frac{d[Me^{2+}]_{tot}}{dt} \qquad (2\text{-}3)$$

式中，r 为 Ca^{2+} 或 Mg^{2+} 的释放速率，mol/（$cm^2 \cdot s$）；S 为岩盘样品的表面积，cm^2；t 为反应时间，s。

3）表观活化能

根据阿伦尼乌斯方程，Ca^{2+} 或 Mg^{2+} 的释放速率（r）与温度(T)的关系可以表示为

$$r = A \cdot \exp(E_a/RT) \qquad (2\text{-}4)$$

作 $\lg r$ 与 $1/T$ 的关系散点图，经过直线拟合，可求斜率 k：

$$k = -E_a / (2030R) \qquad (2\text{-}5)$$

式中，E_a 为表观活化能，kJ/mol；A 为指前因子；R 为气体常数，取 8.314 J/(mol·K)。由式（2-5）可以求出表观活化能 E_a。

（三）流　动　法

1. 方法原理

通过压力泵将新鲜的酸性溶液连续注入高温高压反应釜，同时，与釜中碳酸盐岩样品接触反应后的尾液以一定的流速流出，保持釜内压力和温度处于平衡，并根据溶蚀前后失重来计算样品溶蚀率。

2. 实验步骤

（1）称取质量为 10～15 g 的样品于样品管中，装入反应釜后密封。启动压力泵，将配制好的酸性流体连续注入反应釜中，并启动加热。

（2）待反应釜温度、压力稳定于设定压力值后，打开出口阀。

（3）调节出口阀，控制流出速度以 2 mL/min 为宜，并收集尾液。若酸液为硫化氢水溶液，尾液应通入氯化铜溶液处理。

（4）以控制流速并控制总流量为前提，总流量设定为 2 L 为宜，待设定总流量达到后反应结束。

（5）待反应釜冷却后开釜，取出溶蚀后样品。

（6）样品于 105℃烘箱中烘干 24 h 后称重。

3. 结果计算

（1）图像表征：通过扫描电镜形貌和能谱分析，对比溶蚀前后样品表面的变化，定性描述溶蚀后的特征，包括被溶蚀的对象、新生矿物及溶蚀坑的大小和多少等。

（2）失重分析：根据溶蚀前后样品质量变化来计算溶蚀率。

$$\xi = \frac{m_1 - m_2}{m_1} \times 100 \qquad (2\text{-}6)$$

式中，ξ 为溶蚀率，%；m_1 为溶蚀前样品质量，g；m_2 为溶蚀后样品质量，g。

（3）尾液中的各种离子的浓度分析：及时分析溶蚀尾液中的离子浓度，用以表征在该实验条件下，溶蚀过程对碳酸盐岩矿物的溶蚀量，该数值可与失重分析结果相互校验。

二、针对不同地质环境的碳酸盐岩溶蚀实验

1. 不同流体环境

"十一五"期间，借助恒温水浴、旋转盘、流动法等溶蚀模拟实验装置，针对不同类型碳酸盐岩在不同的流体介质、温度、压力条件下的溶蚀能力开展了对比实验，确定了不同类型的碳酸盐岩在不同条件下的溶蚀速率，探讨了碳酸盐岩"溶蚀窗"的基本特征，溶蚀作用与环境条件的关系。

从储层溶蚀模拟实验观测到，在 CO_2 流体条件下，碳酸盐岩溶蚀作用的强弱序列总体表现为白云岩最难以溶蚀，灰岩最易溶蚀，过渡类型则介于两者之间，并且在 75～125℃形成溶蚀高峰（图 2-1）。

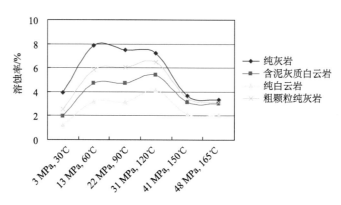

图 2-1　开放体系 CO_2 水溶液中不同温压条件下碳酸盐岩的溶蚀率

模拟过程中，以乙酸代替有机酸对碳酸盐岩进行溶蚀实验，乙酸条件下的溶蚀作用与 CO_2 流体有相似之处，各类碳酸盐岩的溶蚀作用强弱序列一致，不同的是乙酸对碳酸盐岩的溶蚀高峰为 100℃左右，随后溶蚀率下降，当温度达到 120℃后，会形成一个溶蚀作用相对稳定的平台区间，150℃后由于乙酸的分解，溶蚀能力急剧下降。

　　硫化氢的溶蚀作用与上述两种流体则有着明显的不同，硫化氢是微溶于水的气体，水溶液的酸性弱于碳酸，在溶蚀模拟实验中溶蚀能力从 60℃一直到 180℃左右较高，180℃之后溶蚀能力急剧下降。根据前人研究，天然气中硫化氢主要是热化学硫酸盐还原作用（TSR）的产物，那么硫化氢就必然是晚期埋藏条件下生成的，硫化氢的溶蚀作用则可能是晚期深埋溶蚀作用的主导流体。

　　综合以上实验结果，总结以下三点主要结论：地层中酸性流体以 CO_2、有机酸和硫化氢为主，这三种不同的酸性流体在对碳酸盐岩进行溶蚀时有着不同的溶蚀高峰；当酸性流体对碳酸盐岩产生溶蚀作用时，总是白云岩比灰岩难以溶蚀。温度压力同时变化的模拟实验表明，碳酸盐岩在地层条件下的溶蚀作用存在四个区间：①常温到 60℃的升温溶蚀区间；②60～120℃的强溶蚀稳定区（溶蚀窗）；③120～150℃的升温沉淀区；④150℃以上的高温沉淀区。

2. 开放环境/封闭环境/高温高压条件

　　根据前期的实验结果，"十二五"期间采用了高温高压溶解动力学物理装置，对高温高压条件下，不同种类碳酸盐岩在 H_2SO_4 与 CO_2 水溶液中的溶蚀行为以及溶蚀规律设计了一系列实验，着重考察高温高压条件以及开放环境/封闭环境对碳酸盐岩溶蚀的影响程度。

　　1）高温高压溶解实验

　　在高温高压溶解实验中，每个样品均采用 20 g 粉末样，初始溶液为 H_2SO_4 水溶液，pH 为 4。采用的样品岩性特征（表 2-1）及实验温压条件（表 2-2）如下。

表 2-1　实验样品岩性特征

时代及组名	样品编号	基本岩性	基本特征
中二叠统栖霞组	DP-8	灰白色微晶灰岩	节理极其发育
	DP-5	灰白色鲕粒白云岩	
	P_2q-6	细晶白云岩	片状空洞发育，充填有鞍形白云石和长柱状石英
	P_2q-8	微晶灰岩	发育不均匀白云岩化

表 2-2　高温高压实验条件表

样品	温压条件								
	3 MPa，30℃	13 MPa，60℃	22 MPa，90℃	31 MPa，120℃	41 MPa，150℃	50 MPa，200℃	50 MPa，225℃	50 MPa，250℃	50 MPa，275℃
DP-8		•	•	•	•	•	•	•	•
DP-5		•	•	•	•	•	•	•	•
P_2q-8	•	•	•	•	•	•	•	•	•
P_2q-6		•	•	•	•	•	•	•	•

　　注：表中"•"为对应样品设定的实验温压条件

从实验结果可以观察到,高温高压溶蚀实验出现了明显的相对强溶蚀区,100~250℃是碳酸盐岩在 H_2SO_4 溶液体系中溶蚀强度较高的温度区间,而白云岩在 150~250℃的温度区间内,溶蚀强度明显强于灰岩(图 2-2)。

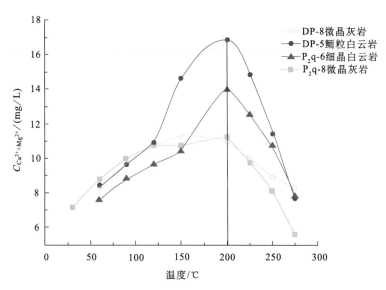

图 2-2　H_2SO_4 水溶液中不同温压条件下 Ca^{2+} 和 Mg^{2+} 的浓度变化趋势图
不同温度点对应的压力如表 2-2 所示

根据以上实验结果总结出在硫酸流体、开放(流动)体系下,在 150~250℃(依据四川盆地低温梯度推算,深度为 5000~8000 m),白云岩的溶蚀明显强于灰岩。

2)开放环境/封闭环境溶蚀沉淀模拟实验

为了进一步揭示碳酸盐岩的溶蚀规律,探究表生埋藏环境和深埋藏环境中碳酸盐岩溶蚀的规律是否具有一致性,考察开放环境/封闭环境对于溶蚀的影响,采用了储层溶蚀模拟实验仪在开放环境/封闭环境,CO_2 水溶液在常温至 200℃,常压至 35 MPa 进行了实验模拟。

开放环境 CO_2 水溶液中方解石标样、灰岩整体溶蚀率大于白云石标样、白云岩。随着温压的升高,白云岩的溶蚀率提升最快。方解石标样、泥晶灰岩在 35~200℃,溶蚀率始终大于云质灰岩、白云岩和白云石标样。方解石标样溶蚀曲线表明:溶蚀高峰出现在 75~120℃。白云石标样溶蚀曲线表明:溶蚀高峰出现在 120~150℃;白云岩在 75~120℃,溶蚀速率明显上升,对温度变化最敏感,但整体溶蚀量还是小于方解石标样和泥晶灰岩(图 2-3)。

封闭环境 CO_2 水溶液中,仍然出现"溶蚀窗"特征,出现的温度范围是 120~175℃,在 150℃时的溶蚀率最高(丁茜等,2017)。

对比封闭环境和开放环境不同岩性碳酸盐岩的溶蚀率,可以发现,开放环境溶蚀率是封闭环境溶蚀率的 15 倍左右。

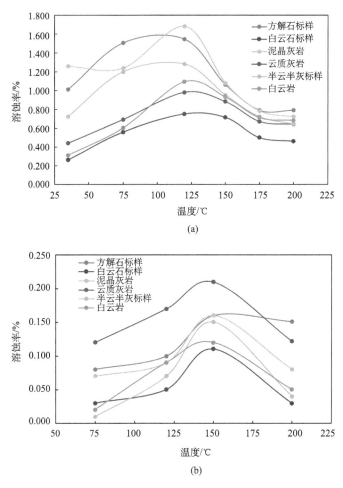

图 2-3 CO_2 水溶液中不同温压条件下碳酸盐岩的溶蚀率

（a）开放环境；（b）封闭环境

3. 基于平衡体系下碳酸盐岩溶蚀热力学模拟

为了更好地了解和预测碳酸盐岩在不同溶液系统以及温压下溶蚀的特征，使用 PHREEQC 水文地球化学软件对 $CaCO_3$/$CaMg(CO_3)_2$ 在不同浓度 CO_2 水溶液/H_2SO_4 以及常温至 400℃的溶蚀-沉淀过程进行了热力学模拟，这一模拟过程假设体系为理想体系，纯物质并且正反方向的反应都已达到了平衡。

对比方解石和白云石在 0.1 mol/L CO_2 水溶液中溶出阳离子浓度，溶出浓度越高代表溶蚀强度越大，在 150～200℃时，白云石的溶出阳离子浓度高于方解石。在 pH 为 4 的 H_2SO_4 溶液中，从 125℃起白云石的溶出阳离子浓度就高于方解石。说明温度较高时，白云石的溶蚀强度大于方解石（图 2-4）。

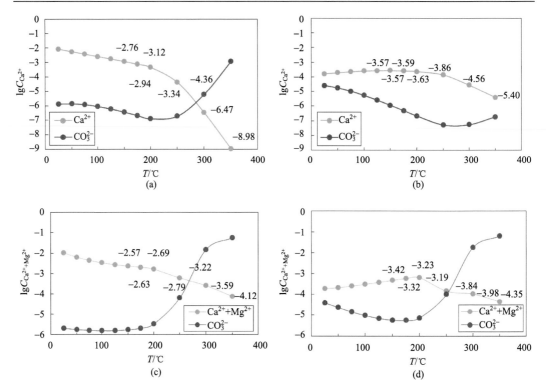

图 2-4　不同温压条件下方解石和白云石在溶液中的溶出阳离子浓度

（a）0.1 mol/L CO_2，方解石；（b）pH=4，H_2SO_4，方解石；

（c）0.1 mol/L CO_2，白云石；（d）pH=4，H_2SO_4，白云石

三、碳酸盐岩储集空间形成及保持

总结不同地质条件下碳酸盐岩溶解-沉淀的规律，可以归纳为三种体系。

第一种是开放非平衡体系，对应地表长期暴露的环境，碳酸盐岩地层中的流体与外界存在持续的能量和物质的交换，岩石-流体相互作用是一个基本连续的过程，溶解-沉淀受到溶解动力学的控制，随温压的变化，始终处于溶蚀状态，存在相对高溶解速率窗。具有规模溶蚀的特点，大量流体处于非饱和状态，不停冲刷固相表面，整体以溶蚀为主。在地质历史时期主要发生在地层长期暴露的沉积成岩的准同生作用期或构造抬升时的表生作用期，前者如频繁暴露的礁、滩和潮坪环境，后者如近地表的喀斯特环境及深循环的淡水溶蚀环境。由于大量不饱和酸性或弱酸性流体持续冲刷、淋滤、浸泡碳酸盐岩地层，流体和岩石之间的反应持续向溶解的方向进行，矿物组分源源不断地进入流体。长期、规模性的溶蚀作用，形成大量的储集空间。尽管常常伴随有多种机械和化学、生物化学充填作用发生，但仍然是优质碳酸盐岩储层最主要的形成环境。碳酸盐岩岩石类型（成分、结构），开放性流体作用方式、强度和时间，充填的方式与程度，决定了储层的规模与品质，如老年期的喀斯特环境往往因为过度的溶蚀与充填而储层品质变差。

第二种是由断裂活动等因素造成的间歇性开放体系，埋藏条件下有间歇性的新流体进入碳酸盐岩地层系统，岩石-流体相互作用是一个断续的过程，溶蚀-沉淀遵循溶解动力学和热力学规律的共同控制，开放期以溶蚀为主，符合"溶蚀窗"的溶蚀特征。非饱和流体间隙性存在，溶蚀和沉淀共同存在，由具体的体系酸碱度，离子饱和程度决定溶蚀反应发生的方向。在地质历史时期主要表现为阶段性的断裂、褶皱活动和盆地演化过程中特殊的流体事件，它们改变了原有的地层流体环境，打破地层内的化学平衡，构成新的流体环境，发生幕式流体-岩石相互作用。地层中物质与能量的交换会导致溶蚀、交代、白云岩化、重结晶、胶结等作用发生，部分地区孔隙度增加，部分地区孔隙度减少。伴随深埋过程，地层中会发生生烃、细菌硫还原作用（BSR）、TSR 等，岩浆活动也会导致部分酸（碱）性流体进入碳酸盐岩地层，形成新的流体环境，增加或减少地层中的储集空间。参与流体-岩石反应的化学侵蚀性流体来自于有机质成熟、烃类降解过程中产生的酸性流体如 CO_2、有机酸，以及含硫酸盐的碳酸盐岩地层通过微生物或者热化学还原作用产生的硫化氢气体等。特殊的间歇性开放环境，如强烈的构造-热液作用也能形成特殊的优质碳酸盐岩储层，规模性的热液白云岩储集体就是国内外油气勘探的重点之一。

第三种是完全封闭的体系，碳酸盐岩地层沉积后长期处于封闭的环境，地层与外界仅存在能量的交换，而基本没有物质交换，溶蚀-沉淀遵循溶解热力学规律，但是流体总量极为有限，不可能形成规模性的溶蚀与沉淀。也有前人研究认为封闭体系随着温压升高碳酸盐岩倾向于沉淀。封闭环境主要效应体现在储集空间的保持作用，如果早期能够形成优质储层，后期长期具有稳定的封闭流体环境，储集空间就能够长期保存下来，在合适的条件成为油气聚集和长期保存的场所。

高温、高压物理模拟实验表明，开放地质流体环境是优质碳酸盐岩储层形成的关键，准同生期和表生期长时间大气淡水淋滤，以及中晚期深埋藏成岩阶段特殊酸性地质流体对储层的溶蚀，能显著改善储层物性；不同环境下不同性质流体的流动方式、强度、作用时间，决定了溶蚀强度和溶蚀速率，岩石结构、成分类型及流体-岩石接触面积影响储层的品质，不同流体通道类型分别形成溶蚀孔、缝、洞等储集空间；封闭流体环境对前期形成的储集空间的保持至关重要，地层的深埋或者抬升过程，会使储层内部发生微量的物质迁移和调整，孔隙度变化较小，但渗透性与非均质性的变化更为明显。

第二节　Mg^{2+}-SO_4^{2-}络合作用与白云石成因

SO_4^{2-}往往被认为是抑制白云石形成的"有毒"离子（Wright，1999；Warren，2000；Wright and Wacey，2005）。SO_4^{2-}抑制白云石沉淀这一命题发端于 Baker 和 Kastner（1981）的高温（200℃）合成白云石实验。他们的实验结果显示，SO_4^{2-}在该温度条件下抑制白云石的形成。进而，他们认为通过石膏沉淀或者硫酸盐还原作用，降低或者移除溶液中的溶解 SO_4^{2-}，可以促进白云石沉淀。从此，尽管有一些争论，但是 SO_4^{2-}抑制白云石形成这一学说风靡一时，即便现今，仍有相当部分学者坚持这一观点。该观点的主要依据是流体中的 SO_4^{2-} 和 Mg^{2+} 形成紧密的中性离子对（$MgSO_4^0$），从而阻碍 Mg^{2+}进入白云石晶格（Brady et al.，1996；Wright，1999；Warthmann et al.，2000；Warren，2000；Wright and

Wacey，2004，2005；Bojanowski，2014）。然而，SO_4^{2-}是否抑制白云石沉淀却备受争议，这主要是地质观察表明 SO_4^{2-} 与白云石形成过程密不可分：①石膏或者硬石膏通常与白云石共生，如塔里木盆地柯坪地区阿瓦塔格组膏质白云岩。②地质研究表明，白云岩化流体盐度范围宽泛，在正常盐度与石膏饱和之间均适于白云石形成。也就是说，白云岩化流体中含有一定量的 SO_4^{2-}（Qing et al.，2001；Melim and Scholle，2002）。比如柯坪地区奇格布拉克组藻白云岩，其形成于盐度不高的正常潮坪环境（王小林等，2010）。③现代富 SO_4^{2-} 的强烈蒸发环境也有白云石沉淀（Brady et al.，1996）。因此，查明地质条件下流体中 Mg^{2+} 的性状与行为，是深化白云石成因理论研究的关键科学问题之一。

一、实　验　研　究

从离子络合作用的角度出发，研究 Mg^{2+}-SO_4^{2-} 络合作用随温度变化规律，是验证 Baker 和 Kastner 的实验结果能否解释地表白云石成因的关键。笔者开展了室温至 350℃ 条件下 $MgSO_4$-H_2O 体系的相行为观测，并进行了激光拉曼原位分析。在实验过程中，首次发现了该体系的液-液相分离现象，并验证了位于 $1020\ cm^{-1}$ 峰位的新的 v_1（SO_4^{2-}）组分，为 Mg^{2+} 和 SO_4^{2-} 之间的聚合作用提供了实验证据（Wang et al.，2013；Wan et al.，2015）。

（一）首次发现 H_2O-$MgSO_4$ 体系液-液相分离现象

图 2-5 是 19.36% $MgSO_4$ 溶液在 250～290℃和饱和蒸气压条件下的相行为记录。当温度升至 259.5℃时，原来均一的溶液相分离为两个不混溶的液相：液相 F1 以液滴的形式分散在液相 F2 中[图 2-5（b），（c）]。当温度继续升高或者降温时，分散的液滴聚合在一起，形成体积较大的液相 F1[图 2-5（b）～（f）]。对于 19.36% $MgSO_4$ 溶液，这种液-液不混溶现象可稳定至 290℃，然后硫酸镁石沉淀（$MgSO_4 \cdot H_2O$）从 F1 相中析出。受室温条件下 $MgSO_4$ 溶解度的控制，本次实验只配制了 1.19%～19.36% 的 $MgSO_4$ 溶液。实验结果显示，液-液相分离温度随浓度升高而降低，发生的最低温度被称为低临界溶解温度（lower critical solution temperature，LCST），是聚合物溶液的典型宏观特征（Paricaud et al.，2003）。在降温过程中，F1 与 F2 的相边界逐渐淡化[图 2-5（g）]，在 259℃左右相边界消失，恢复为均一溶液相[图 2-5（h）]，接近临近均一现象。

（二）拉曼光谱研究

为了查明液-液相分离前后溶液组成和结果的变化，对 5.67% $MgSO_4$ 溶液相分离前后的 v_1（SO_4^{2-}）光谱进行了收集与分析。

1. v_1（SO_4^{2-}）拉曼峰特征

原位光谱分析显示，F1 相以强 v_1（SO_4^{2-}）信号为主要特征，而 F2 相中 v_1（SO_4^{2-}）的信号很弱，几乎低于检测限[图 2-6（a）]。因此，从成分上来讲，F1 相富集 $MgSO_4$，

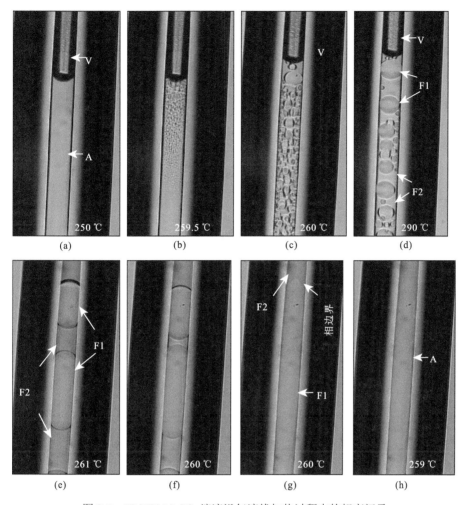

图 2-5　19.36% MgSO₄ 溶液沿气液线加热过程中的相变记录

而 F2 贫 MgSO₄。F2 相中位于 1050 cm⁻¹ 附近的 v_1（SO_4^{2-}）峰是 HSO_4^- 的特征峰（Rudolph，1996）。由于 F2 相中 v_1（SO_4^{2-}）信号较弱，仅对 F1 相中 v_1（SO_4^{2-}）光谱进行了详细研究。随着温度的升高，尤其在出现相分离后的 F1 相中，v_1（SO_4^{2-}）向高波数方向漂移明显，且峰形变宽[图 2-6（b）]。对所有 v_1（SO_4^{2-}）峰进行洛伦兹-高斯曲线拟合后，发现在 F1 相中除了常见的位于 980 cm⁻¹、992 cm⁻¹、1003 cm⁻¹ 附近的 v_1（SO_4^{2-}）组分外，还有一新的 v_1（SO_4^{2-}）组分，大致位于 1020 cm⁻¹，且随着温度的升高，其峰位向高波数漂移[图 2-6（c）、（d）]。前人研究表明，Mg^{2+}-SO_4^{2-} 络合作用随着温度的升高而加强，位于 980 cm⁻¹、992 cm⁻¹ 和 1003 cm⁻¹ 附近的 v_1（SO_4^{2-}）组分分别代表未与 Mg^{2+} 络合的 SO_4^{2-}、接触离子对（$MgSO_4^0$，CIP）和三离子（$Mg_2SO_4^{2+}$，TI）（Frantz et al.，1994；Jahn and Schmidt，2010）。然而，尽管前人对 MgSO₄ 溶液的 v_1（SO_4^{2-}）拉曼峰进行了详尽的研究，但对位于 1020 cm⁻¹ 附近的 v_1（SO_4^{2-}）组分的报道却非常少。为了进一步讨论该组分的结构，将未知浓度的 MgSO₄ 重水溶液也加热至液-液不混溶出现，继续升高约 5℃，待体系稳定后分析其 v_1（SO_4^{2-}）光谱特征。

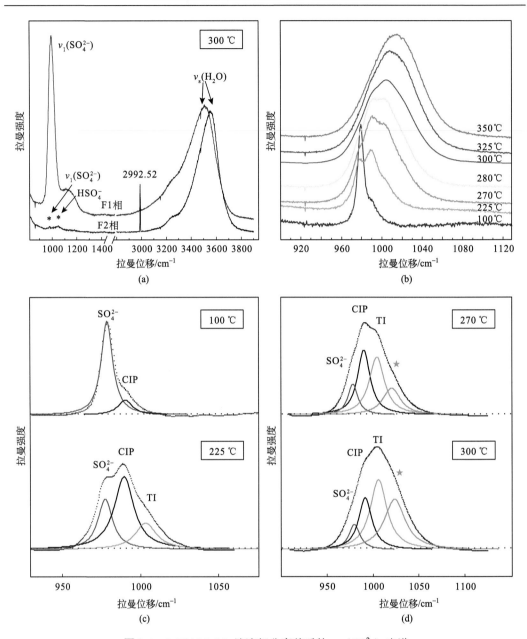

图 2-6　5.67% $MgSO_4$ 溶液相分离前后的 v_1（SO_4^{2-}）光谱

（a）5.67% $MgSO_4$ 溶液发生相分离后流体 F1 相与 F2 相的拉曼光谱，可以看出 F1 相富集 $MgSO_4$ 而 F2 相贫 $MgSO_4$；（b）100～350℃时 5.67% $MgSO_4$ 溶液的 v_1（SO_4^{2-}）光谱；（c）5.67% $MgSO_4$ 溶液均一溶液相 v_1（SO_4^{2-}）光谱拟合结果；（d）液-液相分离后流体相 F1 的 v_1（SO_4^{2-}）光谱拟合结果

　　从图 2-7 可以看出，$MgSO_4$ 重水溶液和普通水溶液的 v_1（SO_4^{2-}）光谱拟合结果基本一致，这说明位于 1020 cm^{-1} 附近的 v_1（SO_4^{2-}）组分应不是通过水分子桥接，而很可能是通过…Mg-O-SO_3…形式连接。如果 Mg^{2+} 和 SO_4^{2-} 以水分子连接，那么溶剂分子不同对 v_1（SO_4^{2-}）峰形及峰位产生明显的影响（Zhang et al.，2009）。现有的理论计算（Zhang et al., 2002；Zhang et al.，2009；Jahn and Schmidt，2010）和光谱实验（Zhang and Chan，2000，2002；Buchner et al.，2004；Zhao et al.，2006）结果显示，v_1（SO_4^{2-}）峰位随着离子对链长的增加而逐渐向高波数偏移。因此，该 v_1（SO_4^{2-}）组分很可能与溶液中更为复杂的络合作用有关。

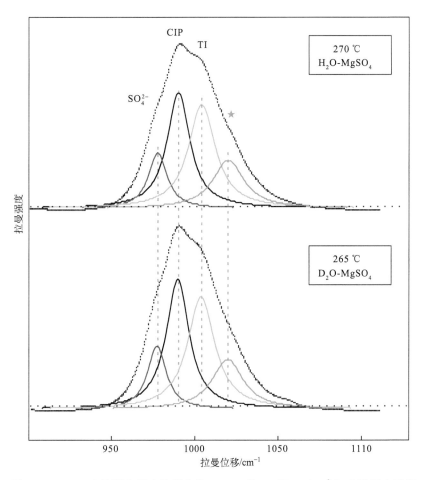

图 2-7 $MgSO_4$ 水溶液和重水溶液富集 $MgSO_4$ 的 F1 相 v_1（SO_4^{2-}）光谱拟合结果

2. 各 v_1（SO_4^{2-}）组分相对含量的变化

某 v_1（SO_4^{2-}）组分的峰面积占所有 v_1（SO_4^{2-}）组分峰面积的比例可以用来反映该组分的相对含量（Jahn and Schmidt，2010；Wang et al.，2013，2016a，2016b；Wan et al.，2015）。如图 2-8 所示，f_{980}、f_{992}、f_{1003} 和 f_{1020} 分别代表 "自由" SO_4^{2-}、CIP、TI 和位于 1020 cm^{-1} 附近未知组分占 SO_4^{2-} 总量的比例。其中，f_{980} 随着温度的升高而逐渐减小，至相分离出现后在约 325℃时已检测不到 "自由" SO_4^{2-} 的信号。而 CIP 的含量则呈现出非单调变化的特征，在相分离之前，其含量随温度的升高而增加，而在相分离之后，其含量随温度的升高而减少。相反地，伴随着 CIP 含量的减少，f_{1003} 与 f_{1020} 则随温度升高而一直呈增加趋势。这说明相分离发生后，F1 相中 CIP 向 TI 与更复杂的 SO_4^{2-} 组分转变。温度对 Mg^{2+}-SO_4^{2-} 络合作用的影响已经得到了广泛研究（Frantz et al., 1994；Rudolph et al., 2003；Akilan et al., 2006；Jahn and Schmidt, 2010）。通常认为 CIP 是高温条件下 $MgSO_4$ 溶液中主要的 SO_4^{2-} 赋存形式（Frantz et al., 1994；Rudolph et al., 2003）。然而，我们发现 CIP 的稳定性在高温条件下却并非随着温度的升高而增强，而是随着温度的升高先增强后减弱，这与理论计算结果是一致的（Zhang et al., 2009）。在高温高压条件下（450℃，1.4 GPa），Jahn 和 Schmidt（2010）在 2.2 mol/kg $MgSO_4$ 中也观察到了 CIP 含量这种非单调的变化趋势。但是，他们没有观察到位于 1020 cm^{-1} 附近的 v_1（SO_4^{2-}）峰。

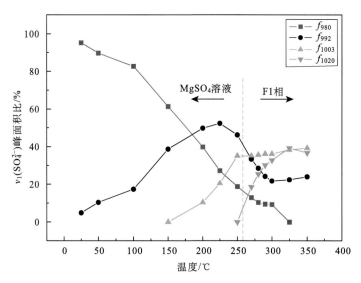

图 2-8　5.67% $MgSO_4$ 溶液相分离前后各个 v_1（SO_4^{2-}）组分峰面积占全部 v_1（SO_4^{2-}）组分峰面积的比例

二、白云石研究的启示

根据我们的实验结果，高温条件下，SO_4^{2-} 将与 Mg^{2+} 强烈络合，形成紧密的接触离子对（CIP，TI 等）。因此，高温条件下，SO_4^{2-} 的存在很可能会通过束缚 Mg^{2+} 而阻碍白云石形成。正是基于上述原因，Baker 和 Kastner（1981）的高温实验结果显示，SO_4^{2-} 在 200℃ 时会抑制白云石形成。地质研究表明，热液白云石是重要的白云石类型，并且是重要的油气储层（Machel and Lonnee, 2002；Davies and Smith, 2006；Luczaj et al., 2006）。热液白云石的流体包裹体均一温度显示，其形成温度大多在 80～220℃（Qing and Mountjoy, 1994a，1994b；Davies and Smith, 2006）。在这样高的温度条件下，SO_4^{2-} 的存在将抑制白云石形成。因此，移除流体中的 SO_4^{2-} 对于热液白云石的形成就显得非常重要（Wang et al., 2016a，2016b）。如果流体中有 SO_4^{2-}，则 TSR 的发生将明显促进白云石的形成。接触离子对的形成能够降低 SO_4^{2-} 的对称性，从而增加其反应活性（Ma et al., 2008）。除了移除流体中的 SO_4^{2-} 以外，TSR 还会增加流体中 CO_3^{2-}/HCO_3^- 的浓度，提高白云石的饱和指数。大量研究表明，TSR 和热液白云石的形成密切相关（Machel，1987；Anderson and Garven，1987；Anderson，1991；Spangenberg et al.，1996；Taylor，2004；Vandeginste et al.，2009）。

而对于地质历史时期形成的白云岩，大多数形成于地表条件（Machel and Mountjoy，1986；Warren，2000；Machel，2004）。为了探究低温白云石的成因机理，人们开展了大量的实验工作，然而，绝大多数实验以失败告终（Land，1998）。受到 Folk（1993）观察到白云石和微生物密切联系，以及 Baker 和 Kastner（1981）高温实验证实 SO_4^{2-} 抑制白云石形成的启发，McKenzie 和其合作者提出了微生物白云石模式（Vasconcelos et al.，1995；Vasconcelos and McKenzie，1997），即硫酸盐还原细菌（SRB）的新陈代谢活动可以降低流体中 SO_4^{2-} 的浓度，从而移除白云石沉淀的动力学障碍，促进白云石沉淀。该模式得到了微生物培养实验的证实（Warthmann et al.，2000；van Lith et al.，2003a，2003b；Vasconcelos et al.，2005；Wright and Wacey，2005；Bontognali et al.，2008，2014；Deng et al.，2010），也被用来解释现代白云石成因，如澳大利亚南部 Coorong 地区潟湖（Wright，1999；Wacey et al.，2007）、巴西东南部 Lagoa Vermelha 地区潟湖（van Lith et al.，2002）、阿布扎比萨布哈（Bontognali et al.，2010）和中国内陆青海湖（Deng et al.，2010）等。毫无疑问，BSR 可以促进白云石沉淀，然而其作用机理仍然不甚明晰（Zhang et al.，2012b）。部分学者认为 BSR 作用可以消耗 SO_4^{2-}，从而释放被其束缚的 Mg^{2+}。然而，根据我们的实验结果，SO_4^{2-} 与 Mg^{2+} 在地表条件下的络合作用很弱，形成大量 CIP 和 TI 的可能性不大，也就是说，地表条件下 SO_4^{2-} 束缚 Mg^{2+} 的作用被夸大了。实际上，在解释为经典微生物白云石成因模式的地区，溶液或者孔隙水中 SO_4^{2-} 的浓度依然高于海水（Warthmann et al.，2000；van Lith et al.，2002；Moreira et al.，2004；Wright and Wacey，2005；Wacey et al.，2007；Deng et al.，2010）。微生物培养实验也表明，其他微生物，甚至是嗜氧微生物的存在一样可以促进白云石沉淀（Sánchez-Román et al.，2009；Deng et al.，2010）。古老白云岩的分布显示，白云石往往与蒸发岩关系密切，表明 SO_4^{2-} 在流体中浓度可观（Warren，2000；Machel，2004）。综上所述，SO_4^{2-} 在地表条件下抑制白云石形成的作用有限（Sánchez-Román et al.，2009），微生物促进白云石成因的机理有待深化（Zhang et al.，2012a，2012b；Roberts et al.，2013；Bontognali et al.，2014）。

微生物的新陈代谢活动可以提高流体的 pH 和 CO_3^{2-}/HCO_3^- 浓度（Wright，1999；Warthmann et al.，2000，2005；Vasconcelos et al.，2006；Wacey et al.，2007；Bontognali et al.，2010；Deng et al.，2010）。此外，微生物本身和其分泌的胞外聚合物（EPS）可以吸附金属离子，从而提高 Mg^{2+} 和 Ca^{2+} 的局部浓度（Braissant et al.，2007；Wacey et al.，2007）。上述作用都可以提高流体中白云石的饱和指数并促进白云石形成。然而，这些过程并未接触到白云石成因机制的核心内容，因为正如 Land（1998）所述，流体中白云石的饱和指数在实验室是很容易控制的。在没有动力学上适当的成核作用发生的前提下，即使流体对于白云石来讲是过饱和的，白云石也不能从中沉淀出来。也有学者认为微生物本身可以作为白云石沉淀的成核中心（Vasconcelos et al.，1995；Warthmann et al.，2000；van Lith et al.，2003a；Wacey et al.，2007），然而 Bontognali 等（2008）的微生物培养实验表明，白云石成核主要发生在 EPS 中，而微生物主要生活在 EPS 外部以免被白云石"埋葬"。

如果 SO_4^{2-} 的存在、低的 pH 和 CO_3^{2-}/HCO_3^- 浓度并不足以阻碍白云石形成，那么抑制白云石形成的主要动力学障碍可能是 Mg^{2+} 的水合作用（Wang et al.，2016b）。Mg^{2+} 具有很强的水合能力，在流体中被"严实"的水合壳包裹，难以进入白云石晶格。最近的实验研究证实，EPS 和降解的有机质的存在有利于"剥落"Mg^{2+} 的水合壳，促进"裸露"的 Mg^{2+} 进入白云石晶格（Zhang et al.，2012a；Roberts et al.，2013；Bontognali et al.，2014）。Roberts 等（2013）发现，有机质表面的羧基官能团可以与 Mg^{2+} 络合，从而有利于破坏 Mg^{2+} 的水合壳，促进白云石沉淀。Zhang 等（2012b）认为 BSR 的产物 HS^- 也可以弱化 Mg^{2+} 的水合壁垒，促进白云石形成。因此，今后的白云石成因研究应更多关注 Mg^{2+} 的水合作用，SO_4^{2-} 的抑制作用仅在高温条件下显著。

第三节　含硅流体水-岩反应与白云岩储集空间形成的新机制

一、实 验 研 究

硅化作用为碳酸盐岩层系中常见的成岩作用，并且在世界范围内的热液（改造）白云岩储层中，含 SiO_2 热流体的作用记录也很丰富（Davies and Smith，2006；Smith，2006；李映涛等，2015）。然而，含 SiO_2 热流体对碳酸盐岩储层会产生什么样的影响，至今还缺少系统的研究工作。因此，应用高温高压实验手段查明含 SiO_2 热流体与碳酸盐岩的反应过程和反应机理，对于认识相关储层的发育机理至关重要。本书以熔融毛细硅管（内径 300 μm，外径 600 μm）为反应腔体，将白云石-水和方解石-水分别装入反应腔，然后焊封，并置于新型冷热台中加热。由于熔融毛细硅管的成分接近纯 SiO_2，不需要额外加入 SiO_2 反应物。利用激光拉曼光谱仪，对气相和固相组分进行实时监测，以确定反应进程。此外，原位观测结束以后，将反应腔体打开，利用场发射扫描电镜和能谱分析仪，进一步分析固相组分的形态和成分，结合原位分析结果，揭示反应过程和机理。

实验发现，当含白云石的样品加热到 100℃并恒温 24 小时左右，即可以在气相中检测出明显的 CO_2 费米峰（1285 cm^{-1} 和 1387 cm^{-1}）（Rosso and Bodnar，1995；Dubessy et al.，1999；Wang et al.，2011b），而含方解石的样品中则检测不到 CO_2 信号 [图 2-9（a）]。将含白云石的样品加热至 200℃，可以发现 CO_2 的信号随着反应时间的延长而逐渐增强，说明反应在持续进行 [图 2-9（b）]。此外，在固相组分中检测到了滑石的特征峰（~360 cm^{-1}，675 cm^{-1}）（Rosasco and Blaha，1980），同时，也检测到了反应物白云石的特征峰（~177 cm^{-1}，300.5 cm^{-1}，1098 cm^{-1}）（Nicola et al.，1976）和另一产物方解石的特征峰（282 cm^{-1}，1086 cm^{-1}）（Gunasekaran et al.，2006）（图 2-10）。综合上述实验结果，认为白云石和硅管中的 SiO_2 以及水发生了如下反应：

$$3CaMg(CO_3)_2 + 4SiO_2 + H_2O =\!=\!= Mg_3(Si_4O_{10})(OH)_2 + 3CaCO_3 + 3CO_2\uparrow$$

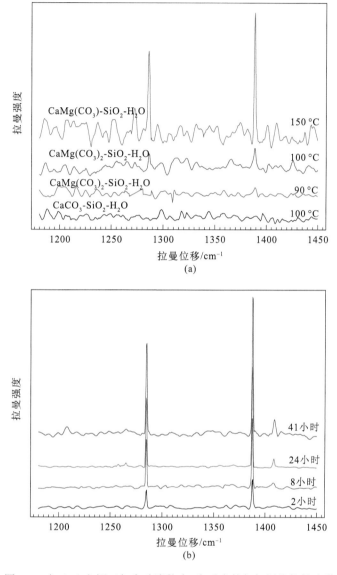

图 2-9　白云石/方解石与含硅流体水-岩反应的气相组分拉曼光谱

（a）含白云石和方解石硅管加热至 100℃恒温 24 小时后的气相拉曼光谱分析结果；（b）含白云石样品加热至 200℃，气相中 CO_2 信号随反应时间变化规律

　　样品淬火后，对固相组分进行了系统的扫描电镜观测和能谱分析，结果见图 2-11。可以看到，片状的滑石分布在白云石表面 [图 2-11（a）]，并且在白云石和硅管的接触面上，形成了一层滑石质包壳，与硅管内壁平行 [图 2-11（b），（c）]。与反应前的硅管相比，反应后硅管内壁溶蚀强烈，形成大量密布的溶蚀坑 [图 2-11（d）～（f）]。此外，在固相中还发现了方解石 [图 2-11（e）]。上述观测结果进一步确认了之前我们关于 $CaMg(CO_3)_2$-SiO_2-H_2O 反应机理的认识。含 SiO_2 热流体与富镁碳酸盐岩作用是形成滑石（矿）的重要途径（Moine et al.，1989；Shin and Lee，2006）。尽管地质观察和实验研究

结果证实白云石可以与含 SiO_2 流体反应形成滑石，但是滑石的形成温度一般高于 250℃（Eggert and Kerrick，1981；Hecht et al.，1999）。而我们的实验结果表明，白云石与含硅热流体在较低的温度下（≤200℃）即可反应形成滑石、方解石和 CO_2。

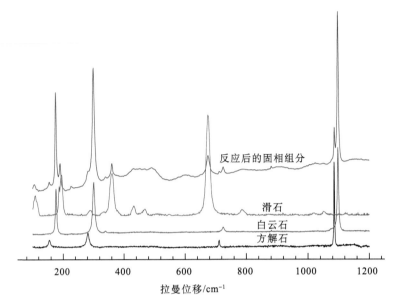

图 2-10　方解石、白云石和滑石的标准拉曼光谱
以及含白云石硅管中固体产物拉曼光谱

二、储层研究意义

近年来研究表明，热液流体改造作用可以有效提高白云岩的孔隙度和渗透率，是影响白云岩储层发育和分布的重要因素（Esteban and Taberner，2003；Smith，2006；Luczaj et al.，2006；Sagan and Hart，2006；Katz et al.，2006）。塔里木盆地是中国重要的含油气盆地之一，其中下古生界碳酸盐岩层系是重要的油气储层。勘探表明，含硅热流体能够改善灰岩和白云岩层系的物性（云露和曹自成，2014；李映涛等，2015；漆立新，2016）。目前发现的含硅热液作用的层段主要是顺南地区下奥陶统，而塔里木盆地奥陶系以下的地层主要岩性是白云岩。学者认为含硅热流体多来自深部地层，沿深大断裂向上运移，运移至孔渗性较好的碳酸盐岩层系时发生侧向运移，进而溶蚀部分碳酸盐矿物，形成优质的油气储层（Smith，2006；李映涛等，2015）。此外，富硅热液改造白云岩储层的现象在其他地区也有报道，如纽约 Trenton-Black 河地区，盆地深部含硅热流体通过高渗透性断裂快速向上运移，当遇到渗透性较差的盖层阻隔后在上奥陶统白云岩中横向运移，造成碳酸盐矿物的溶蚀及白云岩的重结晶，有效地改善了储层物性。流体包裹体分析结果显示，作用于碳酸盐储层的富硅热流体温度可以达到 200℃以上（Smith，2006；Xing and Li，2012；李映涛等，2015）。在较高的温度下，含硅热流体将与富镁碳酸盐岩反应形成

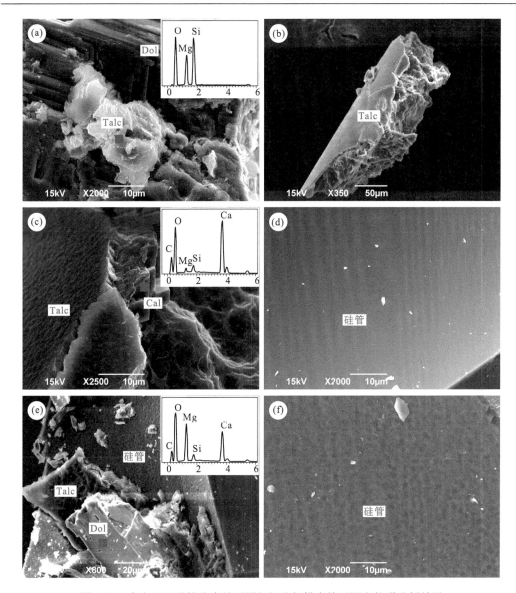

图2-11 含白云石硅管淬火前后固相组分扫描电镜观测和能谱分析结果

（a）白云石表面的片状滑石；（b）白云石和硅管内表面之间形成的滑石包壳；（c）滑石包壳和自形方解石；（d）反应前硅管内表面平整光滑；（e）反应后硅管内表面溶蚀坑广布，同时观察到反应物白云石和产物滑石；（f）反应后硅管内表面遍布溶蚀坑。Talc.滑石；Cal.方解石；Dol.白云石

滑石（Dong et al.，2013）。因此，滑石等富镁硅酸盐矿物可以作为白云岩地层中含硅热液活动的指示矿物，其分布特征具有指示热流体运移路径的潜力。塔里木盆地深层白云岩层系也可能会发育受含硅热液改造的溶蚀型储层。

McKinley等（2001）指出，当热液流体交代富含石英的白云岩时会形成滑石，该过程伴随着矿物摩尔体积的减小，将产生13%～17%的额外孔隙，从而增加储层孔隙度。石英是热液白云岩层系中常见的矿物类型，并且往往出现在孔隙较好的层段，填充在裂隙和孔洞中（Davies and Smith，2006；Lonnee and Machel，2006；Luczaj et al.，2006）。如果后期高温热液再次作用于富含石英的白云岩层系，则很有可能会进一步改善储层物性。但是，经过热液作用形成的滑石及其他黏土矿物也可能会堵塞孔隙，从而造成储层有效储集空间的减少（Fishburn，1990；McKinley et al.，2001）。此外，在碳酸盐岩层系中，CO_2 是重要的酸性流体，能够溶蚀碳酸盐岩形成储集空间（Giles and Marshall，1986；Pokrovsky et al.，2005，2009；Duan and Li，2008）。一般认为，干酪根成熟过程中会释放大量 CO_2（Stalker et al.，1994）。高温条件下有机质分解和 TSR 作用也都可以产生大量的 CO_2（Machel et al.，1995；Machel，2001；Cross et al.，2004）。而本书研究表明，含硅热液交代白云岩除了形成富镁硅酸盐外，还会形成 CO_2。因此，含硅热液交代白云岩也是碳酸盐岩层系中 CO_2 的潜在来源之一，CO_2 的存在将有效降低流体的 pH，有利于次生溶蚀孔隙的形成。

第四节　碳酸盐岩储层成岩流体判识方法

一、白云岩成岩流体稀土元素示踪研究

稀土元素（REE）通常情况下具有近一致的地球化学行为，个别变价元素受氧化、还原条件的影响（如 Ce 和 Eu）会表现出与其他稀土元素不同的地球化学行为，是地质学研究中重要的地球化学示踪指标之一（Piper，1974；Nance and Taylor，1976；Banner et al.，1988；McLennan，1989；Byrne and Sholkovitz，1996；Hecht et al.，1999）。在碳酸盐岩沉积和成岩研究领域，稀土元素配分模式通常用来分析稀土元素的组成特征，既能反映个别元素的异常特征，又能够直观地展示轻、重稀土元素的分馏情况。

前人通常使用澳大利亚太古宙页岩（PAAS）、北美页岩（NASC）或者 C1 型球粒陨石 REE 含量作为标准，对所测得的稀土元素数据进行标准化处理（Kawabe et al.，1991；Hecht et al.，1999；Tanaka et al.，2003；Leybourne and Johannesson，2008）。然而，对海相碳酸盐岩来讲，地质历史时期的灰岩可以反演同时期海水的稀土元素组成（Nothdurft et al.，2004，SW），当白云岩化流体为海水或海水演化流体且成岩作用过程中水岩反应较弱时，保存在白云岩中的稀土元素信息亦可反映当时海水的情况（Qing and Mountjoy，1994 a；Miura and Kawabe，2000）。因此，在对灰岩甚至白云岩中的稀土元素进行标准化时，相对于碳酸盐岩既没有内在联系也没有成因关系的 PAAS、NASC 或 C1 型球粒陨石而言，选择海水作为参照，更能反映稀土元素在碳酸盐岩沉积、成岩过程中的富集和分馏情况，以及成岩后期流体叠加改造作用的影响（Tanaka et al.，2003；Nothdurft et al.，2004；Wang et al.，2009；Wang et al.，2014）。

本书选择塔里木盆地奥陶系蓬莱坝组典型钻井岩心、四川盆地盘龙洞剖面二叠系长兴组—三叠系飞仙关组以及下扬子地区葛山剖面三叠系周冲村组灰岩-白云岩为对象，进行了系统的岩相学和微量元素分析。以 Kawabe 等（1998）分析的太平洋表层海水稀土元素组

成平均值作为参照，对所测得的数据进行了标准化处理，得到的典型稀土元素配分曲线见图 2-12。由于海水中 Ce 含量相对较低，因此海水标准化之后的稀土元素配分模式通常出现正 Ce 异常。据 Bau 和 Dulski（1996）提出的方法，可以应用（Pr/Pr^*）$_{SN}$ [即 $2Pr_{SN}/(Ce_{SN}+Nd_{SN})$] 和（$Ce/Ce^*$）$_{SN}$ [即 $2Ce_{SN}/(La_{SN}+Pr_{SN})$] 的关系来确定是否存在真正的 Ce 异常，其中下角标 SN 代表海水标准化（即 seawater normalized）。当（Ce/Ce^*）$_{SN}>1$，且（Pr/Pr^*）$_{SN}<1$ 时，表明存在真正的正 Ce 异常；而当（Ce/Ce^*）$_{SN}<1$，且（Pr/Pr^*）$_{SN}>1$ 时，表明存在真正的负 Ce 异常。当（Ce/Ce^*）$_{SN}>1$，且（Pr/Pr^*）$_{SN}\approx1$ 时，表明存在负 La 异常，而不是正 Ce 异常。通过比较（Pr/Pr^*）$_{SN}$ 和（Ce/Ce^*）$_{SN}$ 的关系，确认本书研究所测得的 Ce 正异常均为真正异常。值得注意的是，所有样品都不同程度地呈现 Ce 正异常，这可能反映了白云石形成的氧化-还原条件与现代表层海水相差较大。白云岩与现代表层海水相比富集 Ce 这一特征，可能表明白云石形成环境的氧化还原条件更偏还原。

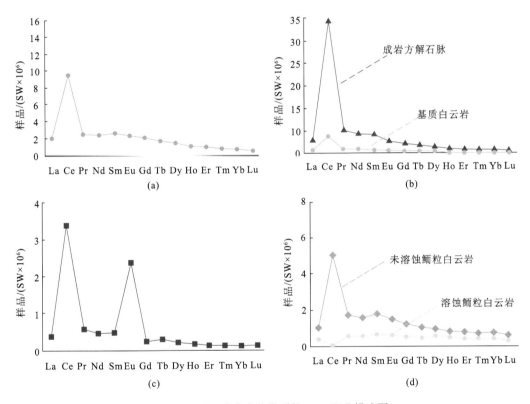

图 2-12　不同成岩流体类型的 REE 配分模式图

（a）正常海水，四川省达州市宣汉县盘龙洞长兴组准同生白云岩；（b）地层流体，塔里木盆地北缘塔河油田 S88 井蓬莱坝组块状白云岩和成岩方解石脉；（c）热液流体，塔里木盆地中央隆起塔里木油田古隆 1 井蓬莱坝组块状白云岩中充填的鞍形白云石；（d）大气降水，四川省达州市宣汉县盘龙洞飞仙关组鲕粒白云岩

根据典型样品分析结果，建立了应用碳酸盐岩，尤其是白云岩海水标准化 REE 组成特征判识流体类型方法，即从碳酸盐岩稀土元素的总含量 ΣREE、Ce 或 Eu 异常、稀

土元素配分曲线形态三个方面来判识不同性质的成岩流体（图 2-12；胡文瑄等，2010），主要特征总结如下。

（1）正常海水模式：①ΣREE 较低，一般小于 20 μg/g；②较显著的正 Ce 异常；③轻稀土稍富集，重稀土配分曲线较平坦。

（2）地层流体模式：①基质碳酸盐 ΣREE 较低，成岩脉体 ΣREE 含量明显升高；②显著的正 Ce 异常；③轻稀土稍富集，重稀土配分曲线较平坦。

（3）热液流体模式：①ΣREE 相对于基质碳酸盐岩降低；②正 Ce 异常，正 Eu 异常；③REE 配分曲线起伏明显。

（4）大气降水淋滤模式：①ΣREE 远低于未经改造的碳酸盐岩；②正 Ce 异常接近消失或出现负 Ce 异常；③大多保持原岩轻稀土相对富集特征。

二、白云岩卤族元素示踪技术研究

（一）卤族元素信息有效性

卤族元素（Cl、Br 和 I）作为元素周期表中重要的主族元素之一，已广泛地应用于地质地球化学循环的相关研究。尤其在高温地质流体领域，如火山作用、岩浆作用和热液流体领域，前人已展开大量的研究。例如，在岩浆成矿和相关热液体系的研究中，流体包裹体中流体的 Cl/Br 值被用来示踪流体的来源和演化（Böhlke and Irwin，1992；Kesler et al.，1995；潘家永等，1999；Kendrick et al.，2001，2012；Gleeson and Turner，2007；Nahnybida et al.，2009；Bernal et al.，2014）。实际上，卤族元素地球化学特征在示踪低温地质过程方面也具有一定的应用潜力。

以下扬子地区葛山（江苏省宜兴市张渚镇）剖面三叠系周冲村组为例，针对卤族元素示踪白云岩化流体盐度和氧化还原条件等研究，开展了系统的卤族元素分析测试工作。该剖面主要由碳酸盐岩构成，从下往上，白云石含量逐渐增加，据此可以分为三段：底部主要为深灰色-灰色、薄层-中厚层灰岩，局部夹浅肉红色或浅灰色薄层白云岩；中部为不同程度白云岩化作用的产物，局部表现为斑状白云岩化；顶部为浅肉红色-灰白色厚层白云岩。

Cl、Br 和 I 在葛山剖面中的变化范围分别为 47.2～230.1 ppm[①]、0.63～3.08 ppm 和 0.04～0.73 ppm。其中，Cl 在灰岩中的含量变化范围为 47.2～147.0 ppm，平均值为 88.3 ppm，在白云质灰岩中的含量变化范围为 61.1～168.9 ppm，平均值为 114.7 ppm，在灰质白云岩中的含量变化范围为 76.7～209.0 ppm，平均值为 121.3 ppm，而在白云岩中的含量变化范围为 53.8～230.1 ppm，平均值为 142.9 ppm，总体呈现出随白云岩化程度的增强，Cl 含量有升高的趋势（图 2-13）。

Br 在灰岩中的含量变化范围为 0.63～2.13 ppm，平均值为 1.15 ppm，在白云质灰岩

[①] 1 ppm=1×10⁻⁶。

中的含量变化范围为 0.69～2.20 ppm，平均值为 1.42 ppm，在灰质白云岩中的含量变化范围为 0.97～2.27 ppm，平均值为 1.59 ppm，而在白云岩中的含量变化范围为 1.35～3.08 ppm，平均值为 2.13 ppm。与 Cl 含量类似，Br 含量也呈现出随白云岩化程度的增强而逐渐升高的趋势（图 2-13）。

I 在灰岩中的含量变化范围为 0.07～0.73 ppm，平均值为 0.36 ppm，在白云质灰岩中的含量变化范围为 0.04～0.45 ppm，平均值为 0.13 ppm，在灰质白云岩中的含量变化范围为 0.07～0.12 ppm，平均值为 0.09 ppm，而在白云岩中的含量变化范围为 0.05～0.13 ppm，平均值为 0.08。与 Cl 和 Br 含量相反，I 含量呈现出随白云岩化程度的增强而急剧降低的趋势（图 2-13）。

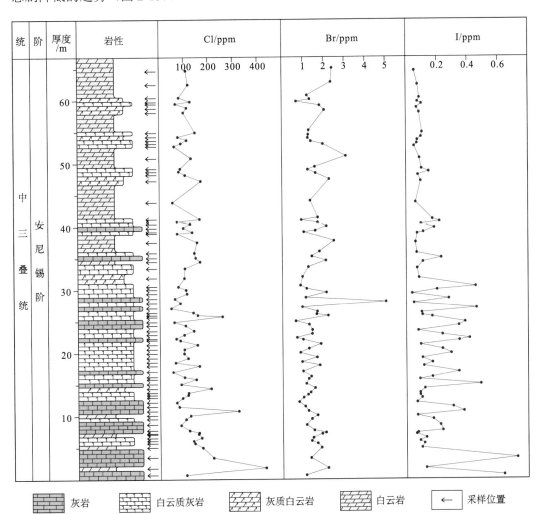

图 2-13 下扬子地区葛山剖面三叠系周冲村组碳酸盐岩卤族元素含量特征

（二）示踪流体盐度

Cl 和 Br 在海水中的溶解度高，不容易被吸附在矿物或沉积物的表面（Herczeg et al.，2001；Cartwright et al.，2006）。在海水中，Cl 和 Br 通常以 Cl^- 和 Br^- 的状态存在，不会因氧化还原条件的改变而沉淀（Eastoe et al.，1989）。在海水蒸发浓缩的过程中，海水中的 Cl 和 Br 含量会随着蒸发程度的增加而升高，直到岩盐（NaCl）沉淀之前，Cl/Br 值保持不变（Connolly et al.，1990；Walter et al.，1990；Alcalá and Custodio，2008；Gupta et al.，2012）。在下扬子地区葛山剖面中，没有发现岩盐，也没有发现岩盐的相关报道。此外，从灰岩到白云岩这一岩性演化序列中，Cl 和 Br 的平均含量也表现出类似的变化趋势。因此，现代海水 Cl 和 Br 在蒸发过程中的地球化学行为与下扬子地区葛山剖面中白云岩化过程中较为接近。灰岩的白云岩化过程是富镁流体与灰岩前驱物发生相互作用的过程（Qing and Mountjoy，1994b；Loope et al.，2013）。因此，保存在白云岩中的 Cl 和 Br 含量特征，既受前驱物灰岩的制约，又受白云岩化流体的影响。在下扬子地区葛山剖面中，随着白云岩化程度的增强，岩石中的 Cl 和 Br 含量增加。灰岩中的 Cl 和 Br 含量特征由原始沉积流体控制，通常是海水或者蒸发的海水。因此，灰岩中 Cl 和 Br 的含量在一定程度上可以反映海水蒸发的程度，即古盐度特征。白云岩中的 Cl 和 Br 含量升高，意味着白云岩化流体的盐度比灰岩形成时的原始流体盐度高。此现象在同处于安尼锡阶的西特提斯碳酸盐岩中也有发现，即当时的海水从正常海水演化为蒸发-超盐度海水（Chatalov，2013）。

（三）示踪氧化还原条件

海水中碘以 IO_3^- 和 I^- 两种溶解状态存在（Rue et al.，1997）。在氧化的水体环境中，碘以 IO_3^- 的形式存在，而在还原的水体环境中，碘则以 I^- 的形式存在（Truesdale et al.，2000）。Truesdale 和 Bailey（2000）指出，在极度缺氧的条件下，沿海水域的表层海水和底部海水中碘含量都急剧降低，可低达 0.05 μmol/L。而根据热力学计算的结果，IO_3^-/I^- 体系在海水中对氧化还原条件是最敏感的（Žic and Branica，2006；Brewer and Peltzer，2009）。因此，保存在碳酸盐岩中的碘含量具有示踪浅部海水氧化还原条件变化的潜力。

理论上来讲，碘的氧化还原习性与 Mn 最为相似，两者的氧化还原状态都非常容易受氧化条件的影响。在示踪氧化还原条件时，Mn 和碘具有相反的变化方向。前人研究指出，流体环境越还原，越多的 Mn 可以进入碳酸盐晶格中（Warren，2000；施泽进等，2013）。而对于碘来讲，Lu 等（2010）通过测定实验室合成的方解石晶体中的 I/Ca 值发现，随着介质流体中 IO_3^- 浓度的升高，测得的 I/Ca 值几乎呈线性增加，而增加介质流体中的 I^- 浓度，晶体中的 I/Ca 值几乎不变。由此推测，碘在碳酸盐中以 IO_3^- 的形式存在。此外，方解石中 Ca—O 键的键长（2.4 Å）与碘钙石中 Ca—O 键的键长（2.5 Å）非常接近（Maslen et al.，1993），也表明碳酸盐岩晶格中 IO_3^- 可以替代 CO_3^{2-} 的形式存在。因此，白云岩较低的 I 含量表明流体呈还原环境，IO_3^- 被还原成 I^-，难以进入白云石晶格。综上，本书研究表明碳酸盐岩中的 I 含量可以用来示踪沉积、成岩流体/环境的氧化还原条件。

（四）初 步 结 论

（1）碳酸盐岩中的卤族元素（Cl、Br 和 I）可有效示踪低温的沉积-成岩过程。其中，Cl 和 Br 是较好的古盐度示踪指标，而 I 可作为古氧化还原条件示踪指标。初步结果显示，碳酸盐岩卤族元素在低温地球化学系统中具有很好的示踪潜力。

（2）卤素元素在低温沉积-成岩过程中的示踪作用与元素本身的地球化学习性有关。在岩盐沉淀之前，碳酸盐岩中的 Cl 和 Br 含量随海水中盐度的升高而增加。Cl 和 Br 可能存在于碳酸盐矿物的晶格缺陷中。而碳酸盐岩中的 I 含量会随氧化还原条件的变化而改变，还原条件下碘会从 IO_3^- 被还原成 I^-，从而迁移出碳酸盐晶格。

（3）白云岩相对较高的 Cl、Br 含量和较低的 I 含量暗示下扬子地区葛山剖面三叠系周冲村组白云岩形成于蒸发浓缩和偏还原的咸水环境。

（4）研究结果提供了卤族元素在低温地球化学习性方面新的认识，同时为关于 "白云岩问题"中的沉积和成岩古环境研究提供了新的方法。

三、锶含量和 $^{87}Sr/^{86}Sr$ 在白云岩化过程中的地球化学行为

锶在海水中的滞留时间（约 10^6 年）远大于海水的混合时间（约 10^3 年），也就是说，在任一给定的地质时代，全球范围内的海水锶同位素组成是均一的（Veizer and Compston，1974；Burke et al.，1982）。在海相碳酸盐岩沉积过程中，Sr 以类质同象的方式取代 Ca 进入碳酸盐岩的晶格（Katz and Matthews，1977；Kretz，1982；Vahrenkamp and Swart，1990），并且 $^{87}Sr/^{86}Sr$ 值在此过程中没有明显的改变（Banner and Kaufman，1994）。因此，未受改造或弱改造的海相碳酸盐岩中的锶同位素组成可用来反演海水中 $^{87}Sr/^{86}Sr$ 的长期变化（Brand，1991，2004；黄思静等，2006）。以此为基础，前人开展了大量锶同位素地层学的研究（McArthur，1994；Veizer et al.，1997，1999；Wang et al.，2011a）。此外，在碳酸盐岩研究领域，$^{87}Sr/^{86}Sr$ 也经常被用来示踪成岩流体的性质、来源和迁移路径（Compton et al.，2001；Qing et al.，2001；Brand et al.，2010）。然而，对前人研究资料分析发现，在碳酸盐岩成岩过程中，Sr 含量呈降低的趋势（Denison et al.，1994；Warren，2000）。另外，白云岩的 Sr 含量通常小于同时期的灰岩（胡作维等，2009；郑荣才等，2009；Brand et al.，2010），这表明成岩作用和白云岩化很可能影响原始碳酸盐岩中的锶同位素组成。然而，这种现象没有引起足够重视。如果碳酸盐岩 $^{87}Sr/^{86}Sr$ 值在白云岩化或成岩过程中发生明显变化，那么利用碳酸盐岩 $^{87}Sr/^{86}Sr$ 值来示踪成岩流体来源和恢复古海水 $^{87}Sr/^{86}Sr$ 特征乃至进行地层学对比研究时就会出现误差。本书研究以下扬子地区葛山剖面三叠系周冲村组为例，对灰岩-白云岩样品进行了系统的 Sr、Mg 和 $^{87}Sr/^{86}Sr$ 值测试，结果见图 2-14。

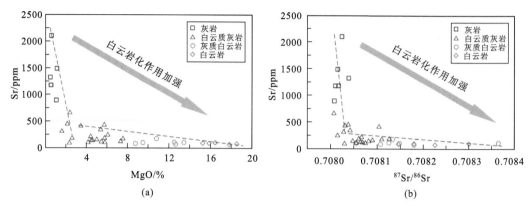

图 2-14　下扬子地区葛山剖面三叠系周冲村组灰岩–白云岩样品的 Sr 含量、MgO 含量与 $^{87}Sr/^{86}Sr$
值的关系

灰岩样品的 Sr 含量和 $^{87}Sr/^{86}Sr$ 值分别为 892～2096 ppm 和 0.708008～0.708039，平均值分别为 1358 ppm 和 0.708019；白云质灰岩样品的 Sr 含量和 $^{87}Sr/^{86}Sr$ 值分别为 110～673 ppm 和 0.708007～0.708126，平均值分别为 257 ppm 和 0.708060；灰质云岩样品的 Sr 含量和 $^{87}Sr/^{86}Sr$ 值分别为 79～182 ppm 和 0.708107～0.708365，平均值分别为 114 ppm 和 0.708176；白云岩样品的 Sr 含量和 $^{87}Sr/^{86}Sr$ 值分别为 76～110 ppm 和 0.708056～0.708301，平均值分别为 94 ppm 和 0.708182。可以看出，白云岩化过程伴随着 Sr 的"丢失"，即白云岩化程度越高，Sr 含量越低，但是 $^{87}Sr/^{86}Sr$ 值却逐渐升高（王利超等，2016）。

（一）锶及其同位素变化机理分析

白云岩的 $^{87}Sr/^{86}Sr$ 值明显高于同期灰岩，现有的解释分为三类：一是具有高 $^{87}Sr/^{86}Sr$ 值的淡水参与了白云石的形成，表明白云岩化发生在相对开放的成岩体系中（Compton et al.，2001）；二是白云岩化流体为蒸发海水或者封存在地层中海水演化的流体，残留在海水中的 ^{87}Sr 含量会随着海水蒸发作用的进行而增加（Mountjoy et al.，1999；Green and Mountjoy，2005）；三是穿过富含 ^{87}Sr 地层的流体参与了白云岩的形成，流体中高含量的 ^{87}Sr 导致白云岩中 ^{87}Sr 含量增加（Machel et al.，1996；Jones and Jenkyns，2001）。

然而，排除流体作用的影响，白云岩化过程也会伴随 $^{87}Sr/^{86}Sr$ 值的升高（Nasir et al.，2008；Li et al.，2011）。因此，白云岩化过程中 Sr 含量降低的同时很可能伴随着锶同位素的分馏。结合国内外研究实例，白云岩化作用确实会导致 $^{87}Sr/^{86}Sr$ 值升高，其数量级在 10^{-4} 左右，而由流体性质所导致的 $^{87}Sr/^{86}Sr$ 值变化的数量级通常在 10^{-3}，甚至更高（Machel et al.，1996；Jones and Jenkyns，2001；Nasir et al.，2008）。

众所周知，白云岩化是富镁流体交代原始灰岩形成白云岩的过程，随着白云岩化程度的加强，岩石中 MgO 含量升高，同时 CaO 含量降低（Sibley et al.，1987；赫云兰等，2010）。白云岩化过程中锶元素含量的变化与矿物的晶体化习性有关（黄思静等，2006）。锶的离子半径（0.113～0.132 nm）与钙的离子半径（0.099～0.118 nm）比较接近，明显大于镁的离子半径（0.065～0.087 nm）。因此，通常认为锶可以取代碳酸盐晶格中的钙离子，而不能取代镁离子（Vahrenkamp and Swart，1990）。除了离子半径，碳酸盐岩中锶含量与晶体结构也有很密切的关系（李志明等，2010）。以化学成分同为 $CaCO_3$ 而晶体结构不同的文石和方解石为例，文石为斜方晶系，Ca 在其晶格中是九次配位；而方解石是三斜晶系，Ca 在其矿物晶格中为六次配位。实验研究表明，在 25℃时，锶在方解石中的分配系数 k_{Sr}（Calcite）= 0.14±0.02，而在文石中的分配系数 k_{Sr}（Aragonite）= 1.12±0.04（Kinsman and Holland，1969），这说明锶更容易取代斜方晶系中的 Ca，而相对难以取代三斜晶系中的 Ca（Brand and Veizer，1980）。

综上，如果白云岩化前驱物为文石，则在白云岩化初期，由于晶系的改变，碳酸盐岩中 Sr 的含量急剧降低，而白云岩化后期，不稳定的文石矿物量很少。因此，随着白云岩化程度继续加强，碳酸盐矿物从方解石向白云石转变，其晶体中钙含量减少而镁含量增加，取代 Ca 的 Sr 数量也相对减少，呈现出碳酸盐岩的 Sr 含量缓慢降低的特征。白云岩化过程中 Sr 含量的减少是非常明显的，可以从几千 ppm 减少到几十 ppm，这也可能是很少应用碳酸盐岩的锶含量来反演古海洋地球化学组成，而只能用于判断成岩流体性质的一个重要原因（Brand and Veizer，1980）。在锶含量随白云岩化加强而降低的过程中，在 Sr 元素迁移的同时，轻重同位素分子的扩散速度和反应速度不同，轻的 ^{86}Sr 组分更活跃，容易从矿物中迁出，导致残留在白云岩中的 ^{87}Sr 数量较多，从而导致白云岩的 $^{87}Sr/^{86}Sr$ 值升高，即白云岩化作用会导致 ^{87}Sr 和 ^{86}Sr 的分馏。

（二）锶同位素分馏的地质意义

在缺乏"原始"碳酸盐岩样品而不得不选择白云岩作为"原始"样品来反映古海水 $^{87}Sr/^{86}Sr$ 演化特征或进行锶同位素地层学研究时（Nicholas，1996；黄思静等，2008），应当考虑白云岩化作用对碳酸盐岩 $^{87}Sr/^{86}Sr$ 值的影响。这在古老地层碳酸盐岩研究中尤为重要。由于地质历史时期形成的碳酸盐岩，尤其是古生代和中生代的碳酸盐岩，大都经历了一定程度的成岩改造，文石/高镁方解石等不稳定矿物成分不易于保存下来，而以低镁方解石为主要造岩矿物的灰岩和以白云石为主要造岩矿物的白云岩更为常见（Vahrenkamp and Swart，1990；Melim and Scholle，2002；Azmy et al.，2011）。这些保存下来的灰岩和白云岩样品，其初始 Sr 的含量和 $^{87}Sr/^{86}Sr$ 值本身就有很大差异。在白云岩化过程中，Sr 含量明显降低而 $^{87}Sr/^{86}Sr$ 值也有一定程度的升高。前者变化幅度较大，可从数千 ppm 到数十 ppm，因此不推荐用来反映原始环境信息。而后者变化幅度相对较小，在实际研究时可考虑使用，但必须考虑到白云岩化导致的锶同位素分馏作用，其背景值可能在 10^{-4} 左右。

学者通常借助白云岩的 $^{87}Sr/^{86}Sr$ 值反演白云岩化流体来源，当白云岩的锶同位素组成偏离同时期海水时，通常认为是不同性质的流体作用造成的（Azmy et al.，2001）。白云岩化流体中 $^{87}Sr/^{86}Sr$ 值受海水锶、壳源锶（主要来自大陆古老岩石风化）和幔源锶（主要来自洋中脊热液系统）三个锶源的控制（Elderfield，1986）。当白云岩样品的 $^{87}Sr/^{86}Sr$ 值高于同期古海水值时，通常认为受大气淡水携带高 $^{87}Sr/^{86}Sr$ 值壳源锶的影响，

而当样品的 $^{87}Sr/^{86}Sr$ 值低于同期古海水值时，则认为受热液的作用带来的低 $^{87}Sr/^{86}Sr$ 值的幔源锶的影响（Hitzman et al.，1998；Compton et al.，2001）。然而，在应用 $^{87}Sr/^{86}Sr$ 值判识白云岩化流体性质和来源时，不能将白云岩较高的 $^{87}Sr/^{86}Sr$ 值直接解释为大气淡水参与的混合水白云岩化或者与蒸发浓缩海水有关的成因模式。此外，在研究白云岩深部成岩作用，尤其是在研究热液白云岩化作用时，也不能简单地应用白云岩的 $^{87}Sr/^{86}Sr$ 值来反映流体来源及运移路径。只有在确定白云岩的 $^{87}Sr/^{86}Sr$ 值分析结果可靠的前提下，并且分析结果比同期保存完好的灰岩或者海水的 $^{87}Sr/^{86}Sr$ 值高 10^{-4} 以上时，则白云岩成因或者成岩作用可能受携带壳源锶的流体的影响；当分析结果与同期保存完好的灰岩或海水的 $^{87}Sr/^{86}Sr$ 值相近时，需要结合其他指标来探讨流体性质与来源。

第五节　岩溶洞穴形成演化时限约束方法

一、基 本 原 理

目前对岩溶发育期次的认识主要基于宏观构造背景分析，也就是说一般认为不整合形成时期的下限与上限就是岩溶储层的期次，但对于多期构造叠加形成的不整合，岩溶洞穴形成演化的时限和细节不清楚，缺少时代约束。但受到强烈充填改造的古岩溶洞穴多具有化学沉淀充填、机械沉积充填或角砾岩相。其中，岩溶洞穴中机械沉积充填物多是由于遭受地下暗河或垮塌等多种形式的充填改造而残留，较好地保留了上覆地层的信息，二者的形成与演化息息相关。一方面，不整合面上覆的碎屑岩沉积地层为不整合面下伏碳酸盐岩地层岩溶洞穴中的机械沉积物提供物源；另一方面，洞穴内机械沉积物作为区域构造背景控制下的物源区与洞穴发育有机结合配置的产物，记录了构造变革与岩溶储层形成的演化历史（图 2-15）。因此，基于"源"-"汇"对比分析，将洞穴内机械沉积物与上覆碎屑地层作为统一的研究对象，进行系统的沉积学、地球化学与年代学研究，将二者多指标的沉积记录进行对比，可确定充填物质来源与时代，从而间接地为洞穴的形成演化时限提供定量的判识依据。

洞穴充填碎屑沉积物的年代学研究，主要是利用碎屑锆石 U-Pb 定年。但由于碎屑锆石反映的是物源区的年龄，而碎屑沉积物的年龄晚于物源区的年龄，因此，可用最年轻的碎屑锆石年龄限定洞穴沉积物形成的最早时限，从而可间接确定洞穴充填改造时限的上限。

二、应 用 实 例

以塔里木盆地塔河油田北部于奇地区一套典型的喀斯特岩溶洞穴储层研究为例，阐述这一方法。该区位于塔里木盆地塔北隆起阿克库勒凸起的西北部（图 2-16），经历了加里东中期、晚期，海西早期、晚期多期构造运动，中下奥陶统顶面在海西早期西北部最高，中部相对两侧为凸起，西部逐渐过渡为岩溶洼地区。该区岩溶作用形成的缝洞型储层发育但充填改造严重，以岩溶斜坡区和中北部岩溶高地机械充填更为强烈（图 2-17）。

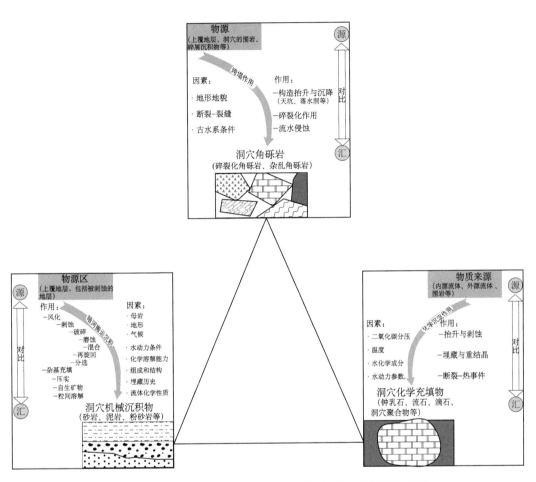

图 2-15　洞穴充填物类型及从"源"到"汇"演化过程示意图

前人对岩溶储层的形成与演化过程做了大量研究，蔡忠贤等于 2008 年[①]针对塔河主体区 S14、S65 等井洞穴沉积物及其地表岩溶残积物进行孢粉分析，广泛存在 Rugospora、Verrucosisporites、Lophozonotriletes、Grandispora 等早石炭世杜内期的孢子，但也仍可见到泥盆纪的分子，表明晚泥盆世覆盖区附近就已经存在管道型岩溶作用。随着塔河近年来勘探向外围地区的拓展，于奇地区被强烈充填改造的这套洞穴才得以钻井揭示，但关于其形成期次的认识，目前主要基于中下奥陶统顶面不整合上下地层的接触关系而认为岩溶期次为海西早期，未明确岩溶作用的区域差异性和发育时期的特定性。

① 蔡忠贤，贾振远，等. 2008. 塔河碳酸盐岩油藏古溶洞系统研究. 中国石化西北油田分公司勘探开发研究院外协研究项目（KY-S2006-031）。

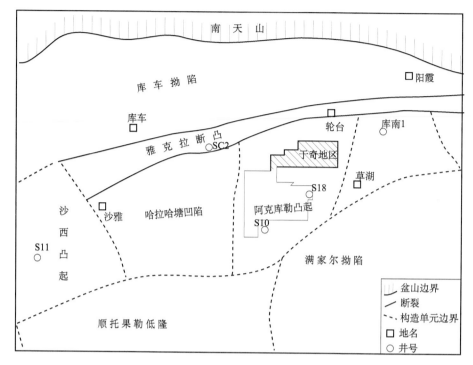

图 2-16　构造位置图

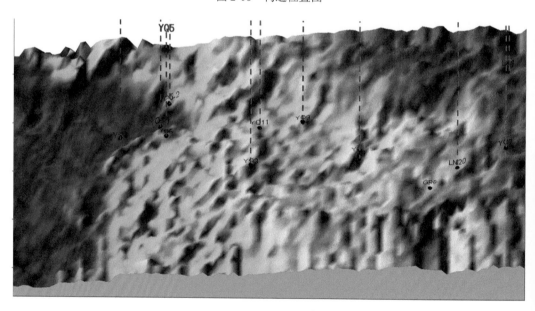

图 2-17　于奇地区中下奥陶统顶面（T$_7^4$）海西早期古构造图

蓝色井为未充填井，红色井为砂泥质充填井

　　位于岩溶斜坡部位的于奇 11 井中下奥陶统鹰山组岩溶洞穴，其具有底部为垮塌角砾岩、中部为砂泥岩、顶部为垮塌角砾岩的充填序列。采集洞穴充填段中灰绿色泥质粉砂岩样品，从中挑选碎屑锆石进行 U-Pb 定年分析。锆石年龄测定在中国科学院地质与地球物理研究所岩石圈演化国家重点实验室激光剥蚀电感耦合等离子体质谱仪（LA-ICP-MS）上完成。任意地对锆石颗粒，选择无环带重叠、裂隙和包裹体的区域，进行 U-Pb 定年分析，共获得了 79 个有效数据点。结果表明：碎屑锆石反映的物源年龄为 399～2688 Ma，可分为早古生代（399～480 Ma）、中-新元古代（624～1600 Ma）、古元古代少量太古宙结晶基底（1625～2688 Ma）三组（图 2-18）。

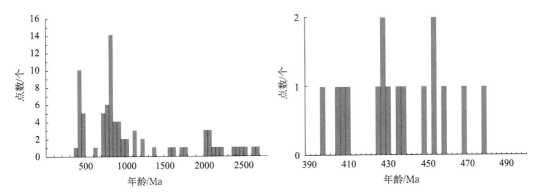

图 2-18　于奇 11 井中下奥陶统鹰山组溶洞充填物中碎屑锆石年龄谱图

对洞穴充填物的潜在物源区岩石属性和年代构成的了解是认识洞穴充填物形成时代的关键。中下奥陶统顶面上覆碎屑岩地层是洞穴沉积物的潜在物源。塔里木盆地北部以往归为志留系或志留系—泥盆系的一套灰褐色-红色组合，下部的柯坪塔格组主要为灰色-灰绿色中厚层状粉砂岩、细砂岩与泥页岩互层；中部的塔塔埃尔塔格组、依木丁他乌组为紫红色、浅灰色薄-中厚层状细-粉砂岩、泥质粉砂岩夹泥岩组合；上部的克兹尔塔格组则为紫红色、棕红色、紫褐色细-粗砂岩、砾岩夹泥岩、白云质细砂岩，总体反映的是滨岸、潮坪与三角洲相交互环境（李忠等，2015）。刘景彦等（2012）对塔北隆起中部哈得低隆上的 HD14 井泥盆系克孜尔塔格组红色砂岩进行了碎屑锆石年代学分析，锆石的形成年龄可划分为 1700～2700 Ma、700～900 Ma 和 410～460 Ma，年龄谱与溶洞充填物中碎屑锆石年龄谱特征较为一致。统计岩石学、Ar-Ar 和 U-Pb 同位素年代学资料发现，南天山志留系地层年龄集中于 420～440 Ma，结合前人在盆缘造山带的研究成果，认为奥陶纪末至早、中志留世盆地东北缘存在强烈的构造活动，这一期构造活动在盆内有明显的沉积响应（刘景彦等，2012）。蔡忠贤等于 2008 年对塔河主体区鹰山组洞穴沉积物测试的 K-Ar 同位素年龄主要集中在 394～417 Ma（晚志留世—早泥盆世）。而塔北地区普遍缺失晚志留世—中泥盆世沉积，这一时期是塔北地区重要的构造时期，也是岩溶形成和改造的重要时期。

洞穴沉积物碎屑锆石的年代学特征也反映了这一构造事件，其年龄组成特征（图 2-18）说明早志留世和东河塘组沉积地层是该区洞穴充填物的重要来源。也就是说，尽管不同构造区域洞穴形成改造时期可能存在差异，但于奇西部岩溶缓坡带乃至塔河主体区洞穴形成、充填改造的主要时期可能发生在晚志留世—早泥盆世。洞穴充填物沉积记录特别是碎屑锆石年代学研究可为确定岩溶演化时限及多期构造变革细节提供一个新的视角。

参 考 文 献

丁茜, 何治亮, 沃玉进, 等. 2017. 高温高压条件下碳酸盐岩溶蚀过程控制因素. 石油与天然气地质, 38(04): 784-791

范明, 胡凯, 蒋小琼, 等. 2009. 酸性流体对碳酸盐岩储层的改造作用. 地球化学, 38(1): 20-26

高俊, 龙灵利, 钱青, 等. 2006. 南天山: 晚古生代还是三叠纪碰撞造山带. 岩石学报, 22(5): 1049-1061

赫云兰, 刘波, 秦善. 2010. 白云石化机理与白云岩成因问题研究. 北京大学学报(自然科学版), 46(6): 1010-1020

胡文瑄, 陈琪, 王小林, 等. 2010. 白云岩储层形成演化过程中不同流体作用的稀土元素判别模式. 石油与天然气地质, 31(6): 810-818

胡作维, 黄思静, 王春梅, 等. 2009. 锶同位素方法在油气储层成岩作用研究中的应用. 地质找矿论丛, 24(2): 160-165

黄思静, Qing H R, 裴昌蓉, 等. 2006. 川东三叠系飞仙关组白云岩锶含量、锶同位素组成与白云石化流体. 岩石学报, 22(8): 2123-2132

黄思静, Qing H, 黄培培, 等. 2008. 晚二叠世—早三叠世海水的锶同位素组成与演化——基于重庆中梁山海相碳酸盐的研究结果. 中国科学(D 辑: 地球科学), 38(3): 273-283

李映涛, 叶宁, 袁晓宇, 等. 2015. 塔里木盆地顺南 4 井中硅化热液的地质与地球化学特征. 石油与天然气地质, 36(6): 934-944

李志明, 徐二社, 范明, 等. 2010. 普光气田长兴组白云岩地球化学特征及其成因意义. 地球化学, 39(4): 371-380

李忠, 高剑, 郭春涛, 等. 2015. 塔里木块体北部泥盆—石炭纪陆缘构造演化: 盆地充填序列与物源体系约束. 地学前缘, 22(1): 35-52

刘景彦, 杨海军, 杨永恒, 等. 2012. 塔里木盆地东北缘志留纪构造活动的 U-Pb 年代证据及盆内响应. 中国科学(D 辑: 地球科学), 42(8): 1218-1233

潘家永, 张乾, 邵树勋, 等. 1999. 万山汞矿卤素元素地球化学特征及其地质意义. 矿物学报, 19(1): 90-97

漆立新. 2016. 塔里木盆地顺托果勒隆起奥陶系碳酸盐岩超深层油气突破及其意义. 中国石油勘探, 21(3): 38-51

施泽进, 王勇, 田亚铭, 等. 2013. 四川盆地东南部震旦系灯影组藻云岩胶结作用及其成岩流体分析. 中国科学(D 辑: 地球科学), 43(2): 317-328

王利超, 胡文瑄, 王小林, 等. 2016. 白云岩化过程中锶含量变化及锶同位素分馏特征与意义. 石油与天然气地质, 37(4): 464-472

王小林, 胡文瑄, 陈琪, 等. 2010. 塔里木盆地柯坪地区上震旦统藻白云岩特征及其成因机理. 地质学报, 84(4): 1479-1494

王一刚, 余晓锋, 杨雨, 等. 1998. 流体包裹体在建立四川盆地古地温剖面研究中的应用. 地球科学——中国地质大学学报, 23(3): 285-288

云露, 曹自成. 2014. 塔里木盆地顺南地区奥陶系油气富集与勘探潜力. 石油与天然气地质, 35(6): 788-797

郑荣才, 文华国, 郑超, 等. 2009. 川东北普光气田下三叠统飞仙关组白云岩成因——来自岩石结构与 Sr 同位素和 Sr 含量的证据. 岩石学报, 25(10): 2459-2468

朱光有, 张水昌, 梁英波, 等. 2006. TSR 对深部碳酸盐岩储层的溶蚀改造——四川盆地深部碳酸盐岩优质储层形成的重要方式. 岩石学报, 22(8): 2182-2194

朱如凯, 郭宏莉, 高志勇, 等. 2007. 中国海相储层分布特征与形成主控因素. 科学通报, (S1): 40-45

Akilan C, Rohman N, Hefter G, et al. 2006. Temperature effects on ion association and hydration in MgSO$_4$

by dielectric spectroscopy. Chemphyschem, 7(11): 2319-2330

Alcalá F J, Custodio E. 2008. Using the Cl/Br ratio as a tracer to identify the origin of salinity in aquifers in Spain and Portugal. Journal of Hydrology, 359(1-2): 189-207

Anderson G M. 1991. Organic maturation and ore precipitation in southeast Missouri. Economic Geology, 86(5): 909-926

Anderson G M, Garven G. 1987. Sulfate-sulfide-carbonate associations in Mississippi valley-type lead-zinc deposits. Economic Geology, 82: 482-488

Azmy K, Veizer J, Misi A, et al. 2001. Dolomitization and isotope stratigraphy of the Vazante Formation, São Francisco Basin, Brazil. Precambrian Research, 112(3-4): 303-329

Azmy K, Brand U, Sylvester P, et al. 2011. Biogenic and abiogenic low-Mg calcite (bLMC and aLMC): Evaluation of seawater-REE composition, water masses and carbonate diagenesis. Chemical Geology, 280: 180-190

Baker P A, Kastner M. 1981. Constraints on the formation of sedimentary dolomite. Science, 213(4504): 214-216

Banner J L, Kaufman J. 1994. The isotopic record of ocean chemistry and diagenesis preserved in non-luminescent brachiopods from Mississippian carbonate rocks, Illinois and Missouri. Geological Society of America Bulletin, 106: 1074-1082

Banner J L, Hanson G, Meyers W. 1988. Rare earth element and Nd isotopic variations in regionally extensive dolomites from the Burlington-Keokuk Formation (Mississippian); implications for REE mobility during carbonate diagenesis. Journal of Sedimentary Research, 58: 415-432

Bau M, Dulski P. 1996. Distribution of yttrium and rare-earth elements in the Penge and Kuruman iron-formations, Transvaal Supergroup, South Africa. Precambrian Research, 79: 37-55

Bernal N F, Gleeson S A, Dean A S, et al. 2014. The source of halogens in geothermal fluids from the Taupo Volcanic Zone, North Island, New Zealand. Geochimica et Cosmochimica Acta, 126: 265-283

Böhlke J K, Irwin J J. 1992. Laser microprobe analyses of Cl, Br, I, and K in fluid inclusions: Implications for sources of salinity in some ancient hydrothermal fluids. Geochimica et Cosmochimica Acta, 56(1): 203-225

Bojanowski M J. 2014. Authigenic Dolomites in the Eocene-Oligocene organic carbon-rich shales from the Polish Outer Carpathians: Evidence of past gas production and possible gas hydrate formation in the Silesian basin. Marine and Petroleum Geology, 51: 117-135

Bontognali T R R, Vasconcelos C, Warthmann R J, et al. 2008. Microbes produce nanobacteria-like structures, avoiding cell entombment. Geology, 36(8): 663-666

Bontognali T R R, Vasconcelos C, Warthmann R J, et al. 2010. Dolomite formation within microbial mats in the coastal sabkha of Abu Dhabi (United Arab Emirates). Sedimentology, 57: 824-844

Bontognali T R R, McKenzie J A, Warthmann R J, et al. 2014. Microbially influenced formation of Mg-calcite and Ca-dolomite in the presence of exopolymeric substances produced by sulphate-reducing bacteria. Terra Nova, 26: 72-77

Brady P V, Krumhansl J L, Papenguth H W. 1996. Surface complexation clues to dolomite growth. Geochim. Cosmochim. Acta, 60: 727-731

Braissant O, Decho A W, Dupraz C, et al. 2007. Exopolymeric substances of sulfate-reducing bacteria: Interactions with calcium at alkaline pH and implication for formation of carbonate minerals. Geobiology, 5(4): 401-411

Brand U. 1991. Strontium isotope diagenesis of biogenic aragonite and low-Mg calcite. Geochimica et Cosmochimica Acta, 55: 505-513

Brand U. 2004. Carbon, oxygen and strontium isotopes in Paleozoic carbonate components: an evaluation of original seawater-chemistry proxies. Chemical Geology, 204(1-2): 23-44

Brand U, Veizer J. 1980. Chemical diagenesis of a multicomponent carbonate system - 1. Trace elements. Journal of Sedimentary Petrology, 50(4): 1219-1236

Brand U, Azmy K, Tazawa J I, et al. 2010. Hydrothermal diagenesis of Paleozoic seamount carbonate components. Chemical Geology, 278(3): 173-185

Brewer P G, Peltzer E T. 2009. Oceans: Limits to marine life. Science, 324: 347-348

Buchner R, Chen T, Hefter G. 2004. Complexity in "simple" electrolyte solutions: ion pairing in $MgSO_4(aq)$. The Journal of Physical Chemistry B, 108: 2365-2375

Burke W, Denison R, Hetherington E, et al. 1982. Variation of seawater $^{87}Sr/^{86}Sr$ throughout Phanerozoic time. Geology, 10: 516-519

Byrne R, Sholkovitz E. 1996. Marine chemistry and geochemistry of the lanthanides. Handbook on the Physics and Chemistry of Rare Earths, 23: 497-593

Cartwright I, Weaver T R, Fifield L K. 2006. Cl/Br ratios and environmental isotopes as indicators of recharge variability and groundwater flow: an example from the southeast Murray Basin, Australia. Chemical Geology, 231: 38-56

Chatalov A. 2013. A Triassic homoclinal ramp from the Western Tethyan realm, Western Balkanides, Bulgaria: Integrated insight with special emphasis on the Anisian outer to inner ramp facies transition. Palaeogeography, Palaeoclimatology, Palaeoecology, 386: 34-58

Compton J, Harris C, Thompson S. 2001. Pleistocene dolomite from the Namibian Shelf: High $^{87}Sr/^{86}Sr$ and 18O values indicate an evaporative, mixed-water origin. Journal of Sedimentary Research, 71: 800-808

Connolly C A, Walter L M, Baadsgaard H, et al. 1990. Origin and evolution of formation waters, Alberta basin, western Canada sedimentary basin. I. chemistry. Applied Geochemistry, 5: 375-395

Cross M M, Manning D A C, Bottrell S H, et al. 2004. Thermochemical sulfate reduction (TSR): experimental determination of reaction kinetics and implications of the observed reaction rates for petroleum reservoirs. Organic Geochemistry, 35: 393-404

Davies G R, Smith Jr, L B. 2006. Structurally controlled hydrothermal dolomite reservoir facies: an overview. Am. Assoc. Pet. Geol. Bull., 90: 1641-1690

Deng S, Dong H, Lv G, et al. 2010. Microbial dolomite precipitation using sulfate reducing and halophilic bacteria: Results from Qinghai Lake, Tibetan Plateau, NW China. Chemical Geology, 278(3-4): 151-159

Denison R, Koepnick R, Fletcher A, et al. 1994. Criteria for the retention of original seawater $^{87}Sr/^{86}Sr$ in ancient shelf limestones. Chemical Geology, 112: 131-143

Dong S, Chen D, Qing H, et al. 2013. Hydrothermal alteration of dolostones in the Lower Ordovician, Tarim Basin, NW China: Multiple constraints from petrology, isotope geochemistry and fluid inclusion microthermometry. Marine and Petroleum Geology, 46: 270-286

Duan Z, Li D. 2008. Coupled phase and aqueous species equilibrium of the $H_2O\text{-}CO_2\text{-}NaCl\text{-}CaCO_3$ system from 0 to 250℃, 1 to 1000bar with NaCl concentrations up to saturation of halite. Geochimica et Cosmochimica Acta, 72(20): 5128-5145

Dubessy J, Moissette A, Bakker R J, et al. 1999. High-temperature Raman spectroscopic study of $H_2O\text{-}CO_2\text{-}CH_4$ mixtures in synthetic fluid inclusions: first insights on molecular interactions and analytical implications. European Journal of Mineralogy, 11: 23-32

Eastoe C J, Guilbert J M, Kaufmann R S. 1989. Preliminary evidence for fractionation of stable chlorine isotopes in ore-forming hydrothermal systems. Geology, 17: 285-288

Eggert R G, Kerrick D M. 1981. Metamorphic equilibria in the siliceous dolomite system: 6 kbar experimental data and geologic implications. Geochimica et Cosmochimica Acta, 45: 1039-1049

Elderfield H. 1986. Strontium isotope stratigraphy. Palaeogeography, Palaeoclimatology, Palaeoecology, 57: 71-90

Esteban M, Taberner C. 2003. Secondary porosity development during late burial in carbonate reservoirs as a result of mixing and/or cooling of brines. Journal of Geochemical Exploration, 78: 355-359

Fishburn M D. 1990. Results of Deep Drilling, Elk Hills Field Kern County, California//Kuespert G K, Reid S A. Structure, stratigraphy and hydrocarbon occurrences of the San Joaquin Basin, California. Pacific Sections, Society of Economic Paleontologists and Mineralogists and American Association of Petroleum Geologists, 64: 157-167

Folk R L. 1993. SEM imaging of bacteria and nannobacteria in carbonate sediments and rocks. Journal of Sedimentary Petrology, 63(5): 990-999

Frantz J D, Dubessy J, Mysen B O. 1994. Ion-pairing in aqueous $MgSO_4$ solutions along an isochore to 500℃ and 11 kbar using Raman spectroscopy in conjunction with the diamond-anvil cell. Chemical Geology, 116(3-4): 181-188

Giles M R, Marshall J D. 1986. Constraints on the development of secondary porosity in the subsurface: Re-evaluation of processes. Marine and Petroleum Geology, 3(3): 243-255

Gleeson S A, Turner W A. 2007. Fluid inclusion constraints on the origin of the brines responsible for Pb-Zn mineralization at Pine Point and coarse non-saddle and saddle dolomite formation in southern Northwest Territories. Geofluids, 7(1): 51-68

Green D G, Mountjoy E W. 2005. Fault and conduit controlled burial dolomitization of the Devonian west-central Alberta Deep Basin. Bulletin of Canadian Petroleum Geology, 53(2): 101-129

Gunasekaran S, Anbalagan G, Pandi S. 2006. Raman and infrared spectra of carbonates of calcite structure. Journal of Raman Spectroscopy, 37(9): 892 899

Gupta I, Wilson A M, Rostron B J. 2012. Cl/Br compositions as indicators of the origin of brines: Hydrogeologic simulations of the Alberta Basin, Canada. Geological Society of America Bulletin, 124(1-2): 200-212

Hecht L, Freiberger R, Gilg H A, et al. 1999. Rare earth element and isotope (C, O, Sr) characteristics of hydrothermal carbonates: Genetic implications for dolomite-hosted talc mineralization at Göpfersgrün (Fichtelgebirge, Germany). Chemical Geology, 155(1-2): 115-130

Herczeg A, Dogramaci S, Leaney F. 2001. Origin of dissolved salts in a large, semi-arid groundwater system: Murray Basin, Australia. Marine and Freshwater Research, 52(1): 41-52

Hitzman M, Allan J, Beaty D. 1998. Regional dolomitization of the Waulsortian limestone in southeastern Ireland: Evidence of large-scale fluid flow driven by the Hercynian orogeny. Geology, 26: 547-550

Jahn S, Schmidt C. 2010. Speciation in aqueous $MgSO_4$ fluids at high pressures and high temperatures from ab Initio molecular dynamics and Raman spectroscopy. The Journal of Physical Chemistry B, 114(47): 15565-15572

Jones C E, Jenkyns H C. 2001. Seawater strontium isotopes, oceanic anoxic events, and seafloor hydrothermal activity in the Jurassic and Cretaceous. American Journal of Science, 301(2): 112-149

Katz A, Matthews A. 1977. The dolomitization of $CaCO_3$: an experimental study at 252–295℃. Geochimica et Cosmochimica Acta, 41(2): 297-308

Katz D A, Eberli G P, Swart P K, et al. 2006. Tectonic-hydrothermal brecciation associated with calcite precipitation and permeability destruction in Mississippian carbonate reservoirs, Montana and Wyoming. American Association of Petroleum Geologists Bulletin, 90(11): 1803-1841

Kawabe I, Kitahara Y, Naito K. 1991. Non-chondritic yttrium/holmium ratio and lanthanide tetrad effect observed in pre-Cenozoic limestones. Geochemical Journal, 25(1): l-44

Kawabe I, Toriumi T, Ohta A, et al. 1998. Monoisotopic REE abundances in seawater and the origin of seawater tetrad effect. Geochemical Journal, 32: 213-230

Kendrick M A, Burgess R, Pattrick R A D, et al. 2001. Fluid inclusion noble gas and halogen evidence on the origin of Cu-Porphyry mineralising fluids. Geochimica et Cosmochimica Acta, 65(16): 2651-2668

Kendrick M A, Kamenetsky V S, Phillips D, et al. 2012. Halogen systematics (Cl, Br, I) in Mid-Ocean Ridge Basalts: A Macquarie Island case study. Geochimica et Cosmochimica Acta, 81(15): 82-93

Kesler S E, Appold M S, Martini A M, et al. 1995. Na-Cl-Br systematics of mineralizing brines in Mississippi Valley type deposits. Geology, 23(7): 641-644

Kinsman D J J, Holland H D. 1969. The co-precipitation of cations with $CaCO_3$—IV. The co-precipitation of Sr^{2+} with aragonite between 16 and 96℃. Geochimica et Cosmochimica Acta, 33(1): 1-17

Kretz R. 1982. A model for the distribution of trace elements between calcite and dolomite. Geochimica et Cosmochimica Acta, 46(10): 1979-1981

Land L S. 1998. Failure to precipitate dolomite at 25℃ from dilute solution despite 1000-fold oversaturation after 32 years. Aquatic Geochemistry, 4: 361-368

Leybourne M I, Johannesson K H. 2008. Rare earth elements (REE) and yttrium in stream waters, stream sediments, and Fe–Mn oxyhydroxides: Fractionation, speciation, and controls over REE/Y patterns in the surface environment. Geochimica et Cosmochimica Acta, 72(24): 5962-5983

Li D, Shields-Zhou G A, Ling H F, et al. 2011. Dissolution methods for strontium isotope stratigraphy: Guidelines for the use of bulk carbonate and phosphorite rocks. Chemical Geology, 290: 133-144

Lonnee J, Machel H G. 2006. Pervasive dolomitization with subsequent hydrothermal alteration in the Clarke Lake gas field, Middle Devonian Slave Point Formation, British Columbia, Canada. AAPG Bulletin, 90(11): 1739-1761

Loope G R, Kump L R, Arthur M A. 2013. Shallow water redox conditions from the Permian–Triassic boundary microbialite: The rare earth element and iodine geochemistry of carbonates from Turkey and South China. Chemical Geology, 351: 195-208

Lu Z, Jenkyns H C, Rickaby R E M. 2010. Iodine to calcium ratios in marine carbonate as a paleo-redox proxy during oceanic anoxic events. Geology, 38: 1107

Luczaj J A, Harrison III W B, Williams N S. 2006. Fractured hydrothermal dolomite reservoirs in the Devonian Dundee Formation of the central Michigan Basin. AAPG Bulletin, 90(11): 1787-1801

Ma Q S, Ellis G S, Amrani A, et al. 2008. Theoretical study on the reactivity of sulfate species with hydrocarbons. Geochimica et Cosmochimica Acta, 72(18): 4565-4576

Machel H G. 1987. Saddle dolomite as a by-product of chemical compaction and thermochemical sulfate reduction. Geology, 15: 936-940

Machel H G. 2001. Bacterial and thermochemical sulfate reduction in diagenetic settings—old and new insights. Sedimentary Geology, 140(1): 143-175

Machel H G. 2004. Concepts and models of dolomitization: a critical reappraisal// Braithwaite C J R, Rizzi G, Darke G. The Geometry and Petrogenesis of Dolomite Hydrocarbon Reservoirs. Geological Society of London, Special Publication, 235: 7-63

Machel H G, Lonnee J. 2002. Hydrothermal dolomite–a product of poor definition and imagination. Sedimentary Geology, 152(3-4): 163-171

Machel H G, Mountjoy E W. 1986. Concepts and models of dolomitization: A critical reappraise. Earth Science Reviews, 23: 175-222

Machel H G, Krouse H R, Sassen R. 1995. Products and distinguishing criteria of bacterial and thermochemical sulfate reduction. Applied Geochemistry, 10(4): 373-389

Machel H G, Cavell P A, Patey K S. 1996. Isotopic evidence for carbonate cementation and recrystallization, and for tectonic expulsion of fluids into the Western Canada Sedimentary Basin. Geological Society of America Bulletin, 108(9): 1108-1119

Maslen E, Streltsov V, Streltsova N. 1993. X-ray study of the electron density in calcite, CaCO$_3$. Acta Crystallographica Section B: Structural Science, 49: 636-641

McArthur J M. 1994. Recent trends in strontium isotope stratigraphy. Terra Nova, 6(4): 331-358

McKinley J M, Worden R H, Ruffell A H. 2001. Contact diagenesis: the effect of an intrusion on reservoir quality in the Triassic Sherwood Sandstone Group, Northern Ireland. Journal of Sedimentary Research, 71: 484-495

McLennan S M. 1989. Rare earth elements in sedimentary rocks; influence of provenance and sedimentary processes. Reviews in Mineralogy and Geochemistry, 21: 169-200

Melim L A, Scholle P A. 2002. Dolomitization of the Capitan Formation forereef facies (Permian, West Texas and New Mexico): Seepage reflux revisited. Sedimentology, 49: 1207-1227

Miura N, Kawabe I. 2000. Dolomitization of limestone with MgCl$_2$ solution at 150 degrees C: Preserved original signatures of rare earth elements and yttrium as marine limestone. Geochemical Journal, 34: 223-227

Moine B, Fortune J P, Moreau P, Viguier F. 1989. Comparative mineralogy, geochemistry, and conditions of formation of two metasomatic talc and chlorite deposits; Trimouns (Pyrenees, France) and Rabenwald (Eastern Alps, Austria). Economic Geology, 84: 1398-1416

Moreira N F, Walter L M, Vasconcelos C, et al. 2004. Role of sulfide oxidation in dolomitization: Sediment and pore-water geochemistry of a modern hypersaline lagoon system. Geology, 32: 701-704

Mountjoy E W, Machel H G, Green D, et al. 1999. Devonian matrix dolomites and deep burial carbonate cements: A comparison between the Rimbey-Meadowbrook reef trend and the deep basin of west-central Alberta. Bulletin of Canadian Petroleum Geology, 47: 487-509

Nahnybida T, Gleeson S A, Rusk B G, et al. 2009. Cl/Br ratios and stable chlorine isotope analysis of magmatic-hydrothermal fluid inclusions from Butte, Montana and Bingham Canyon, Utah. Mineralium Deposita, 44(8): 837-848

Nance W, Taylor S. 1976. Rare earth element patterns and crustal evolution—I. Australian post-Archean sedimentary rocks. Geochimica et Cosmochimica Acta, 40: 1539-1551

Nasir S, Al-Saad H, Alsayigh A, et al. 2008. Geology and petrology of the Hormuz dolomite, Infra-Cambrian: Implications for the formation of the salt-cored Halul and Shraouh islands, Offshore, State of Qatar. Journal of Asian Earth Sciences, 33: 353-365

Nicholas C. 1996. The Sr isotopic evolution of the oceans during the "Cambrian Explosion". Journal of the Geological Society, 153: 243-254

Nicola J H, Scott J F, Couto R M, et al. 1976. Raman spectra of dolomite [CaMg(CO$_3$)$_2$]. Physical Review B, 14: 4676

Nothdurft L D, Webb G E, Kamber B S. 2004. Rare earth element geochemistry of Late Devonian reefal carbonates, Canning Basin, Western Australia: confirmation of a seawater REE proxy in ancient limestones. Geochimica et Cosmochimica Acta, 68: 263-283

Paricaud P, Galindo A, Jackson G. 2003. Understanding liquid-liquid immiscibility and LCST behaviour in polymer solutions with a Wertheim TPT1 description. Moleculer Physics, 101(16): 2575-2600.

Piper D Z. 1974. Rare earth elements in the sedimentary cycle: a summary. Chemical Geology, 14: 285-304

Pokrovsky O S, Golubev S V, Schott J. 2005. Dissolution kinetics of calcite, dolomite and magnesite at 25℃

and 0 to 50 atm pCO$_2$. Chemical Geology, 217: 239-255

Pokrovsky O S, Golubev S V, Schott J, et al. 2009. Calcite, dolomite and magnesite dissolution kinetics in aqueous solutions at acid to circumneutral pH, 25 to 150℃ and 1 to 55 atm pCO$_2$: New constraints on CO$_2$ sequestration in sedimentary basins. Chemical Geology, 265: 20-32

Qing H, Mountjoy E W. 1994a. Formation of coarsely crystalline, hydrothermal dolomite reservoirs in the Presqu'ile barrier, Western Canada Sedimentary Basin. AAPG Bulletin, 78(1): 55-77

Qing H, Mountjoy E W. 1994b. Rare earth element geochemistry of dolomites in the Middle Devonian Presqu'ile barrier, Western Canada Sedimentary Basin: implications for fluid–rock ratios during dolomitization. Sedimentology, 41: 787-804

Qing H, Bosence D W J, Rose P F. 2001. Dolomitization by penesaline seawater in Early Jurassic pertidal platform carbonates, Gibraltar, western Mediterranean. Sedimentology, 48: 153-163

Roberts J A, Kenward P A, Fowle D A, et al. 2013. Surface chemistry allows for abiotic precipitation of dolomite at low temperature. PNAS, 110: 14540-14545

Rosasco G J, Blaha J J. 1980. Raman microprobe spectra and vibrational mode assignments of talc. Applied Spectroscopy, 34(2): 140-144

Rosso K M, Bodnar R J. 1995. Microthermometric and Raman spectroscopic detection limits of CO$_2$ in fluid inclusions and the Raman spectroscopic characterization of CO$_2$. Geochimica et Cosmochimica Acta, 59: 3961-3975

Rudolph W W. 1996. Structure and dissociation of hydrogen sulfate ion in aqueous solution over a broad temperature range: A Raman study. Zeitschrift fur Physikalische Chemie, 194: 73-95

Rudolph W W, Fischer D, Hefter G T, et al. 2003. Raman spectroscopic investigation of speciation in MgSO$_4$(aq). Physical Chemistry Chemical Physics, 5: 5253-5261

Rue E L, Smith G J, Cutter G A, et al. 1997. The response of trace element redox couples to suboxic conditions in the water column. Deep Sea Research Part I: Oceanographic Research Papers, 44(1): 113-134

Sagan J A, Hart B S. 2006. Three-dimensional seismic-based definition of fault-related porosity development: Trenton-Black River interval, Saybrook, Ohio. AAPG Bulletin, 90: 1763-1785

Sánchez-Román M, McKenzie J A, de Luca Rebello Wagener A, et al. 2009. Presence of sulfate does not inhibit low-temperature dolomite precipitation. Earth and Planetary Science Letters, 285(1-2): 131-139

Shin D, Lee I. 2006. Fluid inclusions and their stable isotope geochemistry of the carbonate-hosted talc deposits near the Cretaceous Muamsa Granite, South Korea. Geochemical Journal, 40(1): 69-85

Sibley D F, Dedoes R E, Bartlett T R. 1987. Kinetics of dolomitization. Geology, 15: 1112

Smith L B Jr. 2006. Origin and reservoir characteristics of Upper Ordovician Trenton–Black River hydrothermal dolomite reservoirs in New York. AAPG Bulletin, 90: 1691-1718

Spangenberg J, Fontboté L, Sharp Z D, et al. 1996. Carbon and oxygen isotope study of hydrothermal carbonates in the zinc-lead deposits of the San Vicente district, central Peru: a quantitative modeling on mixing processes and CO$_2$ degassing. Chemical Geology, 133: 289-315

Stalker L, Farrimond P, Larter S R. 1994. Water as an oxygen source for the production of oxygenated compounds (including CO$_2$ precursors) during kerogen maturation. Organic Geochemistry, 22: 477-486

Tanaka K, Miura N, Asahara Y, et al. 2003. Rare earth element and strontium isotopic study of seamount-type limestones in Mesozoic accretionary complex of Southern Chichibu Terrane, central Japan: Implication for incorporation process of seawater REE into limestones. Geochemical Journal, 37: 163-180

Taylor B E. 2004. Biogenic and thermogenic sulfate reduction in the Sullivan Pb-Zn-Ag deposit, British Columbia (Canada): Evidence from micro-isotopic analysis of carbonate and sulfide in bedded ores.

Chemical Geology, 204: 215-236

Truesdale V W, Bailey G W. 2000. Dissolved iodate and total iodine during an extreme hypoxic event in the southern Benguela system. Estuarine, Coastal and Shelf Science, 50: 751-760

Truesdale V W, Bale A J, Woodward E M S. 2000. The meridional distribution of dissolved iodine in near-surface waters of the Atlantic Ocean. Progress in Oceanography, 45(3-4): 387-400

Vahrenkamp V C, Swart P K. 1990. New distribution coefficient for the incorporation of strontium into dolomite and its implications for the formation of ancient dolomites. Geology, 18: 387-391

van Lith Y, Vasconcelos C, Warthmann R, et al. 2002. Bacterial sulfate reduction and salinity: two controls on dolomite precipitation in Lagoa Vermelha and Brejo do Espinho (Brazil). Hydrobiologia, 485: 35-49

van Lith Y, Warthmann R, Vasconcelos C, et al. 2003a. Microbial fossilization in carbonate sediments: A result of the bacterial surface involvement in dolomite precipitation. Sedimentology, 50: 237-245

van Lith Y, Warthmann R, Vasconcelos C, et al. 2003b. Sulphate-reducing bacteria induce low-temperature Ca dolomite and high Mg-calcite formation. Geobiology, 1: 71-79

Vandeginste V, Swennen R, Gleeson S A, et al. 2009. Thermochemical sulfate reduction in the Upper Devonian Cairn Formation of the Fairholme carbonate complex (South-West Alberta, Canadian Rockies): Evidence from fluid inclusions and isotopic data. Sedimentology, 56: 439-460

Vasconcelos C, McKenzie J A. 1997. Microbial mediation of modern dolomite precipitation and diagenesis under anoxic conditions (Lagoa Vermelha, Rio de Janeiro, Brazil). Journal of Sedimentry Research, 67: 378-390

Vasconcelos C, McKenzie J A, Bernasconi S, et al. 1995. Microbial mediation as a possible mechanism for natural dolomite formation at low-temperatures. Nature, 377: 220-222

Vasconcelos C, McKenzie J A, Warthmann R, et al. 2005. Calibration of the $\delta^{18}O$ paleothermometer for dolomite precipitated in microbial cultures and natural environments. Geology, 33: 317-320

Vasconcelos C, Warthmann R, McKenzie J A, et al. 2006. Lithifying microbial mats in Lagoa Vermelha, Brazil: Modern Precambrian relics. Sedimentary Geology, 185: 175-183

Veizer J, Compston W. 1974. $^{87}Sr/^{86}Sr$ composition of seawater during the Phanerozoic. Geochimica et Cosmochimica Acta, 38: 1461-1484

Veizer J, Buhl D, Diener A, et al. 1997. Strontium isotope stratigraphy: potential resolution and event correlation. Palaeogeography, Palaeoclimatology, Palaeoecology, 132: 65-77

Veizer J, Ala D, Azmy K, et al. 1999. $^{87}Sr/^{86}Sr$, $\delta^{13}C$ and $\delta^{18}O$ evolution of Phanerozoic seawater. Chemical Geology, 161: 59-88

Wacey D, Wright D T, Boyce A J. 2007. A stable isotope study of microbial dolomite formation in the Coorong Region, South Australia. Chemical Geology, 244: 155-174

Walter L M, Stueber A M, Huston T J. 1990. Br-Cl-Na systematics in Illinois basin fluids: Constraints on fluid origin and evolution. Geology, 18: 315-318

Wan Y, Wang X, Hu W, et al. 2015. Raman Spectroscopic Observations of the Ion Association between Mg^{2+} and SO_4^{2-} in $MgSO_4$-Saturated Droplets at Temperatures of≤380℃. Journal of Physical Chemistry A, 119: 9027-9036

Wang L C, Hu W X, Wang X L, et al. 2014. Seawater normalized REE patterns of dolomites in Geshan and Panlongdong sections, China: Implications for tracing dolomitization and diagenetic fluids. Marine and Petroleum Geology, 56: 63-73

Wang X L, Jin Z J, Hu W X, et al. 2009. Using in situ REE analysis to study the origin and diagenesis of dolomite of Lower Paleozoic, Tarim Basin. Science in China Series D: Earth Sciences, 52(5): 681-693

Wang X L, Hu W X, Yao S P, et al. 2011a. Carbon and strontium isotopes and global correlation of Cambrian

Series 2-Series 3 carbonate rocks in the Keping area of the northwestern Tarim Basin, NW China. Marine and Petroleum Geology, 28: 992-1002

Wang X L, Chou I M, Hu W X, et al. 2011b. Raman spectroscopic measurements of CO_2 density: experimental calibration with high-pressure optical cell (HPOC) and fused silica capillary capsule (FSCC) with application to fluid inclusion observations. Geochimica et Cosmochimica Acta, 75: 4080-4093

Wang X L, Chou I M, Hu W X, et al. 2013. In situ observations of liquid-liquid phase separation in aqueous $MgSO_4$ solutions: Geological and geochemical implications. Geochimica et Cosmochimica Acta, 103(15): 1-10

Wang X L, Wan Y, Hu W X, et al. 2016a. In situ observations of liquid-liquid phase separation in aqueous $ZnSO_4$ solutions at temperatures up to 400℃: implications for Zn^{2+}-SO_4^{2-} association and evolution of submarine hydrothermal fluids. Geochimica et Cosmochimica Acta, 181: 126-143

Wang X L, Chou I M, Hu W X, et al. 2016b. Kinetic inhibition of dolomite precipitation: Insights from Raman spectroscopy of Mg^{2+}-SO_4^{2-} ion pairing in $MgSO_4$/$MgCl_2$/NaCl solutions at temperatures of 25 to 200℃. Chemical Geology, 435: 10-21

Warren J. 2000. Dolomite: Occurrence, evolution and economically important associations. Earth Science Reviews, 52(1-3): 1-81

Warthmann R, van Lith Y, Vasconcelos C, et al. 2000. Bacterially induced dolomite precipitation in anoxic culture experiments. Geology, 28: 1091-1094

Warthmann R, Vasconcelos C, Sass H, et al. 2005. Desulfovibrio brasiliensis sp. nov., a moderate halophilic sulfate-reducing bacterium from Lagoa Vermelha (Brazil) mediating dolomite formation. Extrmophiles, 9: 255-261

Wright D T. 1999. The role of sulphate-reducing bacteria and cyanobacteria in dolomite formation in distal ephemeral lakes of the Coorong region, South Australia. Sedimentary Geology, 126(1-4): 147-157

Wright D T, Wacey D. 2004. Sedimentary dolomite: a reality check//Braithwaite C J R, Rizzi G, Darke G. The Geometry and Petrogenesis of Dolomite Hydrocarbon Reservoirs. Geological Society of London, Special Publication, 235: 65-74

Wright D T, Wacey D. 2005. Precipitation of dolomite using sulfate-reducing bacteria from the Coorong Region, South Australia: Significance and implications. Sedimentology, 52: 987-1008

Xing F C, Li S T. 2012. Genesis and environment characteristics of dolomite-hosted quartz and its significance for hydrocarbon exploration, in Keping Area, Tarim Basin, China. Journal of Earth Science, 23(4): 476-489

Zhang F F, Xu H F, Konishi H, et al. 2012a. Polysaccharide-catalyzed nucleation and growth of disordered dolomite: A potential precursor for sedimentary dolomite. American Mineralogist, 97(4): 556-567

Zhang F F, Xu H F, Konishi H, et al. 2012b. Dissolved sulfide-catalyzed precipitation of disordered dolomite: Implications for the formation mechanism of sedimentary dolomite. Geochimica et Cosmochimica Acta, 97: 148-165

Zhang H Y, Zhang Y H, Wang F. 2009. Theoretical understanding on the v_1-SO_4^{2-} band perturbed by the formation of magnesium sulfate ion pairs. Journal of Computational Chemistry, 30: 493-503

Zhang X C, Zhang Y H, Li Q S. 2002. Ab initio studies on the chain of contact ion pairs of magnesium sulfate in supersaturated state of aqueous solution. Journal of Molecular Structure: Theochem, 594(1-2): 19-30

Zhang Y H, Chan C K. 2000. Study of contact ion pairs of supersaturated magnesium sulfate solutions using Raman scattering of levitated single droplets. The Journal of Physical Chemistry A, 104(40):

9191-9196

Zhang Y H, Chan C K. 2002. Understanding the hygroscopic properties of supersaturated droplets of metal and ammonium sulfate solutions using Raman spectroscopy. The Journal of Physical Chemistry A, 106: 285-292

Zhao L J, Zhang Y H, Wei Z F, et al. 2006. Magnesium sulfate aerosols studied by FTIR spectroscopy: Hygroscopic properties, supersaturated structures, and implications for seawater aerosols. The Journal of Physical Chemistry A, 110: 951-958

Žic V, Branica M. 2006. The distributions of iodate and iodide in Rogoznica Lake (East Adriatic Coast). Estuarine, Coastal and Shelf Science, 66: 55-66.

第三章 碳酸盐岩储层发育的宏观地质规律和分布模式

第一节 塔里木盆地下古生界碳酸盐岩优质储层发育模式与分布

一、寒武系—奥陶系关键不整合发育特征与岩溶储层分布

塔里木盆地是一个经历了多旋回演化的叠合盆地，多期构造运动造就了现今复杂的地质情况。塔里木盆地主要经历了加里东、海西、印支、燕山和喜马拉雅五大构造运动，每一期构造运动都使得海平面发生了大规模的相对升降变化，形成一系列的地层不整合界面。这些不整合界面对油气的生、储、聚等具有重大影响，因此研究不整合界面的特征对油气勘探开发具有重要意义。

（一）不整合面识别与类型

1. 不整合面的识别

不整合面通常代表了沉积环境的转换或者是长时间的地层生物断代。其上下沉积地层在岩性、沉积相组合、古生物组合、元素地球化学以及测井曲线、地震反射特征上都会产生一些特殊响应，这些响应均可以独立或多个一起作为识别不整合界面的标志。研究过程中主要根据以下六个方面对塔里木盆地碳酸盐岩层系不整合面进行了识别：露头的沉积特征、地震的反射特征、矿物的成分特征、碳氧同位素特征、测井资料分析和古生物分析（何治亮等，2014）。

2. 不整合演化序列和类型

塔里木盆地是经历多期构造运动形成的叠加复合型盆地。早古生界主要经历了加里东早期、中期、晚期等多期构造运动，引起了海平面的大规模相对升降变化，形成了一系列不同级别的不整合面。本书研究中，在塔里木盆地下古生界碳酸盐岩层系共识别出 T_9^0、T_8^6、T_8^1、T_8^0、T_7^8、T_7^6、T_7^5、T_7^4、T_7^2、T_7^0 10 个不整合面。根据不整合面的构造运动规模、性质、强度和作用范围及相应的海平面的升降变化幅度等，将这 10 个不整合面分为 I 级、II 级、III 级 3 个级次。

I 级不整合面：由古构造运动、构造应力场转换或大的海平面下降造成的大规模区域性不整合界面，常代表着盆地基底面或盆地收缩时的古风化剥蚀面。塔里木盆地下古生界的 I 级不整合面主要是 T_9^0、T_7^4 和 T_7^0 3 个不整合面。

II 级不整合面：由明显的海平面下降造成的，并伴随着区域性的构造运动。塔里木

盆地下古生界Ⅱ级不整合面主要为 T_8^1 和 T_7^2 2 个不整合面。

Ⅲ级不整合面：主要由海平面变化以及与之伴生的沉积速率变化造成，地震剖面上表现为上超或顶超，钻井中多表现为沉积旋回的转换，在盆地内可进行对比。塔里木盆地在寒武纪—奥陶纪沉积时期由于加里东运动的影响，在区带上造成小规模的地貌结构变化，形成了 T_8^2、T_8^0、T_7^8、T_7^6 和 T_7^5 5 个Ⅲ级不整合面。

这些不同级次的不整合面按成因可分为 4 类，即由构造运动造成的抬升剥蚀而形成的构造（角度）不整合，由长时期海平面下降造成的长期（区域）暴露不整合，由沉积建造与海平面波动引起的间歇性暴露而形成的同沉积期暴露不整合（沉积间断），以及多期构造运动叠加形成的多期（多类型）叠加不整合（图 3-1）。

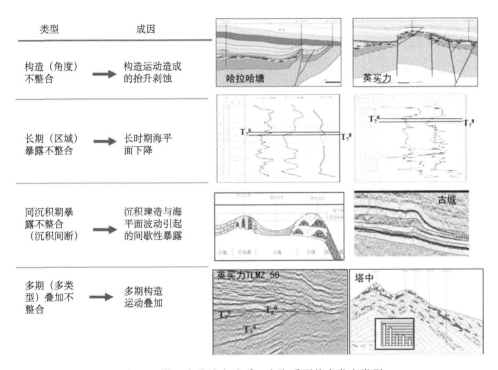

图 3-1　塔里木盆地寒武系—奥陶系不整合发育类型

在寒武系—奥陶系的 10 个不整合中，T_8^2、T_8^0、T_7^8、T_7^6 和 T_7^5 等Ⅲ级不整合多为同沉积期暴露不整合，T_8^1 和 T_7^2 等Ⅱ级不整合面多为长期（区域）暴露不整合，T_9^0、T_7^4 和 T_7^0 等Ⅰ级不整合多为构造（角度）不整合。不同级次的不整合在不同区域表现出的不整合性质不同，如Ⅱ级不整合面在隆起区多为构造不整合，在台地内多为平行不整合，在台地边缘区多为沉积期暴露不整合。

（二）关键不整合面古地貌特征

恢复不整合界面古地貌的主要工作就是对各界面剥蚀厚度的恢复。古地貌恢复的成果表征是古地貌图，它是指盆地某个发育时期的某个界面上等深线所表示的此界面表面的凹凸状态图。目前应用较为广泛的恢复剥蚀量的技术方法有镜质组反射率法、趋势外延法、上超点法、残留厚度法、补偿厚度印模法、回剥法、沉积学分析法、层序地层学恢复法、地震古地貌学法等。本书利用其中的镜质组反射率法、趋势外延法和上超点法对塔中地区 T_7^4 不整合界面剥蚀量厚度以及古地貌进行了恢复。

塔中地区 T_7^4 不整合界面遭受剥蚀严重的地层在塔中地区西部和中部隆起区，剥蚀厚度在 150 m 以上。在玛参 1 井地区达到近 400 m 的厚度，形成一个较大的剥蚀中心。而在塔中卡塔克区块，存在另一地层剥蚀中心，地层剥蚀厚度最大到 300 m。其余地区剥蚀量厚度基本为 50～100 m，剥蚀量较小。总体而言，该界面剥蚀厚度总体上呈中西部剥蚀厚度大，向四周逐渐减小的趋势。

从塔中地区 T_7^4 不整合界面古地貌恢复结果看，塔中地区东北角和西北角地势较低，为沉积凹陷区，推测当时可能为深水沉积。在巴楚地区和 4 井、阿参 1 井地区，地势较高，另外，沿塔中 19 井-塔参 1 井-塔中 1 井一线，也为高地势部位。推测这两处古地貌高值部位为台地相沉积环境。夹在这两处地势高部位之间有地势较低的一沟谷地带，沿巴东 2 井-中 2 井一线至塘古孜巴斯凹陷地区。

总体形态上，塔中地区 T_7^4 不整合界面古地貌高地自塔中地区西侧以鸟头状深入塔中隆起中心地区，其中高地势部位发育于塔中 II 号断裂带附近。

（三）不整合面对储层发育的控制

1. 不整合类型对岩溶储层的制约

对 7 个关键不整合面的平面构型特征进行了分析，发现不同成因类型的不整合控制不同规模的岩溶作用和岩溶发育类型，由构造运动造成的抬升剥蚀形成的构造（角度）不整合控制着潜山风化壳岩溶储层的发育；由长时期海平面下降造成的长期（区域）暴露不整合控制着台地内区域性层间岩溶储层的发育；由沉积建造与海平面波动引起的间歇性暴露造成的同沉积期暴露不整合（沉积间断）控制着缘带准同生期岩溶储层的发育；由多期构造运动叠加造成的多期（多类型）叠加不整合制约着多期风化壳岩溶储层叠合（或礁滩与风化壳叠合）作用的发生。

2. 重点层系岩溶储层分布预测

塔里木盆地奥陶系碳酸盐岩储层基质孔渗较低，但不整合面和裂缝的发育却大大地改善了储层的渗透性和连通性，经溶蚀作用形成的溶蚀孔洞，也成为优质储集空间。因此，奥陶系储层评价应充分考虑岩溶和裂缝的改造作用。

研究认为，长期继承性的古隆起，特别是中-下奥陶统灰岩段剥蚀残留较薄的地区和加里东期—海西期断裂发育地区，是碳酸盐岩储层发育地区。此外，礁滩沉积背景对岩溶储层的发育也至关重要。

I 类岩溶储层发育区：主要沿台缘斜坡带发育，分布在塔北隆起东部、塔中隆起北部和麦盖提斜坡带等区域，主要代表井是塔中 82 井，该区带为准同生风化壳岩溶储层发育区，受台缘斜坡相带分布和海平面升降控制明显，局部还叠加潜山风化壳岩溶和层间不整合岩溶（图 3-2）。

II 类岩溶储层发育区：主要发育在塔北隆起北部、塔中隆起主垒带和巴楚地区的玛扎塔格断裂带、玛东断裂带和阿恰断裂带等区域。该带代表井有山 1、玛 5 等井，是潜山风化壳岩溶储层发育的主要区域，受构造抬升剥蚀作用控制明显，局部古岩溶缝、孔、洞发育（图 3-2）。

III 类岩溶储层发育区：主要发育在塔北隆起南部、塔中-巴楚隆起带的围斜部位。该带代表井有中 1 等井（图 3-2），主要发育层间不整合岩溶，并叠加潜山风化壳岩溶，受埋藏溶蚀作用控制明显。

二、寒武系—奥陶系台缘结构与滩相储层分布

（一）寒武系—奥陶系台地边缘相带展布

碳酸盐岩台地边缘是碳酸盐岩台地的一个重要组成部分。早寒武世—中奥陶世塔里木板块处于被动大陆边缘发展期，其北缘为南天山裂陷盆地，南缘西段为西北昆仑洋，盆地东部地区为库鲁克塔格-满加尔拗拉槽。塔里木盆地整体呈现"西台东盆"古地理格局（高志前等，2012）。

1. 寒武系台缘展布

早寒武世地层在全盆范围内分布广泛，沿于奇 6 井-塔深 1 井-羊屋 2 井-满参 1 井-塔参 1 井-巴东 2 井一线为界，地层厚度等值线突变密集区为台缘斜坡带，向西厚度稳定为台地相，向东厚度急剧减薄为盆地相。英买力地区、轮南凸起区、满参 1 井附近、顺南地区以及巴东 2 井以北地区、和 4 井的东北部形成了一个大型的碳酸盐岩沉积中心，最大厚度分布在塔北轮南地区和塔中顺托果勒地区，沉积厚度达 800～900 m，该沉积中心向周围地区呈变薄趋势，整体等值线逐渐变密集。台地内部形成的厚度相对较小的环状带等值线，是由于该处地貌位置相对较低，碳酸盐岩的沉积速率相对较小。向东至满加尔拗陷方向以及西南方向，地层厚度迅速变薄至 300 m，地层厚度最薄处仅 100 m。

中寒武世古地貌继承了早寒武世时期沉积格局，沉积中心向西和北东方向发生迁移，发育 3 个较大的碳酸盐岩沉积中心，沉积厚度达 800～900 m。中寒武世碳酸盐岩台地以于奇 6 井-满参 1 井-塔中 34 井-顺南 1 井-塘参 1 井-玛北 1 井-康 2 井-同 1 井沿线为界，地层厚度等值线在中西部地区变化不大，满加尔拗陷西部台缘斜坡带等值线密集程度明显高于早寒武世沉积期，说明斜坡带相对早寒武世时期变陡。

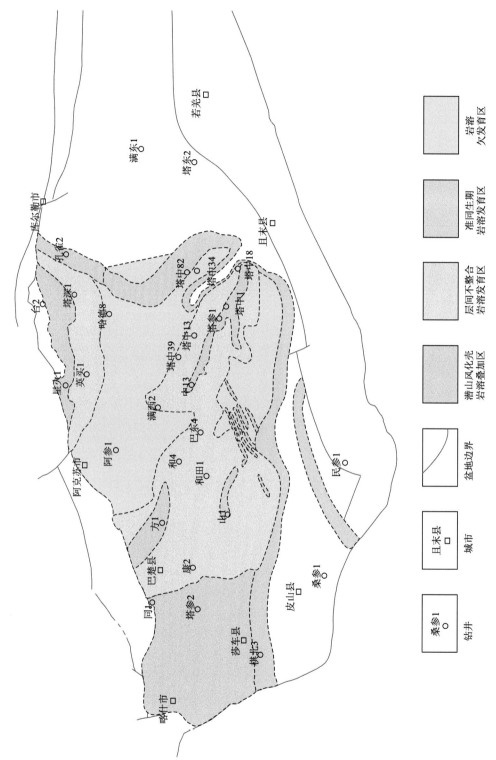

图 3-2 塔里木盆地中下奥陶统鹰山组岩溶储层分布预测

晚寒武世在塔北地区、塔中东部及南部地区碳酸盐岩台地范围明显向南扩大，塔北-塔中北部地区的沉积中心继承性发育，地层厚度较中寒武世时期厚度增大且向东迁移，最大地层厚度为 1200 m。至塔参 1 井附近地层厚度约 1600 m。塔西南地区和 4 井、方 1 井附近沉积地层厚度仍为 800~900 m。晚寒武世碳酸盐岩台地总体呈现出西厚东薄的特点，满加尔凹陷西部台缘进一步向东迁移，沿于奇 8 井-满参 1 井-塔中 34 井-古城 4 井连线展布，台缘厚度变化更为清晰，塔北-古城地区台缘斜坡形态相同。

2. 奥陶系台缘展布

下奥陶统蓬莱坝组与下伏寒武系整体呈平行不整合接触，仅在阿克库勒地区有部分削截不整合存在，与上覆地层鹰山组呈整合接触。与寒武纪沉积相比，碳酸盐岩沉积中心向东南方向迁移，在塔中-古城地区以及塘古孜巴斯地区地层厚度达到 1300~1500 m，塔北、巴楚及和田河地区地层沉积中心消失，地层厚度减薄，塔北地区地层厚度仅 300 m 左右，巴楚地区厚度为 500 m。满加尔西部的台地边缘斜坡带向台内退缩，地层厚度相对早寒武世时期明显减薄。塔中北坡-古城地区台缘带位置基本不变，仍沿满参 1 井-塔中 34 井-古城 4 井展布，等值线密集且形态稳定，说明塔中北坡-古城墟隆起区斜坡带较陡且特征相似。塔西南地区台缘斜坡带则向台地内收缩至沿皮山北 2 井-胜和 2 井连线北侧分布，该时期斜坡带等值线分布均匀，斜坡坡度较缓。

鹰山组碳酸盐岩沉积中心较蓬莱坝组时期发生了较大的改变，沉积厚度最大的地方从塔中北坡-古城地区迁移至塔北-塔中北部地区，在轮南低凸起区至北部拗陷中部地区发育一个面积较广阔的碳酸盐岩沉积中心，最大沉积厚度分布在于奇 6 井、塔深 1 井地区达 1000 m。古城 4 井、顺 2 井、方 1 井次级沉积中心地层厚度为 800~900 m。塔北地区草湖东侧以及满加尔以西形成等值线密集区，沿于奇 8 井-满参 1 井-塔中 34 井-古城 4 井连线以东发育陡坡镶边型台地边缘。由北往南厚度等值线的密集分布范围逐渐减小，坡度变缓。满加尔拗陷和塔西南西南部地区盆地相沉积厚度为 100~200 m。

（二）塔北地区台缘结构解剖

1. 不同时期台地类型

地震、钻井层序地层分析表明，塔北地区寒武纪—奥陶纪经历了从弱镶边型台地向镶边型台地的转化，依次如下：早寒武世为缓坡弱镶边型碳酸盐岩台地，中寒武世为缓坡镶边型碳酸盐岩台地，晚寒武世—中奥陶世为陡坡镶边型台地（图 3-3）。不同类型的碳酸盐岩台地在其剖面结构、台地边缘特征、沉积相构成等方面有着显著的差异，它控制了不同区域沉积相类型和特征，并决定了烃源岩、储集岩和区域性盖层的发育条件和展布规律。

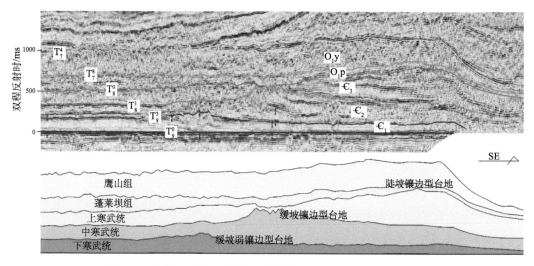

图 3-3　塔北地区台地-斜坡结构样式（AKK08-NWW-1 测线）

2. 台缘结构精细解剖

台缘内部结构精细解剖主要是指对不同时期台地边缘相带内部反射结构和外部反射形态的识别。由于地层顶底界面及其内部反射结构是该时期沉积地质体的地震响应，分析台缘带内部结构特征及发育期次，并结合钻测井、岩心资料，能有效确定台缘礁、滩、礁滩复合体以及灰泥丘等油气储集体对应的地震特征。

塔深 1 井、于奇 6 井位于台地边缘。塔深 1 井完钻井深为 8401 m。通过合成地震记录分析，塔深 1 井钻遇下寒武统厚度达 445 m、中寒武统厚度达 555 m、上寒武统厚度达 571 m。蓬莱坝组位于地层深度 6587.00~6884.00 m，厚度为 297 m。鹰山组位于地层深度 5663.00~6578.00 m，厚度达 915 m。

塔北地区部分地震剖面不仅很好地显示了寒武纪—奥陶纪碳酸盐岩台地形态和展布特征，而且台地边缘相带内部地震反射结构也十分清晰。AKK08-NWW-1 测线位于轮南低凸起中部，呈北西西-南东东向分布，该线正好经过沙 88 井和塔深 1 井。对层序格架内地震反射结构精细分析可知，早寒武世地层发育 3 期反射结构，中寒武世地层发育 5 期反射结构，晚寒武世地层和蓬莱坝组各发育 1 期反射结构，鹰山组发育 5 期结构。

3. 台缘结构特征及展布

1）早寒武世台缘结构分布

对比塔北地区选取的地震解剖剖面发现，塔北地区早寒武世发育的 3 期台缘结构特征略有差异，但整体特征及发育期次相同，尤其是塔北北部地区的 3 期杂乱与前积反射结构复合体特征更为明显，而往南杂乱和前积结构特征逐渐减弱，台缘带地层厚度较大，往盆地方向地层厚度减薄且地震反射变连续（图 3-4）。

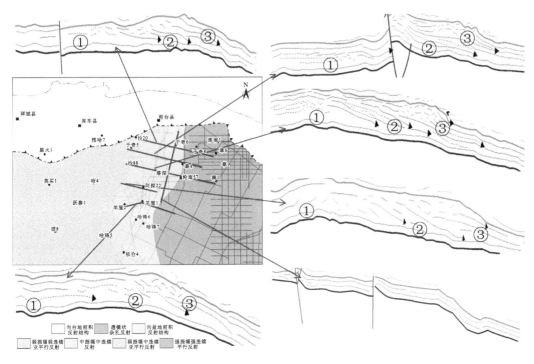

图 3-4　塔北地区早寒武世不同剖面结构特征对比

总体来看，各时期杂乱反射体沿台缘呈条带状展布，其前、后侧均为条带状展布的前积反射结构。其中，第 1 期台缘内部反射结构的杂乱反射体沿沙 88 井-羊屋 2 井-依合4 井连线分布，向盆地方向的前积结构在北部地区较为发育，南部地区前积结构范围减小，向台地方向的前积结构各地区基本相同；第 2 期反射结构在第 1 期结构的基础上向东迁移，台缘带见透镜状杂乱反射体，其前、后侧为前积反射结构；第 3 期反射结构在前两期结构发育的基础上进一步向东迁移，丘形杂乱且反射体规模增大，前、后侧为前积反射结构明显。

2）中寒武世台缘结构分布

通过同一时期不同位置的层序内部结构对比，绘制各期次结构的平面分布范围发现，中寒武世地层内部发育的 5 期反射结构也是北部地区更为明显，底部第 1 期结构体为一个规模较大的弱振幅丘形杂乱反射，上部 4 期反射结构均为杂乱和前积结构复合组合，其规模向上逐渐减小，后 3 期杂乱反射体及后侧前积结构在顶部存在较严重的剥蚀，前积特征逐渐减弱；而南部地区台缘内部以丘形杂乱反射和前积结构为主，结构期次不清楚。将不同剖面结构在平面上的分布范围确定下来，得到 5 期结构的平面分布图。

3）晚寒武世台缘结构分布

晚寒武世地层内部地震反射结构在台缘带主要为杂乱反射，其前、后侧均发育前积结构。向台地方向同相轴以中振幅弱反射为主，局部见丘形杂乱反射体；向盆地方向主要为中-弱振幅中连续反射，但在塔北北部地区斜坡下部见垮塌沉积形成的丘状结构体，内部杂乱反射。

4）蓬莱坝组台缘结构分布

蓬莱坝组地层在塔北地区厚度较薄，台地主体区以中振幅差连续为主，盆地内则为强振幅中-差连续。台地边缘地层内部结构特征不明显，仅在局部地区可见丘形和不规则形状的杂乱反射体。

三、构造-热液白云岩储层

最近 20 多年来，对热液白云（岩）化作用和相关储层的研究成为一种新的热潮（Machel，2004；Davies and Smith，2006）。越来越多的事实表明，与构造活动有关的热液白云岩化作用在地层记录中是非常普遍的，如在西加拿大盆地（WCSB）泥盆系（Mountjoy and Halim-Dihardja，1991；Qing and Mountjoy，1992，1994a；Duggan et al.，2001）、加拿大东部和美国东北部的密歇根盆地和阿巴拉契亚盆地的奥陶系（局部为志留系和泥盆系）的碳酸盐岩储层有相当一部分是热液白云岩储层（Hurley and Budros，1990；Middleton et al.，1993）。近年来，我国在海相碳酸盐岩层系油气勘探方面取得了重要进展，相继在相关盆地碳酸盐岩中发现了热液白云岩及储层，如四川盆地灯影组的热液白云岩（宋光永等，2009；朱东亚等，2014）、塔里木盆地寒武系—奥陶系的热液成因白云岩（Zhang et al.，2009；Zhu et al.，2010；王丹等，2010；焦存礼等，2011；Dong et al.，2013 a，2013 b）。

（一）热液白云石（岩）基本概念

"热液"（hydrothermal）亦即热水，一般指比周围环境（围岩地层）流体温度明显偏热（至少大于5℃）的流体（大于15℃更利于实际操作）。热液白云石（岩）化作用是指灰岩在富镁热流体（或白云石化流体）发生白云石交代方解石并同时引起白云石沉淀（胶结物）的过程。因此，"热液白云石（岩）"系指在比围岩温度高的热流体中发生白云石化作用（交代和沉淀）形成的白云石（岩）；如果热流体经过的原岩是白云岩，就会发生宿主白云岩的重结晶和新的白云石沉淀，可称为白云石（岩）热液蚀变作用（Machel，2004；Lonnee and Machel，2006a）。这两种情况下形成主要由热液白云石（包括基质+胶结物）组成的白云岩，即热液白云岩。热液白云石（岩）的形成反映了异常地热对流的构造背景，而这种地热对流异常既可以由盆地地层地热梯度差异引起，也可以由后期热液侵入引起。地热异常是造成地层流体运移（循环）的驱动力，而高孔渗介质或流体运移通道的存在是实现流体运移的必要条件，流体运移通道可以是区域性发育的高孔渗岩石介质（Qing and Mountjoy，1992，1994a），也可以是由构造活动形成的断裂/裂缝系统或二者的复合体（Middleton et al.，1993；Braithwaite，1997；Chen et al.，2004；Davies and Smith，2006）。大量的岩心和露头白云岩组构观察表明：热液白云岩形成于一种孔隙流体压力（或压力梯度）比较高的剪切应力条件（Nielsen et al.，1998；Boni et al.，2000），因此有学者提出了热压（thermobaric）白云岩的概念（Davies and Smith，2006）。而更广义的构造控制的热液白云岩化作用系指在埋藏条件下热流体（典型的热卤水）侵位到张性-扭张断裂系统周缘，在流体温-压升高（通常是短暂的），并比围岩（如灰岩）高的条件下，发生的白云（岩）化作用。

（二）热液成因白云岩主要特征

1. 热液白云岩岩石学

热液白云岩的岩石特征与密西西比（MVT）Pb-Zn 硫化矿床的白云岩相似，以广泛发育的基质交代型和孔-缝充填的鞍形白云石（saddle dolomite 或 baroque dolomite）为标志性特征，同时含有少量其他热液矿物，如闪锌矿、方铅矿、石英、黄铁矿、重晶石以及萤石等。另外还经常可见被鞍形白云石充填的因剪切应力形成的微裂缝、斑马纹构造和白云岩角砾（图 3-5）。

图 3-5　构造-热液白云岩的主要岩石学特征

（a）鞍形白云石（Sd）显微照片，弯月状，存在内生裂纹，以胶结物充填于晶洞中，存在残留孔隙（P），洞壁由他形白云石嵌晶基质（Md）组成。单偏光。塔里木盆地下奥陶统蓬莱坝组，沙 15 井，5390 m。（b）微生物礁白云岩中溶蚀孔洞，被少量鞍形白云石（Sd）和微量石英（Q）充填，晶洞大部分开启。比例尺以厘米为单位。塔里木盆地中上寒武统，塔深 1 井，7873.9 m。（c）白云岩中的斑马状结构，与断裂（箭头）角砾共生，平行晶洞和角砾被乳白色鞍形白云石充填，基质（灰岩）全部白云石化；原岩为薄层状-板状-扁豆状灰泥岩。地质锤为 35 cm。寒武系—下奥陶统突尔沙克塔格组，乌里格孜塔格，塔里木盆地东部库鲁克塔格。（d）基质型鞍形白云石（Sd），显示很强的热液白云石化改造。单偏光。上丘里塔格群顶部，塔里木盆地-柯坪水泥厂

　　鞍形白云石是一种乳白色、灰色或棕色的亮晶白云石晶体，具有独特的尖顶、弯曲晶面（弯月刀状）和晶格，波状消光，珍珠光泽[图 3-5（a）]，丰富的流体包裹体和晶内微量元素成分的变化（Radke and Mathis，1980）。鞍形白云石通常作为铸模孔、晶洞和裂缝的胶结物存在[图 3-5（b）、（c）]，也有少量以交代型基质鞍形白云石存在[图 3-5（d）]。虽然鞍形白云石被普遍认为是热液成因的关键性标志（Radke and Mathis，1980），但它并不是鉴别热液成因背景的唯一标志，在压溶作用下的局部调整（沿压溶缝）和 TSR下也有可能形成少量的鞍形白云石（Machel，1987）。此外，也不是所有的热液背景中都有鞍形白云石的存在（Braithwaite，1997）。因此，在具体工作中，需要综合考虑鞍形白云石在碳酸盐岩中的产状、含量和共生矿物组合，以及地质背景等因素，才能比较准确地判断它们的成因。

　　在热液白云岩中，最早的组构是剪切作用形成的微裂缝，它们通常被鞍形白云石胶结物充填，代表了岩石大规模断裂前剪切应力作用以及从断裂系统向宿主岩石内注入热流体的开始[图 3-5（c）]。在许多的热液白云岩相中，还可以经常见到水平-准水平的席状晶洞（sheet vugs），并被鞍形白云石胶结物充填，这种组构可能与构造破裂、溶解作用甚至原始层间间断面的控制有关（Wallace et al.，1994）。斑马状结构（zebra texture）是热液白云岩最典型的一种岩石结构，它们通常见于低渗的薄层或纹层状白云岩中，被认为是在异常高压条件下由于不能及时释放突增的孔隙流体压力而发生水力破裂而形成的（Nielsen et al.，1998）。角砾状结构也是许多热液白云岩中常见的一种结构，它们可以是早期的溶解角砾，也可以是棱角状、膨胀或漂浮的岩石角砾，它们通常发育于断裂带的近端。膨胀角砾主要发育于低渗透的基质白云岩中，可能主要与水力压裂作用有关（Tarasewicz et al.，2005），而斑马状结构与角砾的共生反映了形成时的相似构造应力背景。热液白云岩角砾常常作为 MVT 矿床的宿主岩石，并有可能增强雁行断裂带和热液白云岩储层的孔隙度。

　　在热液白云岩中，常常可以见到一些与热液成因有关的矿物组合，如闪锌矿、方铅矿、石英、黄铁矿、重晶石以及萤石、沥青（主要为火沥青）等（Qing and Mountjoy，1994b），在这些火沥青有时会发育一种在正常地热烘烤背景下不常见的光学显微结构（Gize and Manning，1993）。这些也是判断热液成因白云岩的一个有用标志。

2. 热液白云化流体性质、作用过程表征

　　白云化流体性质（温度、盐度、来源及流体-岩石作用强度）是了解白云化过程的关键，可以主要通过白云石的流体包裹体资料和同位素（主要包括 O-C-Sr）地球化学资料进行较客观、有效的表征。大量的资料表明（Davies and Smith，2006）：鞍形白云石形成于热卤水（一般为海水盐度的 2～6 倍甚至 10 倍以上）（Middleton et al.，1993），形成温度（均一温度 Th）一般为 60～250℃，但大部分为 100～180℃。为了减少在均一温度测量过程中发生再平衡现象（拉伸、泄漏和颈缩），需选择沿单一生长环带分布、具有稳定气-液比的一组流体包体集合体（FIA）进行测试（Goldstein and Reynolds，1994）。

　　鞍形白云石的氧同位素值（$\delta^{18}O$）可在–2.5‰～–18‰（VPDB）变化，但大部分在–5‰～–10‰变化，相对比较负的 $\delta^{18}O$ 值主要与氧同位素的热分馏有关。但是，与同期

海水 $\delta^{18}O$ 同位素值相比，白云化流体的 $\delta^{18}O$ 值一般要偏正（如寒武系中的鞍形白云石的 $\delta^{18}O$ 值要比同期海水的高 5‰～15‰），这种 $\delta^{18}O$ 值的相对富集也是热液（严格来讲为热卤水）系统的典型标志（Spencer，1987）。在这种情况下，如果假设白云化流体是与海水（或轻微改造的海水）相似的流体，并据此以 $\delta^{18}O$ 值来估计白云化流体的温度显然就会出现较大的误差（偏低）（Green and Mountjoy，2005），特别是在超咸卤水中，有可能掩盖真实的热液成因信息。这种情况在塔里木盆地下古生界白云岩中比较突出，其中鞍形白云石的 $\delta^{18}O$ 值与基质白云石的 $\delta^{18}O$ 值几乎完全重叠，但前者的包裹体均一温度明显偏高，而且盐度也很高，可能与高盐度对氧同位素热分馏的抑制有关。

鞍形白云石的碳同位素值（$\delta^{13}C$）的变化范围比较大（–17‰～6‰，VPDB），但大部分在–3‰～5‰（VPDB）变化，其值的变化主要取决于碳酸盐岩围岩无机碳和微生物-有机质热降解来源的有机碳的贡献率。据此，也可以判断鞍形白云石的形成是否与油气运移密切相关。

相对于同期碳酸盐岩（灰岩）保存的海水锶同位素信号（$^{87}Sr/^{86}Sr$ 值表示），鞍形白云石中一般比较富集放射性的 Sr，造成这种现象主要取决于热流体源与含泥质或长石的碎屑沉积物，以及与基底岩石相互作用的时间与强度（Qing and Mountjoy，1994a）。但在塔里木盆地，正与 $\delta^{18}O$ 值所指示的那样，鞍形白云石的 $^{87}Sr/^{86}Sr$ 值与基质白云石甚至灰岩的值严重重叠，可能主要与热流体主要在宿主碳酸盐岩地层局部流动或与深部岩浆热液（如早二叠世的大火成岩省）的加入有关，特别是当部分鞍形白云石的 $^{87}Sr/^{86}Sr$ 值与基质白云石的值较低时，这种可能性更大（Dong et al.，2013a）。

3. 热液白云石（岩）化作用与构造活动

热液系统以及在此形成的相关矿物（床）（包括白云岩）主要发育于大地热流升高的大地构造背景中，高的热对流异常可能主要沿深大扭张（走滑）基底断裂处发生。广泛的热液系统引起的热液白云化作用可以发生在聚敛型盆地的早期，但主要发生在盆地伸展期，而非盆地挤压期。大量的文献表明，热流体的大规模运移及由此引起的一系列地质作用都与断裂作用有关，这些有利的构造背景包括：①拉张（正）断层，特别是断层的上盘；②扭张（深大走滑）断层，特别在释压断错处（releasing offsets）；③上述断层（包括转换断层）的交汇处。

主要扭张（走滑）断层通常因基底岩石的剪切和错位而形成，而扭张-膨大部分对于流体向上流动和聚集是至关重要的。深大扭张（走滑）断层有可能切割台地碳酸盐岩序列之下的砂岩（或碳酸盐岩）含水层，造成热流体周期性充注到幕次活动断层中。在扭张（走滑）断层系统中，高温-高压流体主要集中于膨胀释压弯曲部位、伸展叠覆（extensional overlaps）区域（Connolly and Cosgrove，1999）、拉张（拉分）复式断裂（extensional duplexes）部位、被剪切带限定的拉开部位、扫帚状断裂的终止部位以及伸展（走滑）断层的交切部位（Woodcock and Fischer，1986；Sibson，1990）。扭张断裂带上的一些构造和岩石结构单元，如负向鞍状凹陷（负花状构造）、角砾带、多孔白云岩层段，可能与雁行构造系列中的主位移带（PDZ）呈斜交分布。在剪切应力背景下，连接伸展（正）断层的转换断层的走滑位移区也是矿化和白云化作用的有利场所。

（三）构造-热液白云岩在油气勘探中的意义

如前所述，由构造控制的热液白云化作用主要发生在伸展（正）断层的上盘和扭张（走滑）断裂带内，断层拆离造成的地层下沉作用，在岩层顶部往往会出现线状凹陷（或洼地），断层的几何形态可以通过地震资料的振幅和相干体分析进行描绘（Russell et al.，1997）。这种凹陷在横切其轴向的地震剖面上可以显示串珠状反射结构（Sagan and Hart，2006），结合地震属性和测井资料的综合分析和约束可以对相关白云岩的孔隙度和空间变化进行更好的刻画。

在上述断裂带内，岩层内部由于破裂以及随后可能因热卤水流体充注引起的水力压裂，形成碳酸盐岩层内丰富的裂缝和角砾，并发生广泛的基质（交代）白云化作用，引起白云岩孔隙度的增加（摩尔体积置换效果，假设不过度白云化），同时热流体还会造成部分基质白云岩表面的溶蚀。由于这种热流体是自下向上运移，所以溶蚀作用不因埋深增加而减弱；相反会因埋深增加而增强，造成埋藏深的白云岩比埋藏浅的白云岩具有更好的孔隙度。这种情况在塔里木盆地塔深 1 井得到了很好的体现，即埋深 8000 m 比 7000 m 左右的溶蚀孔洞大、丰度高，但由于热流体丰度不高，所以孔洞的充填度并不高（图 3-6）。在热流体向上运移过程中，随着温压的降低，可能对斑状白云岩中的灰岩斑块造成差异性溶解而形成晶洞；晶洞会被鞍形白云石部分充填，同时对基质白云岩发生广泛的重结晶（或新生变形作用）（Leach et al.，1991；Chen et al.，2004；Lonnee and

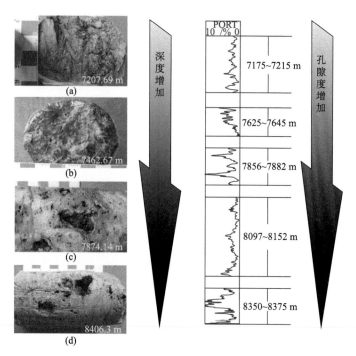

图 3-6　塔深 1 井溶蚀孔洞随深度变化趋势

Machel,2006b)。如果热液溶解作用足够强,甚至造成岩层的局部垮塌,从而增强岩层的下陷作用,故有人称为热液岩溶作用(Sass-Gustkiewicz,1996)。这些白云岩并不总是能成为好的油气储层。其他一些条件如顶部盖层封堵、底部输导层以及有无镁离子的充足来源、流体性质等也影响白云岩储层的质量与规模。

塔里木盆地在加里东期后的地质演化过程中,大部分时间处于一种南北挤压的构造背景下,而且也缺乏区域性的高孔渗岩石介质输导体的存在,不是一种十分有利于流体大规模运移的构造背景。但在这种背景下,与最大压应力方向平行的 SN 向次级张性断裂系统和与之斜交的 NE-SW 和 NW-SE 向 X 形剪切(扭张)断裂系统是一种比较有利的断裂输导系统,特别是当这些断裂系统切穿寒武系基底时,深部流体更容易输导到下古生界的碳酸盐岩地层,造成断裂带内及附近碳酸盐岩地层的热液改造[白云岩化(交代)作用、溶蚀、热液蚀变、部分胶结充填等]。塔里木盆地下古生界白云岩地层普遍埋藏较深(一般大于 5000 m),现在还没有以构造-热液白云岩储层为勘探目标的探井。塔深 1 井是以寒武系台缘微生物礁(建隆)为勘探目的层,地震剖面显示其一侧发育 SN 向的切穿前寒武系基底的断裂系统,而且在寒武系白云岩取心段中发现有大的溶蚀孔洞和较少充填的鞍形白云石及少量石英和黄铁矿等热液成因矿物组合,显示了比较好的储层物性,这些表明断裂系统在热流体向上输导和运移过程中起了关键性的作用。

四、寒武系白云岩储层发育模式与分布

(一)白云岩储层发育模式

1. 断隆-不整合白云岩储层

此类储层主要控制因素是深大断裂发育并形成高潜山古隆起,古隆起遭受多期剥蚀,白云岩与较新的地层形成明显的角度不整合,发育强烈的风化壳岩溶作用。后期深埋时,深大断裂形成通道,使得深部流体对白云岩进行溶蚀改造,形成了复合型的优质白云岩储层。该类储层在塔北雅克拉断凸和塔中 2 号断垒带上普遍发育。深部热流体对碳酸盐岩储层的溶蚀改造在物质和能量两个方面起作用:富含 CO_2、HCl、HF 等的深部热流体对碳酸盐岩进行溶蚀;岩浆携带的高温流体对周围地层进行加热,促使地层原始流体温度迅速升高、沸腾、压力升高,导致围岩破裂,产生一定数量的裂缝;后期流体会沿着早期裂缝发生运移,并对围岩发生溶蚀作用,压力升高还能促进碳酸盐岩的溶蚀作用,因此,在岩浆侵入引起地层水增温对流的某一区域内会发生碳酸盐岩的显著溶蚀,形成溶蚀孔隙。深部热流体不仅沿断裂裂缝,也沿层理、岩溶不整合面以及其他孔隙进入储层,从而在流体通道两侧形成一定范围的溶蚀改造区,由于深部热流体对碳酸盐岩溶蚀作用不像岩溶作用那样形成大型的溶蚀孔洞,而是在碳酸盐岩中产生大量小的溶孔,溶孔大小为毫米级,对地质历史上未曾暴露地表、未发生岩溶作用的碳酸盐岩储层尤为重要,但是在潜山区,如果深部热流体溶蚀孔洞白云岩能再次暴露地表,经历风化、溶蚀等作用,多种溶蚀的叠加就可以形成极好的储层,如牙哈 5 井位于雅克拉断凸南缘靠近

牙哈大断层，5800～6480 m 发育多层裂缝、孔洞及裂缝-孔洞型储层。该井 6300～6340 m 发育玄武岩，在埋深 6250 m 和 6380 m 发育与热液作用有关的高孔渗带。因此该类优质储层的形成与分布主要受断层、古隆起和热液作用控制，其次受沉积微相和层序界面控制（图 3-7；焦存礼等，2011）。

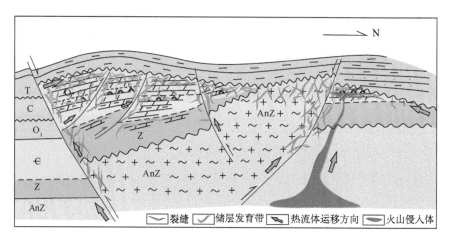

图 3-7　断隆-不整合白云岩储层模式图

2. 断坡-台缘白云岩储层

台缘相带发育礁滩相沉积，在准同生和浅埋藏白云岩化作用过程中往往形成较好的孔隙。在盆地演化过程中，古隆起斜坡部位是凹陷-隆起调节部位，常形成一系列边界断层；同时该部位也是盆地流体上升最活跃的地方，因此，在古隆起斜坡与台缘叠合的部位，应该是优质白云岩储层发育的地方。例如，塔深 1 井区位于近 SN 向的中晚寒武世台缘相带，台地边缘相沉积体（建隆体）在地震剖面上呈"丘状"反射波组特征，以结晶白云岩为主夹鲕粒、砂屑白云岩及藻黏结白云岩的岩石组合。东部是斜坡-盆地相，西部是局限台地相，与 NEE 向的塔北隆起斜坡带相重叠。该井在超深层 8400 m 钻遇优质白云岩储层，孔隙度最高可达 9%。综合研究该类优质储层的分布主要受断层、台缘相带、古隆起斜坡和热液作用控制，其次受沉积微相和层序界面控制（图 3-8；焦存礼等，2011）。

3. 断盖-台内白云岩储层

在早、中寒武世，塔里木盆地塔中和巴楚一带发育陆棚-局限海台地云坪-潟湖相沉积体系，剖面上形成碎屑岩-云岩-膏盐沉积组合。巴楚隆起发育一系列断层形成了较好的热液通道，二叠纪大规模的热液活动提供了很好的热液条件。在整个巴楚隆起形成过程中，具备了热液白云岩储层发育的条件。其中，厚层盐膏层为热液溶蚀提供了良好的封盖作用，下寒武统玉尔吐斯组碎屑岩和下覆不整合提供了流体侧向运移通道，断层形成热液垂向运移通道（图 3-9；焦存礼等，2011）。

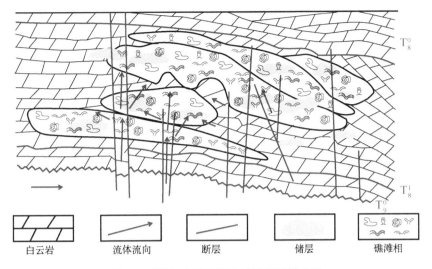

图 3-8 断坡-台缘热液白云岩储层模式图

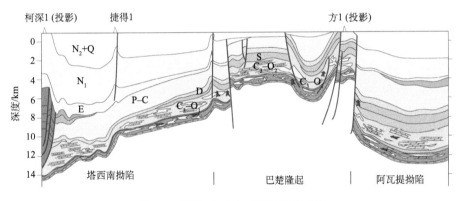

图 3-9 断盖-台内白云岩储层模式图

（二）寒武系白云岩分布

塔里木盆地中、下寒武统主要为白云岩储层，其发育展布受沉积相带和构造裂缝的影响明显。目前揭示中下寒武统的钻井较少，资料缺乏。根据现有资料，中下寒武统白云岩主要分布在库南 1 井-塔深 1 井-古隆 1 井一线以西地区。下寒武统白云岩均以泥粉晶结构为主，还有一些粗粉晶、细晶白云岩。在柯坪地区、塔中地区以及巴楚地区，有些白云岩含泥质、交代残余砂屑和叠层石构造等。在巴楚地区发育石膏夹层。下寒武统白云岩厚度总体不大，塔中地区塔参 1 井钻厚 75 m；巴楚地区方 1 井、和 4 井厚度相对较大，为 180～240 m；柯坪地区厚度最大，可达 270 m；在草 2 井-满参 1 井-若羌连线一带以东地区，无白云岩沉积。中寒武统白云岩结构类型分布与下寒武统基本一致，仍以泥粉晶白云岩为主，石膏夹层普遍存在。中寒武统白云岩厚度为 120～600 m，在塔中地区厚度约 200 m；在巴楚地区，白云岩厚度变化大，为 120～600 m；在柯坪地区，白云岩厚度约 270 m；在塔北的沙雅隆起白云岩厚度大于 100 m，雅克拉断凸北侧牙哈地区牙哈 3、牙哈 303、牙哈 7X1、牙哈 5 等井均钻揭中下寒武统，其中牙哈 5 井中下寒武统厚度为 427.5 m，主要为泥粉晶-细晶云岩、藻云岩，为潮坪相沉积，主要孔隙类型为溶孔-裂缝型，在 5795～5844 m 测试获得工业油气流。

在巴楚隆起和塔中隆起区，所经历的构造活动较强烈，断裂和裂缝较发育，据揭示中下寒武统的康 2、方 1、和 4、塔参 1 等井储层评价结果，应属Ⅰ、Ⅱ类储层分布区。在该隆起带两侧的广大碳酸盐岩开阔台地相区处于相对稳定的地区，构造裂缝的发育程度较差，故推测主体为Ⅲ类储层区。向东至满加尔地区，其沉积环境依次过渡为斜坡相带和盆地相带，其岩性主要为泥晶灰岩、泥质灰岩和泥质岩，后期的构造改造作用相对较弱，故应为差-非储层。塔北隆起区揭示中下寒武统钻井较少，目前仅星火 1 井、牙哈 5 井等钻揭，储层发育非均质性较强，受到风化壳岩溶、埋藏岩溶和断裂作用的叠加改造，在牙哈等潜山发育区形成优质白云岩储层。

第二节　四川盆地主要碳酸盐岩优质储层发育模式与分布

四川盆地中，震旦系灯影组—中三叠统主要为一套海相碳酸盐岩沉积，发育多套碳酸盐岩储层，其中震旦系灯影组、下寒武统龙王庙组、石炭系黄龙组、上二叠统长兴组、下三叠统飞仙关组、下三叠统嘉陵江组、中三叠统雷口坡组是其中的海相碳酸盐岩优质储层层系，下面从储层成岩作用与储层形成机制、储层发育控制因素、储层发育模式探讨、储层分布预测等方面对这些海相碳酸盐岩优质储层层系进行阐述。

一、灯影组储层发育模式与分布

（一）灯影组储层形成机制

震旦系灯影组是四川盆地天然气勘探开发已经取得重要成果的层系，受生命演化及沉积背景控制，以微生物白云岩优势发育为特征；露头、钻井岩心、岩石薄片观察揭示，其岩石类型包括：藻团块白云岩、藻凝块白云岩、纹层叠层状白云岩、藻砂屑白云岩、藻黏结砂屑白云岩、藻球粒白云岩、藻白云岩、泡沫绵层白云岩、葡萄状白云岩、砂屑白云岩、鲕粒白云岩、微晶/细晶白云岩、中晶/粗晶白云岩、硅质白云岩、岩溶角砾白云岩等的发育。研究表明，震旦系灯影组岩石受到多期多类型胶结作用、压实压溶作用、多期多类型白云石化作用、多期多类型溶蚀作用及岩溶作用、硅化作用、重结晶作用、多期多类型破裂作用的改造。

灯影组碳酸盐岩储层中，储集空间类型多样，包括粒内溶孔、颗粒铸模孔、晶间孔、晶间溶孔、溶蚀孔隙、膏模孔及膏溶孔洞、溶蚀孔洞、溶蚀缝洞、葡萄状白云岩缝洞、表生期溶蚀洞穴、少量裂缝等，主要形成颗粒滩储层、白云岩储层、岩溶储层、热液溶蚀储层，储层储渗空间形成机制如图 3-10 所示。

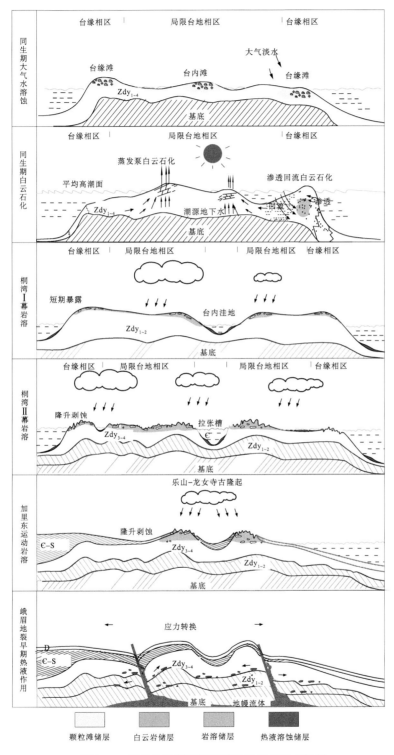

图 3-10　四川盆地灯影组碳酸盐岩储层形成机制

（1）同生期大气水溶蚀作用形成少量晶间溶孔、溶蚀孔隙和溶蚀孔洞。

（2）同生期白云石化作用，尤其是渗透回流白云石化导致基质内部粉-细晶白云石之间形成少量晶间孔。

（3）桐湾Ⅰ幕活动时期，风化暴露面附近大气水溶蚀形成溶蚀孔洞。

（4）桐湾Ⅱ幕活动时期，强烈的大气水岩溶改造造成灯影组上部形成大量大型缝洞。

（5）加里东运动时期，强烈的大气水岩溶改造，导致川中-川西南一带灯影组顶部形成大的缝洞系统。

（6）峨眉地裂早期，热液活动作用形成热液破裂缝、热液溶蚀孔洞等。

（二）储层发育控制因素与分布模式

研究表明，灯影组储层发育主控因素包括层序格架下沉积相展布、多期溶蚀作用、多期白云石充填、多期热液作用，其中层序格架下微生物岩、滩体展布是优质储层发育的重要基础，多期溶蚀作用是优质储层的关键，多期白云石充填是储层致密的主要因素。

1. 沉积格局、海平面变化对储层的控制作用

古地理、古海平面变化通过影响微生物白云岩及颗粒滩相白云岩的发育分布、影响同生期海底胶结作用强度及溶蚀作用、影响与层序及高频层序界面有关的溶蚀作用等来影响储层的发育。区内震旦系灯影组层序格架下的沉积相及滩体展布与古海平面变化及古地理位置有着密切的关系，灯影组第1、2、3三个三级层序的高位体系域特别是高位体系域中下部有利于滩体发育，灯影组陆表海台地边缘及古隆起部位有利于滩体的发育。

成岩早期大气水溶蚀及海水白云石化受层序海平面变化制约。海平面下降，暴露大气降水溶蚀，形成溶蚀缝洞及其缝洞壁纤柱状方解石生长；海平面上升，重新为海水淹没，高盐度白云石化形成纤维状白云石，由此，造就了灯影组葡萄状白云岩的旋回性发育。区内层序海平面变化与储层的发育分布受古地理及古海平面变化的控制作用，微生物岩储层、滩相储层在高位体系域下部更为发育，这是古气候与古海平面变化联合作用的结果（图3-11）。

2. 岩溶作用对储层的控制作用

区内灯影组白云岩受到与桐湾Ⅰ幕、桐湾Ⅱ幕、加里东期不整合面有关的大气水岩溶作用的改造，多期岩溶作用是灯影组优质储层发育的关键；与这些不整合面相关的岩溶作用，灯影组碳酸盐岩直接裸露在不整合面上，岩溶古地貌控制着岩溶作用的发生和岩溶储层的发育分布，但由于灯影组白云岩原岩孔隙发育，大气水主要通过原有孔隙缓慢弥散渗流运动，渗流带可成为岩溶作用的强带及岩溶储层最发育带；岩溶高部位及斜坡部位岩溶储层发育，岩溶谷地部位岩溶储层欠发育。

由此，可以认为桐湾Ⅰ幕、桐湾Ⅱ幕、加里东运动时期的岩溶高地及斜坡相带是灯影组岩溶储层发育的最有利相带。

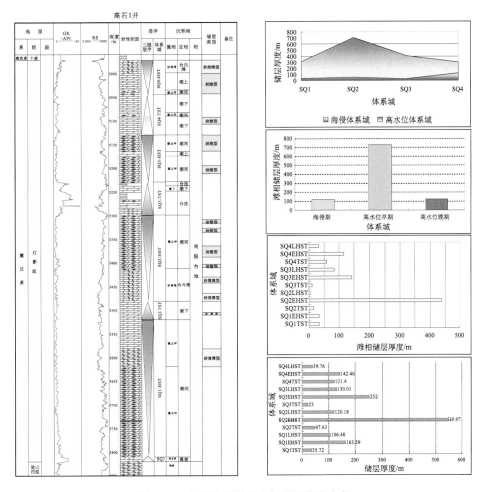

图 3-11　层序海平面变化与储层发育分布

3. 白云石充填对储层的控制作用

震旦系灯影组白云岩存在多期多类型白云石化作用，存在多期白云石充填，它们具体是早期窗状孔洞内粒状亮晶白云石或纤维状白云石→粒状亮晶白云石充填；早期溶蚀缝洞内纤维状白云石→刃状白云石→刃状石英→细-晶白云石→粗晶白云石→鞍形白云石充填；早期葡萄状云岩脱空层内缝洞内细晶白云石充填；晚期缝洞内细晶白云石→中-粗晶白云石→鞍形白云石充填；早期构造缝内细晶白云石→鞍形白云石充填；晚期构造缝内鞍形白云石充填。

图 3-12 展示了早期溶蚀缝洞或早期葡萄状云岩通过多期白云石沉淀充填孔隙度降低和储层致密化的历程，多期白云石充填是储层致密化的主要原因。

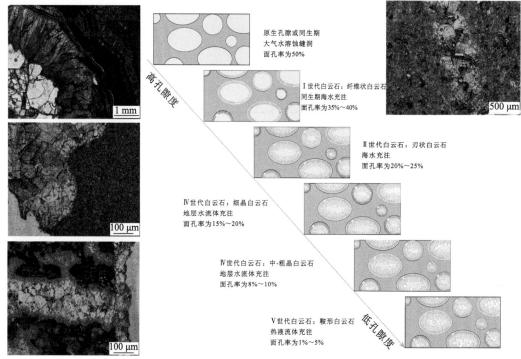

图 3-12　四川盆地灯影组早期溶蚀缝洞内多期次白云石充填与孔隙度变化关系

4. 热液因素对储层的控制作用

　　研究表明，区内震旦系灯影组存在多期热液作用，同生期热液作用形成硅化白云岩、硅质岩，通过影响后期溶蚀或岩溶作用的规模发育，而对储层形成起到阻碍作用；中成岩期热液作用以热液溶蚀缝洞、中-巨晶及鞍形白云石、石英的沉淀为特征，建设性作用与破坏性作用并存；晚成岩期热液作用主要在大断裂附近发育，矿物产出少，对储层影响不大。由区内鞍形白云石、非鞍形白云石发育与面孔率之间的统计关系可见，鞍形白云石发育段、非鞍形白云石发育段的面孔率没有大的差异；低面孔率段鞍形白云石欠发育，高面孔率段鞍形白云石较发育；由此，热液地质作用总体对区内灯影组储层形成有一定程度的改善作用。

5. 灯影组储层分布预测

　　综上讨论，可以认为微生物云岩及滩体优势发育，桐湾Ⅰ幕、桐湾Ⅱ幕、加里东运动三期岩溶作用是储层发育最主要的建设性因素，由此，根据它们的叠加做出区内灯影组储层发育有利区分布图（图 3-13）。资阳-威远一带以及乐至一带是桐湾Ⅱ幕、加里东期共同岩溶改造区域，是储层发育的Ⅰ类区；乐山-犍为一带以及南充-合川一带是桐湾Ⅰ幕、加里东期共同岩溶改造区域，是储层发育的Ⅱ类区；利川-石柱-湄潭一线、邛崃-雅安一线是台缘滩相与桐湾Ⅰ幕岩溶改造叠合区，盐亭 合川 赤水一线、资阳 宜宾 珙县一线是台洼两侧台内滩与桐湾Ⅰ幕岩溶改造叠合区，是储层发育的Ⅲ类区；三台-乐至-习水一线、浦江-威远-高县一线是沉积期滩相区与桐湾Ⅱ幕岩溶改造叠合区；与高频层序有关的同生期岩溶区在区内大面积分布。

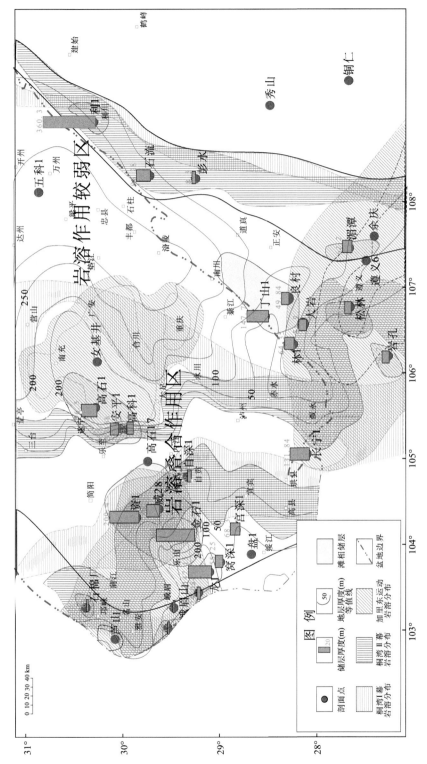

图3-13　四川盆地灯影组储层发育有利区分布图

二、寒武系储层发育模式与分布

（一）寒武系储层形成机制

寒武系特别是下寒武统龙王庙组是近年来四川盆地天然气勘探取得重大突破的层系。露头、钻井岩心、岩石薄片观察揭示，寒武系发育砂屑白云岩、鲕粒白云岩、微晶白云岩、粉-细晶白云岩、细晶白云岩等储集岩石类型，它们受到海底胶结作用、多期白云石化作用、多期溶蚀作用、压实压溶作用、重结晶作用、多期破裂作用的改造。

寒武系碳酸盐岩储层中，储集空间类型多样，包括粒内溶孔、颗粒铸模孔、粒间溶孔、晶间孔、晶间溶孔、膏溶孔洞、溶蚀缝洞、裂缝等，主要构成滩相颗粒白云岩储层、潮坪相白云岩储层、白云岩储层、滩相灰岩储层、潟湖相灰岩储层五种类型的储层；储渗空间的形成与同生期大气水溶蚀作用、浅埋藏白云石化作用、加里东期大气水岩溶作用、埋藏期热液溶蚀作用等有关；具体形成机制如图3-14所示。

（1）同生期大气水溶蚀作用对颗粒云岩溶蚀产生粒间溶孔、粒内溶孔、颗粒铸模孔，构成滩相颗粒云岩储层的主要储集空间[图3-14（a）]。

（2）浅埋藏白云石化作用形成的细晶自形白云石，晶间孔发育，可构成有效的储集空间[图3-14（b）]。

（3）热液作用在热液流体侵入的过程中，往往会沿裂缝、缝合线、先前缝洞发生热液溶蚀作用以及重结晶作用，有利于储集空间的形成，但石英、鞍形白云石等矿物的充填会进一步降低储层的储渗性[图3-14（c）]。

（4）埋藏期有机酸溶蚀可对粉晶、细晶云岩中粉-细晶他形白云石、细晶自形白云石及溶蚀孔洞中充填的细-中晶白云石进行溶蚀，进而产生晶间溶孔，对潮坪相白云岩溶蚀孔洞型储层的形成具有重要的意义[图3-14（d）]。

（5）表生期大气水溶蚀对石膏矿物的选择性溶蚀形成的膏溶孔、膏溶孔洞是潟湖相膏溶孔洞型储层的主要储集空间[图3-14（e）]。

（6）喜马拉雅期形成的未充填的构造缝，可改善储层的渗透性，有利于储层的形成。

（二）储层发育控制因素与分布模式

研究表明，寒武系储层的形成与同生期大气水溶蚀作用、浅埋藏白云石化作用、加里东期大气水岩溶作用、埋藏期热液溶蚀作用等有关，特别是与同生期大气水溶蚀作用、加里东期大气水岩溶作用有关，古构造及古地理格局、古海平面变化、不整合面及岩溶古地貌仍然控制着优质储层的发育。

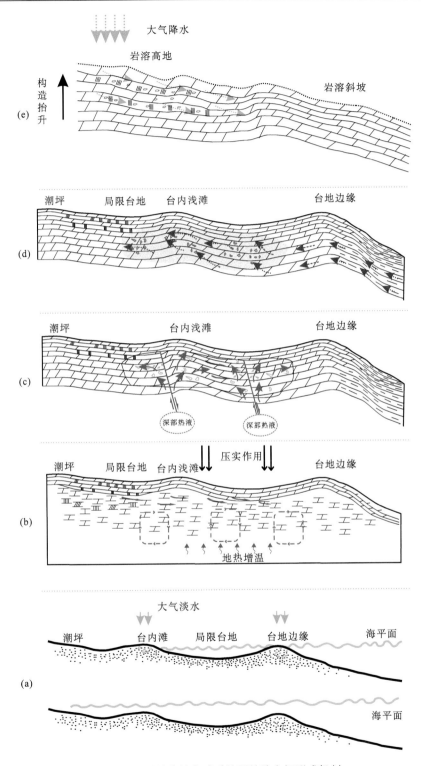

图 3-14　四川盆地寒武系储层储渗空间形成机制

1. 构造作用对储层发育的控制作用

古构造及古地理格局下古隆起部位，可在沉积时期成为水下隆起，控制了滩体的优势发育和沉积期滩体暴露及大气水溶蚀作用，以及与层序不整合面相关的大气水溶蚀作用的优势发育，进而控制了滩相优质储层的发育分布。早寒武世初期，由于桐湾运动的影响，强烈的拉张作用导致绵阳-长宁拉张槽形成，拉张槽的形成造成了古地貌的差异，其两侧为古地貌高部位，形成了川中隆起的雏形（刘树根等，2014），可能在一定程度上控制了下寒武统龙王庙组滩体在川中地区的优势发育，导致优质滩相储层在川中地区的优势发育。

2. 层序对储层发育的控制作用

层序及古海平面变化通过影响沉积相带展布影响储层的纵向发育分布，储层更多地在层序高位体系域中下部发育，其次是在海侵体系域发育，反映寒武系干旱气候背景的控制作用；另外，海侵体系域主要表现为白云岩溶蚀孔洞缝型储层、膏溶孔洞型储层的发育，高位体系域除了发育上述储层外，还较发育滩相储层。

3. 寒武系储层评价预测

层序海平面变化与沉积相结合，做出区内下寒武统龙王庙组储层发育分布图（图3-15），遂宁-南充-广安一带滩体及滩相储层优势发育，储层厚度可超过100 m，构成

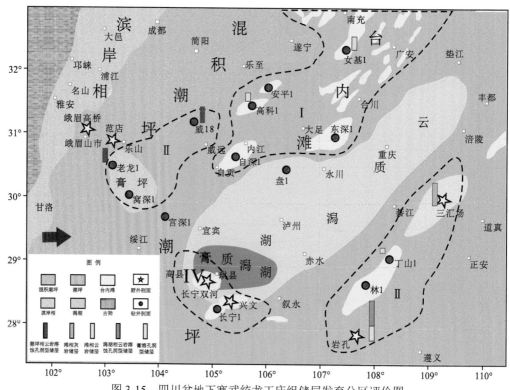

图 3-15　四川盆地下寒武统龙王庙组储层发育分区评价图

Ⅰ类储层区；贵州金沙-重庆南川区一带，滩体及滩相储层较为发育，构成Ⅱ类储层区；威远-乐山-老龙一带，构成Ⅱ类储层区；高县-长宁-兴文一带，主要为膏质潟湖沉积微相，滩体发育，但储层厚度较薄，构成Ⅳ类储层区。上寒武统洗象池组白云岩储层在威远-乐山一带、遂宁-南充-广安一带、贵州金沙-重庆南川一带，构成Ⅱ类储层区；高县-长宁-兴文一带，构成Ⅳ类储层区。

三、二叠系储层发育模式与分布

（一）中二叠统白云岩储层

1. 储层形成机制

中二叠统白云岩层系是四川盆地天然气勘探开发富有潜力的层系，露头、岩石薄片观察揭示，四川盆地广大地区（特别是川西-川北地区）中二叠统发育一套白云岩储层，它们受到海底胶结作用、压实压溶作用、热液地质作用、白云石化作用、重结晶作用、破裂作用的改造。

中二叠统白云岩储层中，储集空间主要为晶间孔、晶间溶孔、溶蚀孔洞、不规则热液破裂缝、构造裂缝等，构成白云岩溶蚀缝孔洞型储层，储层岩石、储渗空间的形成和区内与峨眉地裂运动峨眉山玄武岩喷发相关的岩浆期后热液地质作用相关（舒晓辉等，2012）；具体形成机制如图 3-16 所示。

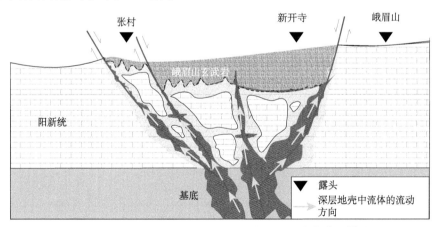

图 3-16　川西-川北地区中二叠统的热液白云岩化作用模式

2. 储层发育控制因素与分布模式

1）热液作用是区内中二叠统白云岩储层形成的关键

区内中二叠统白云岩为晶粒较粗的砂糖状白云岩（中-粗晶白云岩），它们是热液白云石化作用的产物，储集空间主要为溶蚀孔洞，它们是热液溶蚀作用的产物，另外还有不规则张裂缝也是热液破裂作用的产物；尽管这些溶蚀孔洞及不规则张裂缝内有鞍形白云石、方解石及石英等热液矿物充填,但洪雅张村剖面、广元西北乡剖面热液溶蚀孔洞充填状况的统计分析表明,仅有 5%～6% 的热液溶蚀孔洞完全被热液矿物充填,有 39%～67% 的热液溶蚀孔洞显示不完全充填,有 29%～56% 的热液溶蚀孔洞未见矿物充填,可见热液溶蚀孔洞保存为有效储渗空间的概率高。因此,热液作用对储层的建设性远远大于其对储层的破坏性,为中二叠统储层形成的关键因素。

2)古断裂活动制约中二叠统白云岩储层的横向发育分布

基于川西-川北地区露头剖面、钻井剖面中二叠统白云岩储层解剖可见,中二叠统白云岩储层发育具有一定的普遍性,但发育分布与层序关系不密切,川西-川北区域主要在栖霞组上部发育,川西-川南区域不仅在栖霞组发育,还可在茅口组发育,热液成因白云岩层作为储层的概率高。

进一步研究发现,中二叠统白云岩储层的发育分布实质上是受古张性断裂及峨眉地幔柱的影响强度变化控制,主要分布在龙门山大断裂的东南段、峨眉-瓦山断裂附近以及华蓥山断裂附近,其中峨眉-瓦山断裂附近的川西-川南地区是此类储层发育的最有利区域(Ⅰ区),具有储层发育层位广泛(不仅在栖霞组发育,同时茅口组也发育)、储层厚度较大的特征(平均厚度约为 53 m);华蓥山断裂附近是此类储层发育的有利区域(Ⅱ区),通常在栖霞组或(和)茅口组发育,白云岩溶蚀孔洞型储层厚度平均约为 22 m;龙门山大断裂川西北段是此类储层发育的较有利区域(Ⅲ区),一般只在栖霞组中上部发育,储层厚度平均约为 26 m;此外在其他断裂附近还存在该类储层发育的潜在区域(Ⅳ区)(图 3-17)。

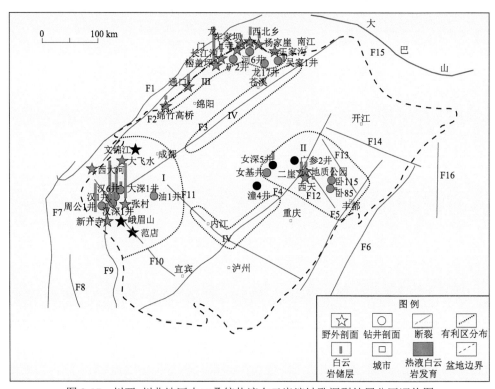

图 3-17　川西-川北地区中二叠统热液白云岩溶蚀孔洞型储层分区评价图

（二）上二叠统长兴组礁滩相储层

1. 储层形成机制

上二叠统长兴组礁滩相储层是近年来四川盆地天然气勘探开发取得重大突破的层系。依据普光、元坝等地区钻井岩心、岩石薄片的观察，长兴组储集岩石类型主要为晶粒白云岩、生物礁白云岩、生屑白云岩、灰质云岩、云质灰岩、生物礁灰岩、生屑灰岩等。它们受到海底胶结作用、埋藏胶结作用、压实压溶作用、多期硅化作用、钠长石化作用、天青石的交代和沉淀、多期多类型白云石化、多期溶蚀作用、多期破裂作用的改造（李宏涛等，2016）。

长兴组礁滩相储层中发育粒内溶孔及颗粒铸模孔、晶间孔及晶间溶孔、溶蚀孔洞、缝状溶蚀孔洞、裂缝等类型储集空间；构成生物礁相云岩储层、生物礁相灰岩储层、滩相云岩储层、滩相灰岩储层、潮坪相云岩储层、滩（礁）间相云岩储层等；储层储渗空间的形成与同生期及成岩早期大气水溶蚀作用、成岩早期埋藏白云石化、成岩早期热液破裂及溶蚀作用、中成岩期有机酸性水溶蚀作用、成岩晚期与 TSR 有关的溶蚀作用、喜马拉雅期破裂作用有关，具体形成机制见图 3-18。

2. 储层发育控制因素与分布模式

长兴组为典型的礁滩相储层，生物礁滩及潮坪等浅水沉积物在一定程度上控制了长兴组储层发育与分布；白云石化作用是区内长兴组优质储层形成的重要基础；多期溶蚀作用，特别是晚成岩期溶蚀作用是长兴组天然气储层形成的关键；喜马拉雅期破裂作用在一定程度上改善储层的渗透性及储层的质量，具有建设性意义。而长兴组储层的具体发育分布受层序海平面变化、沉积相及礁滩体的展布、断裂等因素的控制，储层发育分布具有如下规律和特征。

1）层序海平面变化影响储层纵向分布

海平面变化特征不同，导致与生物礁相联系的沉积微相类型及沉积旋回类型出现差异，长兴组上部三级层序沉积物暴露出海水面的概率高于下部，导致早期白云石化较发育，影响后期埋藏白云石化及其白云岩后期溶蚀孔洞的差异性发育，从而导致上部三级层序储层好于下部三级层序。

2）断裂与台缘礁滩的耦合影响储层在横向上的优势分布

虽然存在多期白云石化作用、多期溶蚀作用，特别是成岩晚期溶蚀作用对天然气储渗空间的形成非常重要，台缘相带优质储层更为发育。分析认为，这与断裂和台缘礁滩的耦合密切相关，台缘断裂的发育促进了台缘礁滩的发育，影响了同生期高盐度白云石化在台缘礁滩部位的优势发育，进而又影响后期白云石化及白云岩在台缘礁滩部位的优势发育，早成岩期热液作用及热液溶蚀作用、晚成岩期与 TSR 有关的溶蚀作用受断裂控制，也因此在台缘礁滩相带部位优势发育，由此奠定了台缘礁滩相相带是横向上储层发育的优势相带。

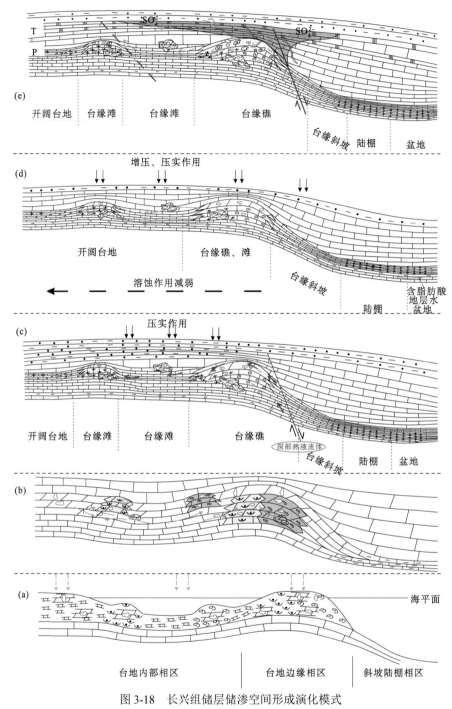

图 3-18 长兴组储层储渗空间形成演化模式

（a）同生期大气水溶蚀；（b）浅埋藏白云石化；（c）热液溶蚀作用；（d）有机酸溶蚀作用；（e）TSR 溶蚀作用

3）层序海平面变化、沉积相、断裂三位一体控制长兴组储层发育分布

综上所述，层序海平面变化、沉积相、断裂三位一体控制了长兴组储层发育分布，依此建立了区内长兴组储层发育分布模式如图 3-19 所示。

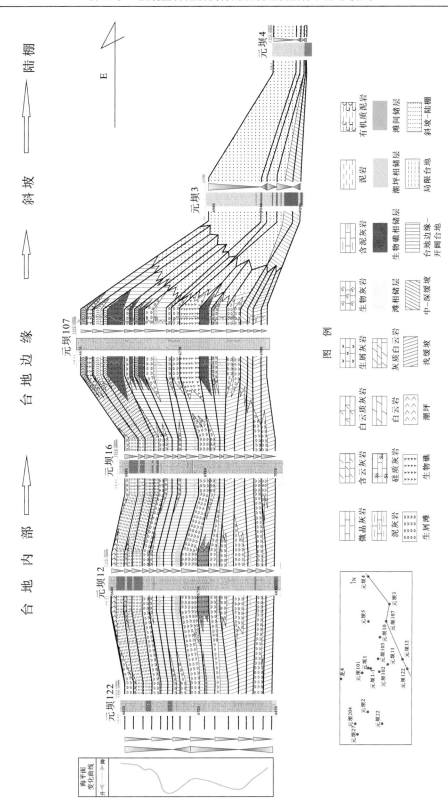

图 3-19　元坝气田上二叠统长兴组礁滩相储层发育分布模式（东西方向）

四、三叠系储层发育模式与分布

（一）下三叠统飞仙关组滩相储层发育模式与分布

1. 储层形成机制

下三叠统飞仙关组滩相储层是近年来四川盆地天然气勘探开发取得重大突破的目标，以开江-梁平陆棚东侧的普光气田为代表，我们曾经在《中国海相碳酸盐岩储层成因与分布》一书中对该套储层的成因机制及发育分布做过阐述。普光及元坝地区的观察研究表明，此储层主要为一套滩相沉积及相关的潮坪沉积，储集岩石类型为鲕粒云岩、砾砂屑云岩、晶粒云岩、鲕粒灰岩等，受到海底胶结作用、多期多类型白云石化作用、压实压溶作用、多期多类型溶蚀作用、破裂作用的改造。

飞仙关组滩相储层主要发育粒内溶孔、颗粒铸模孔、粒间溶孔、晶间孔、晶间溶孔、溶蚀孔洞、沿缝合线溶蚀孔洞、沿裂缝溶蚀孔洞、裂缝等，它们主要构成潮坪相白云岩储层、鲕粒滩白云岩储层、内碎屑滩白云岩储层及鲕粒滩灰岩储层，储层及储渗空间的形成主要与同生期大气水溶蚀作用、早成岩期浅埋藏白云石化作用、中成岩期与有机酸有关的溶蚀作用、晚成岩期与 TSR 有关的溶蚀作用、晚成岩期（喜马拉雅期）构造破裂作用相联系，具体见图 3-20。

2. 储层发育控制因素与分布模式

纵观飞仙关组滩相储层的形成机制，古构造、古地理、古海平面变化、古台地类型及台地边缘类型、古断裂活动影响着储层的发育分布，其中古海平面变化、古台地类型及台地边缘类型变化对储层发育分布起主要控制作用，由此，我们把这些因素叠合起来建立了开江-梁平陆棚东侧陡坡型台地边缘滩相储层发育分布模式、开江-梁平陆棚西侧缓坡型台地边缘滩相储层发育分布模式、陆表海台地内部滩相储层发育分布模式。

1）开江-梁平陆棚东侧陡坡型台地边缘滩相储层发育分布模式

该模式的建立仍以普光区块为代表，该区域处于台地的陡边缘，沉积地形始终较高，滩体呈披盖式加积生长，向台地内侧扩展，可受到强烈的白云石化作用改造，不仅潮坪沉积物发生白云石化形成白云岩，台缘滩也强烈白云石化形成白云岩；同时具有强烈的早期溶蚀作用；由此导致滩相储层发育状况好，主要发育滩相白云岩储层，纵向上显加积式，并由台地边缘向台地内部不断拓展，具体见图 3-21。

2）开江-梁平陆棚西侧缓坡型台地边缘滩相储层发育分布模式

该模式可以元坝区块台地边缘滩相储层为代表建立，这一地区处于碳酸盐岩台地的缓边缘，滩体呈进积式向陆棚-盆地区推进，地壳上升速率相对较小，台缘所处位置较低，缺乏与海水蒸发浓缩有关的白云石化作用改造，滩相沉积物未白云石化成白云岩，受早期溶蚀作用改造相对较弱，由此导致储层发育状况变差，主要发育滩相灰岩储层，储层主要在台地边缘发育，向陆棚-斜坡相区进积式展布特征明显。

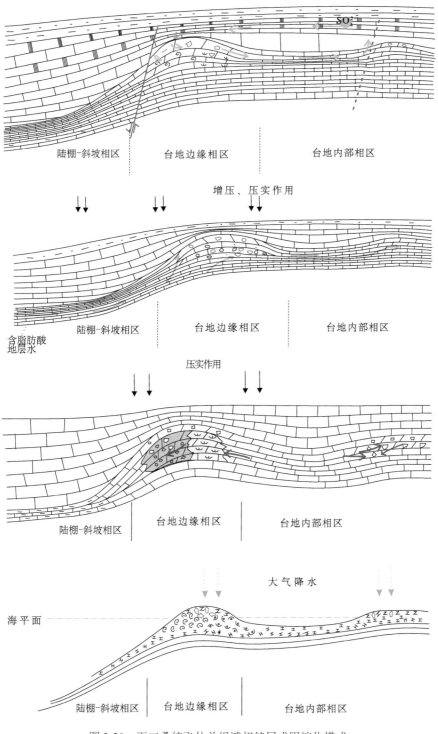

图3-20　下三叠统飞仙关组滩相储层成因演化模式

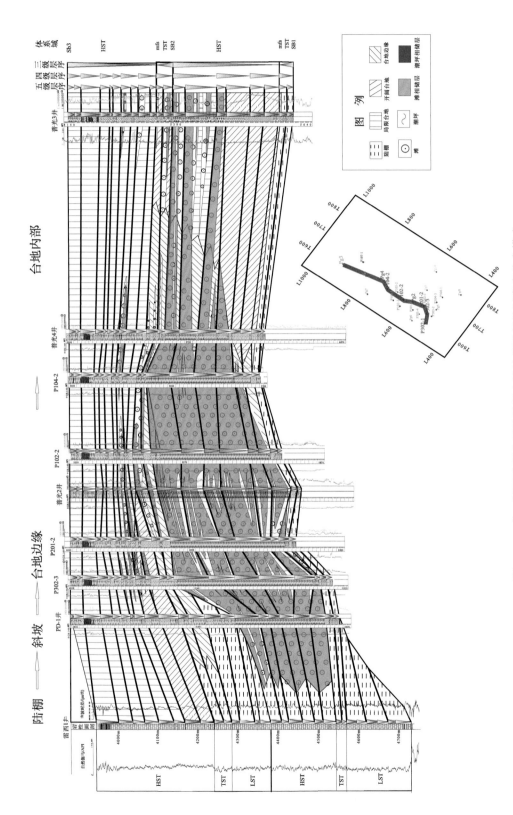

图 3-21　开江-梁平陆棚东侧陡坡型台地边缘滩相储层发育分布模式

3）陆表海台地内部滩相储层发育分布模式

该模式可以河坝区块飞仙关组三段滩相储层为代表建立，这些滩为台内点滩，滩相沉积遵循加积作用模式，可能沉积速率较低，所处位置并不高；缺乏与海水蒸发浓缩有关的白云石化作用的改造，或者与此有关的白云石化作用非常微弱，仅颗粒内部部分白云石化；受沉积时期礁滩体暴露、高频层序界面控制的大气水溶蚀作用较弱，主要表现为滩相鲕粒灰岩储层中粒内溶孔、铸模孔的发育，溶蚀孔隙发育密度可较密集，但溶蚀孔隙层厚度较小；由此导致储层发育较差，主要为台内滩相灰岩储层，储层规模较小。

（二）下三叠统嘉陵江组储层发育模式与分布

1. 储层形成机制

下三叠统嘉陵江组是四川盆地特别是川南地区天然气勘探开发的重要目的层系。有关露头、钻井岩心及岩石薄片观察揭示，其储集岩石类型主要为颗粒灰岩、颗粒白云岩、粉-微晶白云岩、微晶灰岩等，受到泥晶化作用、海底胶结作用、白云石化作用、多期溶蚀作用、去膏化作用、压实压溶作用、破裂作用的改造。

嘉陵江组储层发育剩余粒间孔、粒间溶孔、粒内溶孔、颗粒铸模孔、晶间孔、晶间溶孔、膏模孔、膏溶孔洞、溶蚀孔洞、裂缝等储集空间，主要构成滩相颗粒灰岩溶蚀孔隙型储层、滩相颗粒白云岩溶蚀孔隙型储层、云坪相粉-微晶白云岩溶蚀孔隙型储层、膏溶孔洞型储层、岩溶缝孔洞型储层五类储层，同生期大气水溶蚀作用是储层形成的主要机制，古隆起抬升剥蚀对储层形成有重要影响，破裂作用对储层质量有建设性作用，埋藏期溶蚀作用可形成有效储层。

2. 储层发育控制因素与分布模式

研究表明，台内滩控制了嘉陵江组二段优质储层的发育和展布，而台内滩的优势发育又与古隆起的演化有着密切的关系，气候影响了台内滩主要在高位体系域中下部发育，控制了优质储层的纵向分布位置；进一步，根据储层发育与古隆起的位置关系，可将嘉陵江组的储层发育分布归结为三个模式，即古隆起核部区域储层发育分布模式、古隆起斜坡部位区域储层发育分布模式、远离古隆起部位区域储层发育分布模式。

1）古隆起核部区域储层发育分布模式

该模式的建立可以泸州地区嘉陵江组储层为代表建立，泸州地区是印支期古隆起核部区域，该古隆起是一个继承性发育的隆起，中二叠世末的东吴运动开始发育，嘉陵江组沉积时期作为水下隆起，控制了滩体和局限台坪相带的优势发育，中三叠世末的印支运动使隆起定型，剥蚀作用强烈，可完全剥掉雷口坡组，甚至嘉陵江组上部已被剥蚀，有利于多种类型的储层发育，滩相储层可优势发育，滩相储层、白云岩储层、膏溶孔洞型储层发育分布严格受高频层序控制，岩溶缝孔洞型储层可不受高频层序控制。

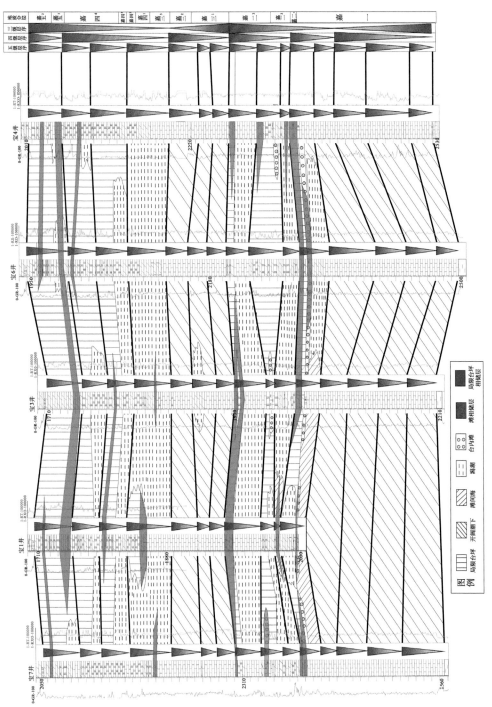

图 3-22　古隆起斜坡部位区域储层发育分布模式

2）古隆起斜坡部位区域储层发育分布模式

此模式可以赤水宝元区块嘉陵江组储层为代表建立，该地区处于泸州古隆起斜坡部位，沉积时期滩体发育程度有所减弱，另外，受中三叠世末印支运动不整合面的剥蚀改造较弱，嘉陵江组保存完整，并可有雷口坡组保存，嘉陵江组可能缺乏印支期的岩溶改造或岩溶改造弱。导致主要发育台内滩相储层、云坪相白云岩储层和膏溶孔洞型储层，以云坪相白云岩储层占优势，缺乏岩溶缝孔洞型储层，储层发育分布受高频层序限制。具体见图3-22。

3）远离古隆起部位区域储层发育分布模式

此模式可以河坝区块嘉陵江组储层为代表建立，该区块距泸州古隆起、开江古隆起均较远，嘉陵江组沉积时期多处于潟湖沉积环境，印支期不整合面的剥蚀改造作用较弱，雷口坡组保存相对较全，嘉陵江组保存完整，缺乏印支期岩溶作用改造嘉陵江组。由此导致储层发育状况较差，主要发育台内滩相白云岩储层和云坪相白云岩储层，以台内滩相储层为主，储层发育分布严格受高频层序限制，规模小。

第三节　鄂尔多斯盆地碳酸盐岩优质储层发育模式与分布

鄂尔多斯盆地奥陶系发育有多种类型的储层，各类储层的发育特征差别很大，在地域分布上也不尽相同。储层发育状况是本区油气成藏最关键的因素之一，本章以储层为主线阐述鄂尔多斯盆地奥陶系不同类型储层发育特征，探讨不同类型储层的形成条件，建立各类储层的形成模式。本章将依此探讨三种主要的储层类型：岩溶型储层、礁滩型储层和白云岩储层。

一、奥陶系岩溶型储层发育模式与分布

岩溶储层分布层位为马家沟组五段的1-4亚段和6-10亚段，与沉积微相中含膏云坪相相对应，故又名含膏云坪相储层。主要见于鄂尔多斯盆地的中东部地区，是靖边气田奥陶系的主要储层类型，中石化区块的大牛地区块和富县区块也普遍存在。

储层在纵向上，靠近不整合面，如大牛地区块的大93井，开壳层位为马五段1亚段，其中解释气层2层，层厚分别为2.7 m、2 m，紧邻风化壳，储层岩石为角砾岩，原始岩性为含硬石膏结核白云岩，孔隙类型为膏溶铸模孔隙，测井上表现为低自然伽马、高阻背景下低电阻率、低密度的特征。同区的大98井也具有相似的特征，开壳层位也为马五段1亚段，储层段紧靠不整合面，储层也发育在马五段1亚段，储层岩石同样为岩溶角砾岩，原始岩性为含硬石膏结核白云岩，孔隙类型为膏溶铸模孔隙。

综上所述，含膏云坪相储层一般紧靠风化壳发育，多位于0～29.5 m，富县地区也有少数储层距风化壳较远，约50 m。

（一）储层岩石类型

与含膏云坪相储层相关的岩石类型主要为"含石膏结核"和"石膏"白云岩、角砾岩。

"含石膏结核"和"石膏"白云岩（灰岩）：在大牛地和富县区块马五段中，石膏以柱状单晶和圆形或次圆形结核存在于灰岩和白云岩中，而且主要存在于白云岩中，白云岩多为泥粉晶。石膏和硬石膏多为方解石、白云石或石英交代，形成石膏假晶或石膏假"结核"，也见有部分此类假晶或结核被溶蚀形成铸模孔隙。此类岩石主要形成于蒸发环境下的潮坪环境中，这是富县和大牛地地区马五段最重要的储层岩石类型。在杭锦旗地区在部分井段也能见到肉红色硬石膏呈条带状产出，这说明该区曾存在过蒸发潟湖的沉积过程。

角砾岩（角砾状白云岩与角砾状灰岩）：是鄂尔多斯盆地马家沟组独具特色的岩石类型，广泛存在于本区内的钻井中，多与不整合面有一定联系，也是因为鄂尔多斯盆地已处于喀斯特作用的中老年期，大型的岩溶洞穴都已经坍塌破坏，即将进入喀斯特平原，这使得盆地角砾岩普遍存在，也是在鄂尔多斯盆地中东部地区很难发现岩溶缝洞型储层的原因。根据角砾岩的成因，可把角砾岩分为岩溶坍塌角砾岩、岩溶堆积角砾岩、岩溶破碎角砾岩。其中，岩溶坍塌角砾岩，形成于岩溶过程中洞穴岩石的坍塌，角砾呈棱角状，杂乱堆积，但成分相对均一，碎屑泥质成分含量相对较少；岩溶堆积角砾岩，形成于岩溶时期的地下暗河或者洞穴沉积物，形成过程类似于碎屑岩沉积，往往经历了短距离的搬运，角砾有一定的磨圆，但分选一般较差，可以见到多种岩性的角砾，并且往往含有大量碎屑泥质含量，该类岩石的储集性能较差；岩溶破碎角砾岩，形成于岩溶时期的破碎作用，角砾岩石往往发生较小的位移，角砾具有很好的可拼接性，角砾间多为化学胶结，基本不含碎屑泥质，该类角砾岩可能具有较好的储集性能。

（二）储层空间类型

鄂尔多斯盆地奥陶系内存在多种类型的孔隙，但原生孔隙多被消耗殆尽，具有储集性能的多为次生孔隙。含膏云坪相储层中最为重要的是硬石膏（结核）铸模孔和裂缝。

硬石膏（结核）铸模孔：是靖边气田、富县和大牛地地区奥陶系气藏最为重要的储层空间类型，发育于含膏白云岩（灰岩），呈层状或透镜状产出，是由易溶的石膏组分被溶蚀而形成，多表现为硬石膏团块被溶蚀形成的圆形或次圆形，也见有少量硬石膏单晶被溶蚀形成的柱状长条状，宏观上在岩心上表现出麻点状、针状或蜂窝状的特征。在显微镜下，这一特征更加明显，膏溶铸模孔表现为圆形和规则的多边形，膏溶铸模孔的大小存在一定差异，最大可达厘米级，一般多为毫米级，但值得注意的是，此类孔隙多为方解石、石英或者白云石充填或半充填。

裂缝：在本区内广泛发育，多见垂直以及高角度裂缝，也存在少量的低角度裂缝以及水平裂缝，与风化壳相关的岩溶裂缝是较为宽大的垂直裂缝，其间多为泥质、角砾和方解石完全充填，也存在较为细小的微裂缝，仅在薄片下能观察到。

（三）储层形成模式

鄂尔多斯盆地奥陶系自沉积以后，经历了漫长的成岩演化过程。经历了多种类型成岩作用。通过前面的分析，可以恢复储层的成岩演化序列，建立储层的成因模式。

萨布哈白云岩化作用是盆地优质储层形成的物质基础；表生期的岩溶作用是盆地内储层形成的关键，方解石充填作用是主要的储层破坏作用。准同生期的萨布哈白云岩形成了本区最重要的储层岩石类型，沉淀了可溶组分硬石膏，并形成了储层岩石格架白云岩，硬石膏的存在保证了岩石中有在表生期能形成储集空间的可能，而白云岩的存在又保证了岩石不至于坍塌破坏。因此萨布哈白云岩化作用恰恰能够促使白云石和硬石膏有适当的比例组合，是优质储层形成的物质基础。鄂尔多斯盆地最有特色的是早古生代奥陶纪末马家沟组时期加里东运动形成的风化壳，经历了数亿年风化剥蚀后形成马家沟组广泛发育的古风化壳和岩溶体系，在风化剥蚀条件下，马家沟组中碳酸盐岩、膏盐岩等可溶性岩层，遭受地表水（大气淡水）及地下水循环并伴随风化壳的形成而产生的岩溶作用。

鄂尔多斯盆地的风化壳岩溶作用属于喀斯特中老年期，存在大量的破碎坍塌堆积角砾。在裂缝发育或溶缝发育的地方形成破碎角砾岩，在溶洞顶部以及风化壳表面形成垮塌角砾岩，在岩溶暗河内部形成堆积角砾岩，角砾岩成分由灰质角砾岩和云质角砾岩组成，或灰云混合角砾岩。这也破坏了岩溶期形成的岩溶洞穴，使得在鄂尔多盆地中东部寻找以塔河油田相似的岩溶缝洞型储层已不太可能。

表生期的大气降水溶蚀作用也可溶蚀含膏云岩中的易溶组分硬石膏，形成了奥陶系岩石的大部分储集空间——膏溶铸模孔。但后期的充填作用破坏了一部分孔隙，其中，方解石形成于表生岩溶阶段，与古地貌位置密切相关，主要发育于岩溶的低部位，是储层的主要破坏作用；粉晶白云石充填物的含量与沉积环境相关；石英形成于表生岩溶期，硅来源于碳酸盐岩中溶蚀残余；普遍存在一期热流体事件，表现为粗晶铁白云石的充填，以及粉晶白云石充填物边缘 Fe 和 Mn 的富集。

二、奥陶系礁滩型储层发育模式与分布

中奥陶世的鄂尔多斯盆地南部和西部碳酸盐岩台地，发育有 L 形台地边缘沉积相带，适宜生物的生长，尤其是在碳酸盐岩台地的陡缓变化带上，因地形开阔，海水新鲜，营养丰富，适宜造礁生物的生长，存在礁滩体的生长环境。

（一）礁滩体分布

鄂尔多斯盆地南缘和西缘中、晚奥陶世广泛发育生物礁，最早被发现于盆地西南缘陇县、富平一带。先后在淳化铁瓦殿剖面发现了生物礁的存在，陕西地矿局区调队也在耀县（现耀州区）将军山见到了生物礁，此后又在铜川、永寿等地相继发现。在盆地西

缘桌子山剖面也发现了生物礁，并且在鄂 19 井西北侧 L051819 地震测线上见有明显的礁滩体地震异常响应。

鄂尔多斯盆地南缘已发现的奥陶纪生物礁主要分布于渭河盆地北界断裂以北，东起富平，西至陇县长约 250 km 的地表剖面上。根据构成礁核的主要造礁生物的差异，可将盆地西南缘中、上奥陶统的生物礁分为藻生物丘、藻-珊瑚生物礁（丘）、层孔虫-珊瑚生物礁、藻-层孔虫生物礁、藻-层孔虫-珊瑚生物礁 5 种类型。已经发现的有中奥陶统平凉组的陕西泾阳徐家山珊瑚-层孔虫礁；铜川耀县桃曲坡和富平将军山的珊瑚-钙藻障积丘；耀县桃曲坡和淳化铁瓦殿一带的钙藻障积丘、钙藻层孔虫生物礁及钙藻-珊瑚-层孔虫生物礁、晚奥陶世主要发育有礼泉东庄的障积丘和珊瑚-层孔虫骨架礁。对生物礁的露头考察及造礁生物类型及古生态研究表明：盆地南部露头区的生物礁体规模一般较小，但造礁生物丰富，而且生物礁岩性均以石灰岩为主，岩性较为致密。

鄂南礁滩体不仅各个礁滩体之间存在很大的差异，礁体内部的结构也较为复杂。除顶部旋回的礁盖外，礁基、礁翼、礁盖一般都由礁核垮塌角砾构成，厚度变化较大，角砾无分选无磨圆，下部旋回的礁翼、礁盖构成上部旋回的礁基。

顶部礁盖可分为两种类型：一种为砂屑灰岩、细晶白云岩互层夹珊瑚骨架岩，发育波状层理和沙纹层理，反映水体变浅，能量增高，不适宜珊瑚和藻类生长；另一种为较厚的深灰色微晶灰岩和含砂屑微晶灰岩夹页岩，含少量石英碎屑及腕足、棘皮类化石碎片，具波状层理。反映水体明显变深，水动力条件变弱，也不利于生物礁的发育。

台地边缘生物礁（丘）一般与高能浅滩沉积共生，滩相沉积多构成生物礁的底座，二者韵律清晰，形成空间上宏大的生物颗粒建造，常见波痕、交错层理、冲刷构造。滩相沉积多为砂砾屑灰岩、生物碎屑灰岩，三叶虫、腕足、介形虫、头足、层孔虫、苔藓虫和海百合等生物碎屑含量可达 50%左右，其中已有大型生物出现，还可见零散的原地生长的珊瑚丛。浅滩层间可夹厚层亮晶生物灰岩，生物滩颗粒含量达 80%～90%，海百合、腕足介壳呈定向排列，垂向上有粒序层理，单层厚 2～5 cm。垂向上颗粒灰岩与介壳滩海百合茎滩、生物砂屑灰岩、砾屑灰岩韵律形成向上变浅的高频加积滩序列。

（二）储 层 特 征

鄂南地区奥陶系主要存在两种类型的礁滩体，台缘礁滩体复合体以及台内滩体。台缘礁滩体复合体多发育在研究区的南部马六段—背锅山组之中，台内滩体则发育在研究区的北部马四段—马五段中。两者虽然在层位和分布上完全不同，但在岩性上却有一定的相似性。鄂南奥陶系礁滩相储层岩石类型主要有七大类。

1. 储层岩性特征

藻灰（云）岩：剖面主要出露地层为中奥陶统平凉组及上奥陶统背锅山组。在桃曲坡、好时河、东庄、任家湾、徐家山和淳化铁瓦殿均见到礁（丘）滩体发育，桃曲坡、东庄、徐家山、淳化铁瓦殿见较大规模多层礁（丘）体发育。可见造礁生物有钙藻、串管海绵、纤维海绵、床板珊瑚和层孔虫等。

砾屑灰岩：砾屑灰岩的砾屑中见大量珊瑚、颗粒灰岩、叠层石藻灰岩、层孔虫化石、腕足类化石，砾成分与基质相同或者为珊瑚、海藻等生屑碎片。砾石大小不一，直径为1～10 cm，好時河（上奥陶统平凉组）较大的砾屑有 10 cm 左右。溶蚀孔洞、裂缝发育，方解石多期充填，可见纤状方解石充填或者中粗晶方解石充填。

生屑灰岩：生屑灰岩中的生屑为珊瑚、海百合、腕足类、腹足类、双壳类、有孔虫、棘皮等；腕足类体腔孔多被方解石充填，体腔孔最大为 3～4 cm；有的生物体腔见沥青。发育有较大溶孔，多被方解石充填，其中偶见硅质充填，可见硅化的方解石残余。

粉晶白云岩：白云石为细晶，裂缝内有疑似沥青充填。粉晶白云岩具有共轭裂缝，被方解石充填，可见生屑。主要见于铁瓦殿剖面的马六段之中。

砂屑灰（云）岩：砂屑为泥晶灰岩，砂屑间为灰泥胶结，裂缝为方解石充填，多期次，见少量溶孔，大部分被方解石充填。砂屑灰岩发育有高角度裂缝，裂缝内有方解石充填，见沥青。

泥晶灰岩：泥晶灰岩在多个地区发育，但其中基本不发育储集空间，有的泥晶灰岩发育大规模方解石脉，脉体含量为 30%～40%。裂缝发育，多为方解石充填，偶见方解石脉中有沥青。

2. 储层物性特征

通过鄂南地区的 80 个岩样孔隙度-渗透率测试资料发现，奥陶系生物礁滩储层非均质性较强，物性变化大，孔隙度为 0.446%～2.514%，大部分小于 1%，平均为 0.99%；渗透率为 0.111～0.881 mD[①]，大部分小于 0.5 mD，平均为 0.433 mD，属低孔低渗致密储层。其中藻灰岩的储集物性最好，生屑灰岩次之。

3. 缝洞型储层特征

溶孔：溶孔普遍发育，多呈雪花状，孔隙的形状多为不规则状，多有圆弧形的边缘。但从形状上和延伸方向上也能观察到受裂缝影响，延伸方向为裂缝方向。任家湾剖面的溶孔受生物礁的生物格架和表生期岩溶作用综合影响。这些孔隙被方解石充填，一般可分为两期，边缘为黑色的方解石，其后又有白色的方解石充填。

裂缝：剖面内裂缝非常发育，其中裂缝较为宽大，为铝土矿或者粗晶方解石充填。部分与溶孔关系密切，部分发育为裂缝扩大溶孔。浅钻铜钻 1 井中，裂缝也非常发育，可划分为垂直缝和水平缝两种类型，其中垂直裂缝与岩溶的关系更为密切，充填物的类型呈现出多样性，既存在黄色泥质、黄色方解石以及乳白色方解石，水平裂缝内也多为方解石充填，也见少量的白云石和沥青。

三、奥陶系白云岩储层发育模式与分布

白云岩储层是近几年在鄂尔多斯盆地取得重大突破的勘探领域，是原始沉积为灰岩

---

① 1 D=0.986923×10⁻¹² m²。

的层位经历埋藏期的白云化作用又叠加其他类型成岩作用而形成的储层。分布层位为马五段5亚段以及马四段。主要见于鄂尔多斯盆地的西部及中部地区，中石化区块的大牛地区块、定北区块以及富县区块也普遍存在。

（一）宏观分布特征

最典型的钻井是中石油在苏里格地区的苏345井（开壳层位为马五段5亚段），整个马五段5亚段，从3970～3992 m都已完全白云岩化，解释气层4段，组合酸化，加稠化酸100 m^3，排量3.0 m^3/min；普通酸25 m^3，排量1.5 m^3/min，试气无阻流量225.44×$10^4 m^3/d$，在测井响应上，马五段具有明显的平滑状低自然伽马，储层段双侧向值明显降低。大牛地地区也在该类地层中获得了良好的产能。在大48井、大30井分别在马五段5亚段等获得了1.5658×$10^4 m^3/d$和1.3753×$10^4 m^3/d$。其中大30井在马五段5亚段解释气层2段，位于马五段5亚段的顶部，分别为5.9 m和14 m，距风化壳51.5 m。大48井在马五段5亚段解释气层3段，位于马五段5亚段的顶部，分别为5.0 m、3.3 m和2.0 m，距风化壳54 m。在测井响应上，与苏345井类似，马五段具有明显的平滑状低自然伽马，储层段双侧向值明显降低，密度值降低，也会出现中子孔隙度升高和声波时差升高，但不同钻井现象存在差异。另外，在定北地区，定北8井在马四段中也能见到该类储层，距风化壳158 m，其电性特征与马五段5亚段类似。可见该类储层并非全部紧靠风化壳发育，但与白云岩有密切的联系。

（二）储层岩石类型

与埋藏白云岩储层相关的岩石类型主要为粉晶-细晶白云岩，其次为斑状云灰岩。

粉晶-细晶白云岩：无其他明显的结构，呈现出晶粒结构，往往具有重结晶的特征，岩石呈浅灰色，不规则溶孔发育，且有白云石和方解石半充填。也见有深灰色或黑色粉晶白云岩，裂缝发育，但多被方解石或白云石完全充填。

斑状云灰岩：白云岩化呈不规则斑状产出于灰岩段中，为埋藏条件不完全白云岩化的产物，在定北地区的奥陶系地层以及马五段5亚段、马四段中较为常见。

（三）储层空间类型

埋藏白云岩的主要储集空间类型与含膏云坪相储层差别较大，其主要的储集空间类型为不规则溶孔和溶洞、晶间孔及裂缝。

溶孔和溶洞：多呈不规则状，或针孔状，最大可达厘米级，此类孔隙的充填物较少见，能见有白云石和石英半充填。溶蚀孔隙仅发育在白云岩地层中，发育此类孔隙的原始岩性多为灰岩，故而储层白云岩多具有较粗的晶粒，表现为重结晶或埋藏白云岩化的特征。

晶间孔：在埋藏白云岩储层中也较为常见，分布于晶粒较粗的细晶-中晶白云岩中，孔隙形状为规则的多边形，最大可达厘米级，仅在显微镜下能观察到，孔隙内基本未见到充填物。

裂缝：在埋藏白云岩储层中普遍存在，多为高角度垂直裂缝，裂缝内有方解石、鞍形白云石和石英充填。

（四）沉积微相

发育埋藏白云岩储层的马五段5亚段和马四段，其原始岩性为灰岩，马五段5亚段在盆地内多为深灰色泥晶灰岩，故又名"黑腰带"，反映了其沉积水体相对较深，沉积环境与含膏云坪具有明显的不同，多被解释为开阔台地，整体水动能较弱。

因此埋藏白云岩储层原始的沉积背景为开阔台地相，但储层岩石经历了强烈的成岩作用改造，大部分沉积组构已被破坏，沉积微相已无法鉴别。但是在某些埋藏白云岩储层岩石中，能见到颗粒幻影结构，这反映了部分埋藏白云岩原始的沉积微相可能为相对高能的环境，埋藏白云岩储层的形成可能与原始相对高能的沉积环境有一定的联系。

（五）储层形成模式

埋藏白云岩储层受沉积期、浅埋藏期、中深埋藏期以及表生期等多个时期成岩作用的影响。

在沉积时期，埋藏白云岩储层的原始岩石的形成条件相对于整个沉积背景而言，水动力条件相对较高，部分为颗粒灰岩沉积，具有较好的原始储集性能，同时裂缝也较为发育，有利于后期成岩流体进入改造。

在浅埋藏期，由于上覆岩层沉积时期为干旱蒸发环境，海水浓缩富含 Mg^{2+}，由于重力的影响，且原始岩性具有较好的渗透性，富 Mg^{2+} 白云岩化流体进入岩层，发生浅埋藏期渗透回流白云岩化作用，此时岩石的储集性能得到了改善和巩固。

进入表生期（加里东期），由于具有较好的通道，受大气降水影响，岩溶作用进一步对储层进行改造，使得储集性能得到加强，而且由于岩层段可能多位于潜流带，充填作用不易发生。

海西期及之后的中深埋藏期，由断裂控制的热流体活动，引发了埋藏期溶蚀作用，同时在裂缝和溶孔内沉淀了鞍形白云石和石英等矿物。

因此，相对高能的沉积环境，普遍发育的裂缝、埋藏期的白云岩化作用，以及叠加的热流体改造，是储层形成的关键。

参 考 文 献

高志前, 樊太亮, 杨伟红, 等. 2012. 塔里木盆地下古生界碳酸盐岩台缘结构特征及其演化. 吉林大学学报(地球科学版), 42(03): 657-665

何治亮, 高志前, 张军涛, 等. 2014. 层序界面类型及其对优质碳酸盐岩储层形成与分布的控制. 石油与天然气地质, 35(06): 853-859

焦存礼, 何治亮, 邢秀娟, 等. 2011. 塔里木盆地构造热液白云岩及其储层意义. 岩石学报, 27(1): 277-283

李宏涛, 肖开华, 龙胜祥, 等. 2016. 四川盆地元坝地区长兴组生物礁储层形成控制因素与发育模式. 石油与天然气地质, 37(05): 744-755

刘树根, 宋金民, 赵异华, 等. 2014. 四川盆地龙王庙组优质储层形成与分布的主控因素. 成都理工大学学报(自然科学版), 41(6): 657-669

舒晓辉, 张军涛, 李国蓉, 等. 2012. 四川盆地北部栖霞组-茅口组热液白云岩特征与成因. 石油与天然气地质, 33(03): 442-448+458

宋光永, 刘树根, 黄文明, 等. 2009. 川东南丁山-林滩场构造灯影组热液白云岩特征. 成都理工大学学报(自然科学版), 36(6): 706-714

王丹, 王旭, 陈代钊, 等. 2010. 塔里木盆地塔北、塔中地区寒武系—奥陶系碳酸盐岩中鞍形白云石胶结物特征. 地球科学, 45(2): 580-594

朱东亚, 金之钧, 张荣强, 等. 2014. 震旦系灯影组白云岩多级次岩溶储层叠合发育特征及机制. 地学前缘, 21(6): 335-344

Boni M, Parente G, Bechstädt T, et al. 2000. Hydrothermal dolomites in SW Sardinia (Italy): evidence for a widespread late-Variscan fluid flow event. Sedimentary Geology, 131(3-4): 181-200

Braithwaite R S W. 1997. Rare earth minerals, chemistry, origin and ore deposits. Lithos, 39(3-4): 209-210

Chen D Z, Qing H R, Yang C. 2004. Multistage hydrothermal dolomites in the Middle Devonian (Givetian) carbonates from the Guilin area, South China. Sedimentology, 51: 1029-1051

Connolly P, Cosgrove J. 1999. Prediction of static and dynamic fluid pathways within and around dilational jogs//McCaffrey K, Lonergan L, Wilkinson J J. Fractures, Fluid Flow and Mineralization. London: Special Publication: 105-121

Davies G R, Smith L B Jr. 2006. Structurally controlled hydrothermal dolomite reservoir facies: An Overview. AAPG Bulletin, 90(11): 1641-1690

Dong S F, Chen D Z, Qing H R, et al. 2013a. In situ stable isotopic constraints on dolomitizing fluids for the hydrothermally-originated saddle dolomites at Keping, Tarim Basin. Chinese Science Bulletin, 58(23): 2877-2882

Dong S F, Chen D Z, Qing H R, et al. 2013b. Hydrothermal alteration of dolostones in the Lower Ordovician, Tarim Basin, NW China: Multiple constraints from petrology, isotope geochemistry and fluid inclusion microthermometry. Marine and Petroleum Geology, 46: 270-286

Duggan J P, Mountjoy E W, Stasiuk L D. 2001. Fault controlled dolomitization at Swan Hills Simonette oil field (Devonian), deep basin west-central Alberta, Canada. Sedimentology, 48(2): 301-323

Ferrini V L, Shillington D J, Gillis K, et al. 2013. Evidence of mass failure in the Hess Deep Rift from multi-resolutional bathymetry data. Marine Geology, 339: 13-21

Gize A P, Manning D A C. 1993. Aspects of the organic geochemistry and petrology of metalliferous ores//Engel M H, Macko S A. Organic geochemistry, principles and applications. New York: Plenum Press: 565-577

Goldstein R, Reynolds T J. 1994. Systematics of fluid inclusions in diagenetic minerals. SEPM Short Course, 31: 199

Green D G, Mountjoy E W. 2005. Fault and conduit controlled burial dolomitization of the Devonian west-central Alberta deep basin. Bulletin of Canadian Petroleum Geology, 53(2): 101-129

Hurley N F, Budros R. 1990. Albion-Scipio and Stoney Point fields, Michigan basin, USA. AAPG Bulletin, 75(3): 1-37

Leach D L, Plumlee G S, Hofstra, et al. 1991. Origin of late dolomite cement by CO_2 saturated deep basin brines: Evidence from the Ozark region, central United States. Geology, 19: 348-351

Lonnee J, Machel H G. 2006a. Mixing of halite brines with meteoric water in the Clarke Lake gas field, Canada. Journal of Geochemical Exploration, 89: 243-246

Lonnee J, Machel H G. 2006b. Pervasive dolomitization with subsequent hydrothermal alteration in the Clarke Lake gas field, Middle Devonian Slave Point Formation, British Columbia, Canada. AAPG Bulletin, 90: 1739-1761

Machel H G. 1987. Saddle dolomite as a by-product of chemical compaction and thermochemical sulfate reduction. Geology, 15(10): 936-940

Machel H G. 2004. Concepts and models of dolomitization: A critical reappraisal//Braithwaite C J R, Rizzi G, Darke G. The Geometry and Petrogenesis of Dolomite Hydrocarbon Reservoirs. London: Special Publications: 7-63

Machel H G, Mountjoy E W. 1987. Chemistry and environments of dolomitization—A reappraisal (reply). Earth-Science Reviews, 24(3): 213-215

Marland G. 1983. Carbon dioxide emission rates for conventional and synthetic fuels. Energy, 8(12): 981-992

Middleton K, Coniglio M, Sherlock R, et al. 1993. Dolomitization of Middle Ordovician carbonate reservoirs, southwestern Ontario. Bulletin of Canadian Petrolleum Geology, 41(2): 150-163

Mountjoy E W, Halim-Dihardja M K. 1991. Multiple phase fracture and fault-controlled burial dolomitization, Upper Devonian Wabamun Group, Alberta. Journal of Petrology, 61: 590-612

Nielsen P, Swennen R, Muchez P H, et al. 1998. Origin of Dinantian zebra dolomites south of the Brabant-Wales Massif, Belgium. Sedimentology, 45: 727-743

Nielsen T, van Weering T C E. 1998. Seismic stratigraphy and sedimentary processes at the Norwegian Sea margin northeast of the Faeroe Islands. Marine Geology, 152: 141-157

Qing H, Mountjoy E W. 1992. Large-scale fluid flow in the Middle Devonian Presquseile barrier, western Canada sedimentary basin. Geology, 20: 903-906

Qing H, Mountjoy E W. 1994a. Origin of dissolution vugs and breccias in the Middle Devonian Presquseile barrier, host of the Pine Point MVT deposits. Economic Geology, 89: 858-876

Qing H, Mountjoy E W. 1994b. Formation of coarsely crystalline, hydrothermal dolomite reservoirs in the Presqu'ile Barrier, Western Canada sedimentary basin. AAPG Bulletin, 78(1): 55-77

Radke B M, Mathis R L. 1980. On the formation and occurrence of saddle dolomite. Journal of Sedimentary Petrology, 50(4): 1149-1168

Russell B, Hampson D P, Schuelke J, et al. 1997. Multiattribute seismic analysis. The Leading Edge, 16(10): 1439-1443

Sagan J A, Hart B S. 2006. Three-dimensional seismic-based definition of fault-related porosity development: Trenton-Black River interval, Saybrook, Ohio. American Association of Petroleum Geologists Bulletin, 90(11): 1763-1785

Sass-Gustkiewicz M. 1996. Internal sediments as a key to understanding the hydrothermal karst origin of the Upper Silesian Zn-Pb ore deposits//Sangster D F. Carbonate-Hosted Lead-Zinc Deposits. Society of Economic Geologists Special Publication, 4: 171-181

Sibson R H. 1990. Crustal stress, faulting and fluid flow//Nesbitt B E. Short course on fluids in tectonically active regimes of the continental crust. Mineralogical Association of Canada Short Course Handbook, 18: 93-131

Spencer R J. 1987. Origin of CaCl brines in Devonian formations, Western Canada sedimentary basin. Applied Geochemistry, 2: 373-384

Tarasewicz N H, Woodcock J A, Dickson D. 2005. Carbonate dilation breccias: Examples from the damage zone of the Dent fault, northwest England. Geological Society of America Bulletin, 117(5-6): 736-745

Wallace M W, Both R A, Ruano S M, et al. 1994. Zebra textures from carbonate-hosted sulphide deposits-Sheet cavity networks produced by fracture and solution enhancement. Economic Geology, 89: 1183-1191

White D E. 1957. Thermal waters of volcanic origin. Geological Society of America Bulletin, 68: 1637-1658

Woodcock N H, Fischer M. 1986. Strike-slip duplexes. Journal of Structural Geology, 8(7): 725-735

Zhang B M, Liu J J, Bian L Z, et al. 2009. Reef-banks and reservoir-constructive diagenesis. Earth Science Frontiers, 16(1): 270-289

Zhu D Y, Jin Z J, Hu W X. 2010. Hydrothermal recrystallization of the Lower Ordovician dolomite and its significance to reservoir in northern Tarim Basin. Science China Earth Sciences, 53(3): 368-381

第四章　碳酸盐岩储层预测描述技术

第一节　礁滩型储层预测与精细刻画技术——以元坝长兴组为例

一、储层结构模式与分布特征

（一）生物礁储层结构模式

通过对生物礁储层结构进行解剖，可以了解优势储层发育部位及规律（郭旭升等，2014；马永生等，2014；武恒志等，2016，2017）。由于生物礁储层的特殊性及复杂性，单纯靠"一孔之见"是没办法建立精细储层结构模型的，因此本书综合地质、地震、测井资料，利用波阻抗反演剖面、常规地震剖面，结合单井相分析及测井解释成果建立了长兴组生物礁3种主要结构模型：垂向加积型、侧向加积型、侧向加积+垂向加积型（李宏涛等，2015，2016）。

（1）垂向加积型。此类生物礁从平面上看为孤立礁，纵向上发育两期礁体，表现为垂向加积的特征。由于生物礁垂向生长，储层厚度较大；储层频繁暴露的可能性大，物性较好。受准同生期渗透回流白云岩化作用控制，每一期礁体优势储层主要发育于其背风面。以元坝29井为例，从图4-1可以看出元坝29井钻遇了两期礁体的主体部位，由于元坝29井所处的部位礁体主要表现为加积生长，上部储层频繁暴露的可能性更大，因此上部储层物性更好，非均质性弱，且两套储层间夹层较薄。区内元坝205井、元坝103H井也为此类。

（2）侧向加积型。此类生物礁为复合礁，纵向上有多期礁体发育，不同井区发育期次不同，生物礁前积方向也不一致。由于生物礁生长所处的位置高低不同，此类生物礁储层发育的优劣也有所不同，元坝27井、元坝1侧1井储层较好，元坝10井储层较差。

以元坝27井为例对此类生物礁进行储层结构解剖。元坝27井总共发育三期，礁体具有从东向西即从台缘向台内前积的特征。受准同生期渗透回流白云岩化作用控制，每一期礁体的优势储层主要发育于其背风面，储层结构模型如图4-2所示。

（3）侧向加积+垂向加积型。此类生物礁亦为复合礁，纵向上发育两套生物礁储层：第一套生物礁在平面上往往发育三期礁体，每个礁体背风面储层发育更好，主要受准同生期渗透回流白云岩化作用控制；第二套生物礁往往只有一期礁体发育。此类生物礁储层发育的优劣因生物礁发育位置的不同有所不同。

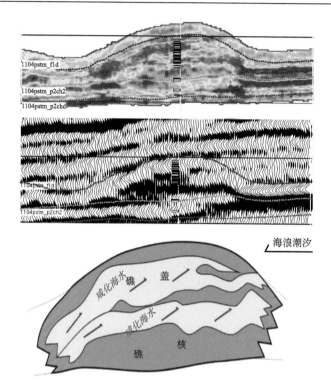

图 4-1　过元坝 29 井波阻抗、常规地震剖面和礁储层结构模型

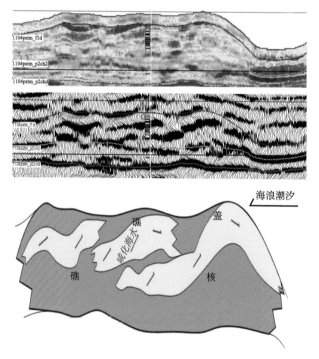

图 4-2　过元坝 27 井波阻抗、常规地震剖面和礁储层结构模型

元坝 204 井为复合礁，纵向上发育两套生物礁储层。第一套生物礁在平面上发育 3 个礁体，储层较厚，每个礁体背风面储层发育更好，主要受准同生期渗透回流白云岩化作用控制；第二套储层相对较薄，储层发育不受迎风面、背风面控制，主要受准同生期的混合水白云岩化作用控制。礁储层结构模型如图 4-3 所示，区内元坝 101 井、元坝 9 井也为此类。

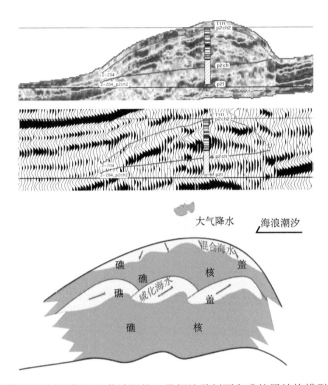

图 4-3　过元坝 204 井波阻抗、常规地震剖面和礁储层结构模型

（二）生屑滩储层结构模型

本区生屑滩储层发育期次多、分布范围广，不同期次、不同区域生屑滩储层发育特征不同。选取滩相储层最发育的元坝 12 井-元坝 124 井、元坝 102 井-元坝 11 井对其储层结构进行解剖。

（1）元坝 12 井：元坝 12 井是生屑滩储层最发育的井区，纵向上发育 II 期和 III 期两期滩相储层（图 4-4）。可以看出，该区生屑滩相储层以 II 期为主，分布范围相对较大，厚度大，物性好；且该期滩相储层具有从西往东前积的特征；III 期滩相储层主要发育在元坝 12 井，这期滩相储层分布范围相对较小，厚度薄，物性差；元坝 124 井、元坝 122 侧 1 井发育台内点礁相储层，这类储层分布范围更小，厚度也较薄，物性差。

（2）元坝 102 井-元坝 11 井（礁滩叠合区滩区）：该区早期发育滩相储层，晚期发育礁相储层，以礁相储层为主。从图 4-5 可以看出，该井区发育 I 期和 II 期两期滩相储层，

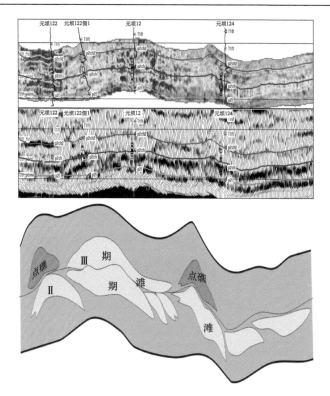

图 4-4 过元坝 122 井-元坝 122 侧 1 井-元坝 12 井-元坝 124 井波阻抗、地震剖面和储层结构模型

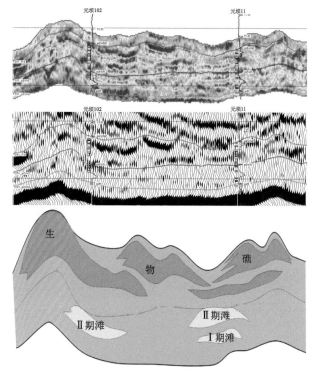

图 4-5 过元坝 102 井-元坝 11 井波阻抗、地震剖面和储层结构模型

其中Ⅰ期滩相储层主要发育在元坝 11 井，该期储层分布范围小，厚度薄，物性差；Ⅱ期滩相储层在元坝 11 井、元坝 12 井中均有发育，但两口井分属于不同的滩体，这期滩相储层分布范围相对较大，厚度较大，物性略好。

（三）有利储层空间分布特征

根据储层沉积相、储层特征研究结果，结合测井评价、地球物理预测和礁滩体精细展布等研究，开展有利储层分布规律研究。长兴组储层为低孔、低渗碳酸盐岩储层，储层物性较差，非均质性强，地质和测井信息响应差异小，总体表现为纵向上"早滩晚礁"，层数多、单层厚度薄、不同类型储层呈不等厚互层，单井储层有效厚度为 1.1～134.3 m；平面上"南滩北礁"，礁体呈北东-南西向、条带状分布，滩体呈片状分布，礁、滩体间被潮道、潮沟及滩间分割，不同礁、滩体内储层发育程度及连通性受成岩作用、沉积微相等控制（龙胜祥等，2016）。

1. 礁相有利储层空间分布特征

通过上面的精细刻画及分析，对元坝气田长兴组生物礁四个礁带分别进行了精细刻画，生物礁储层面积共有 193.17 km^2（包括礁滩叠合区面积 30.27 km^2）。

礁相气层总体较厚，平均厚度为 55 m（图 4-6）。平面上以①号礁带元坝 10 井西北，②号礁带，③号礁带元坝 204 井、元坝 205 井-元坝 29 井，④号礁带元坝 27 井-元坝 272H 井最厚；③号礁带元坝 29 井东南礁滩叠合区次之；①号礁带元坝 10 井东南段、④号礁带元坝 273 井最薄；物性最好的位于③号礁带元坝 205 井-元坝 29 井、元坝 204 井南部，④号礁带元坝 271 井、元坝 103H 井。

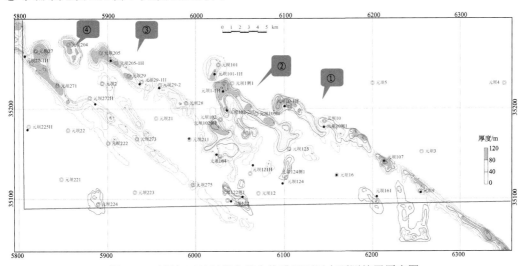

图 4-6　元坝气田长兴组上段生物礁平面展布预测储层厚度图

2. 滩相有利储层空间分布特征

滩相储层整体较薄，横向变化较大，气层厚度为 1.7～105.2 m，平均厚度为 29.2 m，平面上以元坝 12 井最厚，其他区域较薄。实钻结果表明，长兴组纵向上发育三期滩相储层、物性差异较大，通过前面的生屑滩平面刻画方法，对长兴组下段Ⅰ、Ⅱ期生屑滩进行平面展布刻画，Ⅰ期滩体位于长兴组下段高自然伽马段与底部高自然伽马段之间，Ⅱ期滩体位于长兴组下段顶部，Ⅲ期位于长兴组上段（图 4-7）。

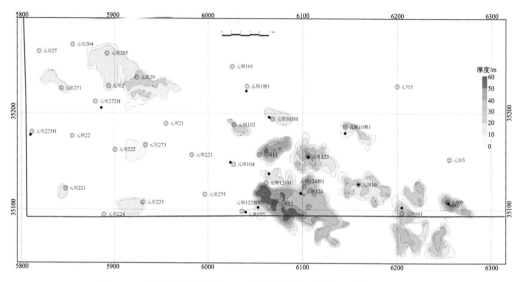

图 4-7　长兴组下段Ⅰ期、Ⅱ期生屑滩平面展布预测储层厚度图

　　平面上Ⅰ期、Ⅱ期滩可划分为 17 个滩体，总体上东部储层厚度大于西部，其中储层厚度最大的位于元坝 12 井-元坝 124 井滩体。Ⅲ期滩位于长兴组上段，主要发育在工区的南部，储层厚度一般较薄，为 1.2～64.6 m，物性较差。平面上可划分为 7 个滩体，元坝 12 井滩区、元坝 22 井滩区南部储层略厚。

二、礁滩相储层内幕精细雕刻技术

（一）研　究　思　路

　　长兴组生物礁储层在平面上呈条带状分布、相变快，纵向上具有亮点丘状特定反射结构外形，储层岩性复杂，非均质较强，储层精细刻画难度大。针对这一难题，我们采用地质约束，地震技术相结合的方法，初步形成了礁相储层地震综合识别与精细刻画技术，主要有以下三步：①一维剖面识别技术，即应用地震反射结构、正反演预测方法，地震剖面与波阻抗剖面相结合精细解释生物礁储层的顶底界面；②二维平面约束技术，即应用地震相分析，古地貌研究预测礁储层有利发育区带，在平面上对礁相储层发育有利区进行约束；③三维空间展布研究，结合前面精细解释的礁储层顶底界面，应用三维可视化技术，精细刻画生物礁体内幕结构。

1. 一维剖面识别技术

从前面生物礁地震响应特征得出，生物礁地震反射特征表现为：丘状，生物礁为一强波谷亮点反射，礁两侧有上超现象，礁核内部为空白或杂乱反射。而生物礁阻抗剖面特征为：礁储层表现为中低阻抗值，礁核内部形态更为清楚，礁盖礁翼结束部位比地震剖面更为准确清晰。图 4-8 是过元坝 27 井-元坝 204 井-元坝 205 井地震剖面和波阻抗剖面，可对生物礁体顶底进行精细解释。

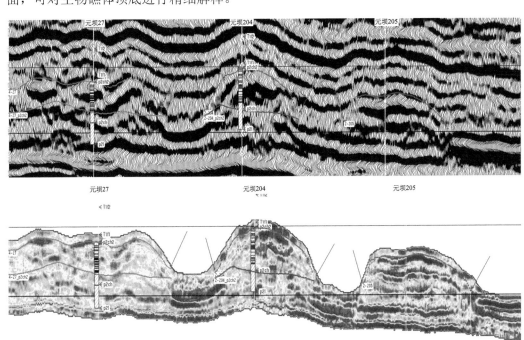

图 4-8　过元坝 27 井-元坝 204 井-元坝 205 井地震剖面及波阻抗剖面

2. 二维平面约束技术

仅仅从地震剖面以及波阻抗剖面上解释生物礁储层的顶底界面，仍难以从宏观上进行把握，通过地震相分析、长兴晚期古地貌图，从平面上对生物礁体平面展布进行约束（图 4-9），提高生物礁体刻画的精度。

3. 三维空间展布研究

图 4-10 是过元坝 204 井米字地震剖面、波阻抗剖面，从这四个方向看，东西向 a 线及南北向 b 线均表现为多期礁的杂乱叠置，而 c 线礁体储层却发育为一条较平缓的条带，表明生物礁在空间上发育形态较为复杂，单从剖面上不能全面认识礁体空间分布，应用三维可视化软件 VoxelGeo，对精细刻画的生物礁体（波阻抗体）进行三维可视化显示（图 4-10 右下），通过对颜色、属性门限值和透明度的调整，来展示生物礁体空间内部的变化，分析生物礁体之间的连通性以及生物礁盖等优势储层在平面和空间上的分布情况。

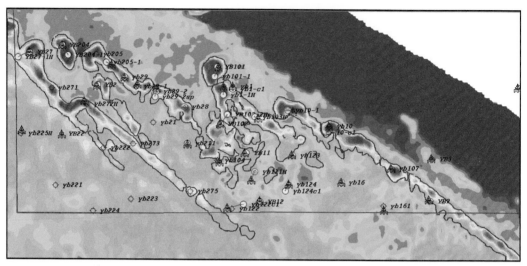

图 4-9　长兴晚期古地貌图平面约束

　　通过元坝 204 井生物礁空间展布图（图 4-10）可以看到，元坝 204 井礁体在空间上是由 3 个礁体的叠合，元坝 204 井位于较高部位，但储层在其南部更为发育，通过生物礁体精细刻画结合三维可视化分析，对开发井位部署优化有极大的帮助。

（二）储层地震响应特征分析

　　应用井震响应分析技术，将声波测井通过人工合成转换成地震记录，与井旁地震道对比，分析储层在地震纵向上的响应特征。长兴组顶底岩性与上覆和下伏围岩岩性差异较大，导致声波时差差异较大，在地震响应上顶底界面分别表现为较强振幅、低频中等至中强振幅的特征。

1. 正演模拟技术

　　"亮点"是地震剖面上识别礁相储层的依据之一，同样，滩相储层在地震上也表现为低频中强振幅特征，为进一步研究礁滩相储层地震反射特征，以元坝 2 井测井资料为依据（表 4-1），进行二维地质建模，开展储层纵横向变化的地震正演研究（刘国萍等，2017a；周路等，2017）。

表 4-1　生物礁地质模型数据表

岩性	密度/（g/cm³）	速度/（m/s）
礁云岩	2.70	6000
灰质云岩	2.72	6050
灰岩	2.70～2.71	6250～6400
泥灰岩	2.69	5700

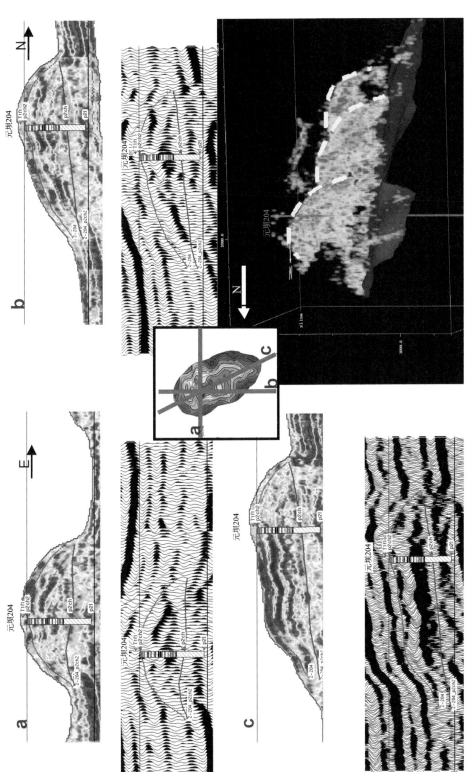

图 4-10　过元坝 204 井米字地震剖面、波阻抗剖面及生物礁空间展布

　　生物礁与上覆围岩地震响应为中强振幅；中上部礁盖与礁核地震响应为弱振幅、低频，在地震剖面上为透镜状反射；在生物礁体下部，由于沉积有泥灰岩，出现较强振幅；在生物礁体两侧，由于沉积环境变化，泥质含量增高，出现强振幅、低频地震响应特征，通过地质模型（图 4-11）正演得到的合成地震响应（图 4-12）与实际过井地震剖面（图 4-13）对比，表明在礁盖部位有一较强"亮点"反射特征，生物礁内部出现空白或杂乱反射特征，底部或斜坡上，也表现为强振幅响应特征，这是由于沉积相带发生变化，岩性以含泥灰岩为主。

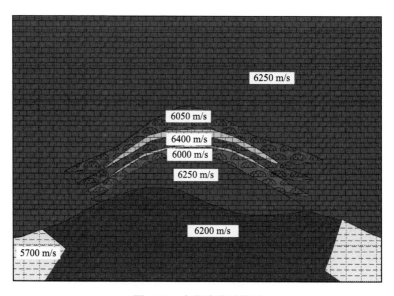

图 4-11　生物礁地质模型

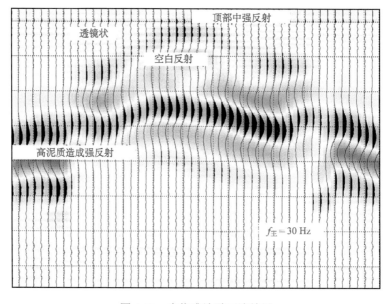

图 4-12　生物礁地震正演结果

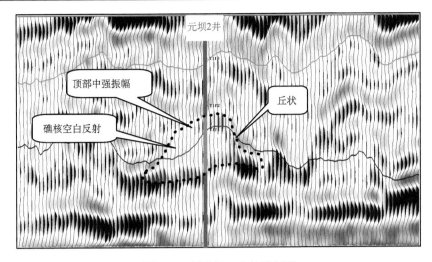

图 4-13　过元坝 2 井地震剖面

针对生屑滩储层进行二维正演模拟，建立生屑滩前积特征地质模型（图 4-14），进行地质模型正演模拟，从地震响应结果上看，高能滩体边界在地震响应上表现为断续-叠置、复波反射特征；滩体中优质储层发育区表现为低频-强振幅，生屑滩体前积地质特征在地震响应上表现为透镜状复波特征。

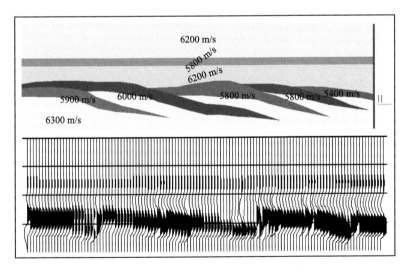

图 4-14　生屑滩前积地质模型正演分析

2. 礁滩相储层地震异常识别模式

从前面礁滩相储层地震响应特征分析认识到，礁滩相储层的强振幅反射响应与储层物性、厚度、组合方式及含流体性质等诸多因素有关。储层孔隙度大、单层厚度大、与围岩阻抗差异大、含气等，都会造成强反射特征；而储层薄、储集物性差或礁内部岩性差异小，组合复杂，都会使反射强度减弱，呈现杂乱或透镜状反射。正演模拟表明，长兴组生物礁相储层礁盖表现为亮点反射特征，生物礁一般呈现为丘状外形，礁内部呈现杂乱或空白反射特征，礁体两侧出现上超、披盖等反射特征，由于横向相带变化迅速，在漕沟或斜坡处表现为强反射特征。确定亮点模式加特定反射结构为生物礁储层地震异常识别的基本模式。长兴组生屑滩储层在地震剖面上呈现"低频、中强振幅、连续性差、复波"的异常反射特征，储层随物性、厚度的增大，出现强振幅特征，能量增强，而储层尖灭、消失时变为无反射或弱反射。确定复波中强振幅前积反射特征为生屑滩储层地震异常识别的基本模式。

（三）储层定性与定量预测

1. 常规地震属性分析

根据上述礁滩相的地震响应特征，在沉积相约束下，优选能够反映储层展布的敏感地震属性，如瞬时相位、均方根振幅、最大能量等，实现储层定性预测。

从长兴组上段瞬时相位平面图[图 4-15（a）]可知，元坝气田西部出现条带状相位反转，在东北部台地边缘与东南部也发生相位反转，表明相带发生了变化，预测在台地边缘发育有生物礁。而从长兴组上段均方根振幅平面图可知，在台地边缘生物礁带发育区，出现振幅异常，与前面分析生物礁储层具"亮点"特征相符[图 4-15（b）]。从长兴组上段瞬时频率平面图看到，在台地边缘生物礁发育区出现低频异常[图 4-15（c）]。最大能量属性呈现高异常值的区域主要分布在台地边缘礁相储层发育区，而在工区北部以及西部等部分高异常区对应泥值含量高的斜坡带及槽沟等非储层区[图 4-15（d）]。同样，对于长兴组下段滩相储层，也利用上述属性进行了定性预测。

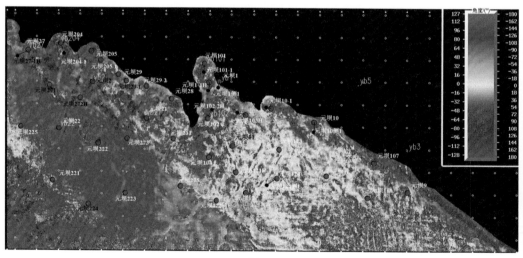

(a)

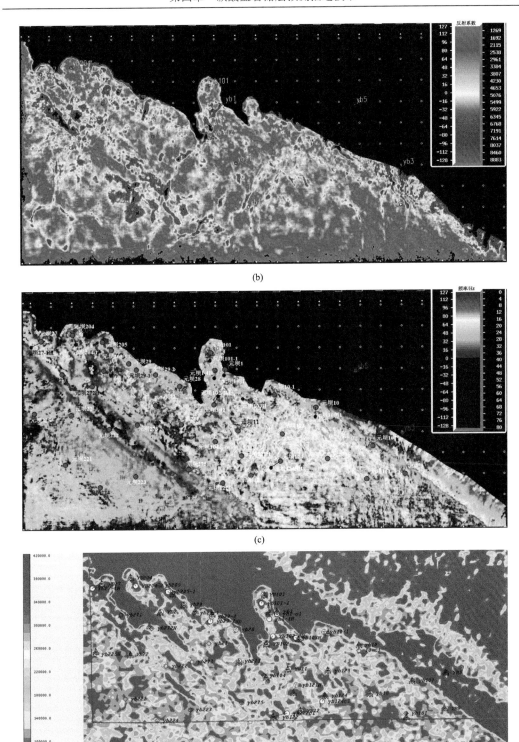

图 4-15　元坝长兴组上段地震属性储层预测

（a）长兴组上段瞬时相位平面图；（b）长兴组上段均方根振幅平面图；（c）长兴组上段瞬时频率平面图；（d）长兴组
上段最大能量属性平面图

以长兴组顶向上 50 ms，长兴组上段底向下 10 ms 为时窗，对长兴组上段进行频谱成像处理，得到 15 Hz、20 Hz、25 Hz、30 Hz 不同频谱成像数据体，以长兴组顶至长兴组上段底为时窗，对不同频率频谱能量图进行提取，图 4-16 为 20 Hz 以及 25 Hz 频谱能量图，可以看出，在台地边缘带，频谱能量强，是生物礁储层发育区，而随着频率增大，礁相储层发育范围进一步扩大，但储层逐渐减薄，而沿台地边缘向北，沉积相带发生变化。长兴组上段生屑滩主要分布于工区南部，从图 4-16 可以看到，西南部频谱能量较弱，虽有滩体分布，但储层较薄，而在东南部元坝 12 井至元坝 16 井，储层逐渐减薄，出现较强的频谱能量，表明有滩储层分布。

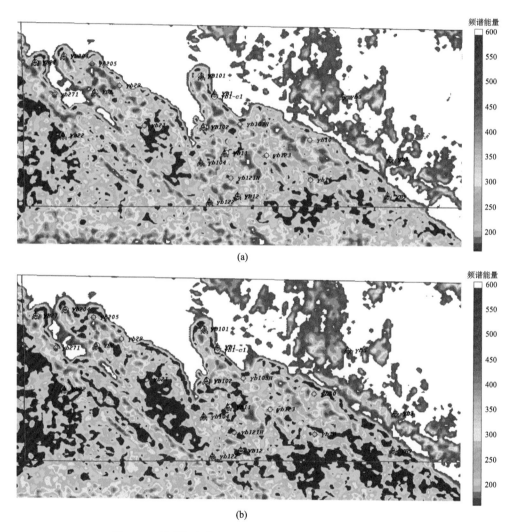

图 4-16　长兴组上段 20 Hz（a）、25 Hz（b）频谱能量图

以长兴组上段底向上 50 ms，长兴组下段底向下 10 ms 为时窗，计算长兴组下段 15 Hz、20 Hz、25 Hz、30 Hz、35 Hz 不同频率的频谱成像数据体，以长兴组上段底为顶，以长兴组下段底为底为时窗，进行频谱能量沿层提取，得到不同频率频谱能量图（图 4-17），

可以看到，长兴组下段生屑滩主要分布在元坝 12 井、元坝 123 井，元坝 16 井至元坝 161 井逐渐减薄，储层在 30 Hz 频谱能量更强，表明滩相储层比礁相储层薄。

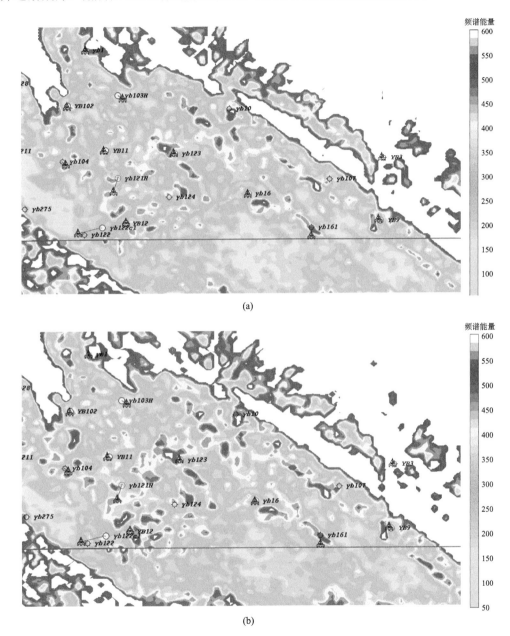

(a)

(b)

图 4-17　长兴组下段 25 Hz（a）、30 Hz（b）频谱能量图

2. 储层定量预测

长兴组礁滩相储层较薄、岩性复杂、非均质性强、物性较差、不同类型储层交错分布，储层预测难度大。针对长兴组储层与非储层在声波时差曲线上难以分开，采用伽马拟声

波曲线重构，来去除泥质岩性对储层的干扰；依据中子曲线与孔隙度相关性较好的特点，应用中子拟声波反演来预测储层孔隙度。

1）储层指示曲线重构

由于岩性复杂，多井在用声波和密度交会时，非储层泥质含量增高后也造成阻抗变低，与部分储层发生重叠，不能区分储层与非储层，表明仅用常规的速度和波阻抗反演对储层识别效果并不理想。为此，利用伽马曲线重构拟声波曲线对泥质含量的响应关系更为敏感，泥质含量低的储层在拟声波曲线上表现为低值，表明伽马拟声波反演能找到高泥质含量的部分，以便去除。

2）储层反演技术

重构的拟声波曲线参与合成地震记录标定，获得子波，参与反演，最终得到拟声波阻抗体，由于拟声波曲线是由伽马曲线重构而来，最终获得的拟声波阻抗体与伽马曲线的相关性比原始声波阻抗体与伽马曲线的相关性好，通过参数反演，得到伽马体，可以用伽马体指示区域内含泥质高的部位。通过常规波阻抗反演，得到的低阻抗值属性可能为储层，也可能是泥质含量高的泥质灰岩非储层造成。为了排除这种干扰，结合伽马体，对伽马体设置门限值，当伽马值大于 24 API 认为是泥质含量较高的非储层，去除常规波阻抗中对应的部分，就可以去除因泥质含量高造成的影响。

由图 4-18 可以看出，在常规反演剖面上，一些潮汐沟或斜坡造成的红黄等低阻抗值区其实大部分是泥质含量高造成的，而在去泥化后的反演剖面上，已经消除了这部分影响。

同样，由于中子曲线与孔隙度相关性较好，可应用中子拟声波阻抗来进行参数反演得到孔隙度体，为储层定量预测提供基础。

3. 储层预测结果分析

通过前面对反演得到的波阻抗体进行去泥化分析，消除含泥岩性对储层的干扰。通过对长兴组上下段生物礁储层以及生屑滩储层阻抗范围进行统计分析，分别得到生物礁有利储层及生屑滩有利储层阻抗范围。其中，长兴组上段生物礁有利储层阻抗范围为 13 500～16 800 g/cm³·m/s，而下段生屑滩有利储层阻抗范围为 12 500～15 800 g/cm³·m/s，表明生物礁储层阻抗范围与生屑滩储层阻抗范围是有所区别的。进一步，对生物礁Ⅰ、Ⅱ类储层以及生屑滩Ⅰ、Ⅱ类储层阻抗范围进行统计分析，分别得到生物礁Ⅰ、Ⅱ类有利储层及生屑滩Ⅰ、Ⅱ类有利储层阻抗范围，其中，长兴组上段生物礁Ⅰ、Ⅱ类有利储层阻抗范围为 13 500～16 200 g/cm³·m/s，而下段生屑滩Ⅰ、Ⅱ类有利储层阻抗范围为 12 500～15 800 g/cm³·m/s。

通过上面统计得到阻抗范围，对长兴组上下段储层厚度进行预测。应用已知的元坝 2、元坝 101、元坝 102、元坝 11、元坝 27 等 20 口井测井解释储层厚度与预测结果相对比，预测上段礁相储层厚度平均相对误差为 13.1%，预测精度达到 86% 以上，而下段滩相储层厚度平均相对误差为 15.5%，预测精度达到 84% 以上，表明结果较为可靠。

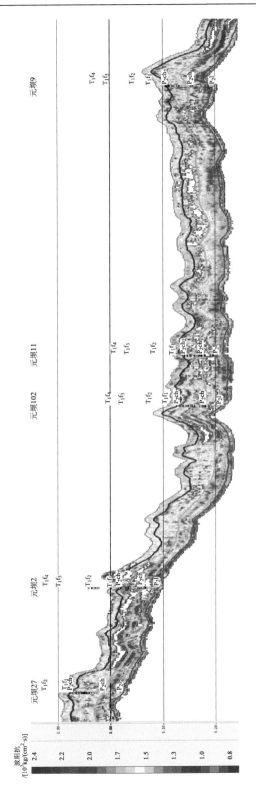

图 4-18　过元坝 27 井-元坝 2 井-元坝 102 井-元坝 11 井-元坝 9 井去泥后波阻抗剖面

图 4-19 是长兴组上段储层预测厚度图，长兴组上段是生物礁储层主体发育区，生物礁储层主要发育在台地边缘微古地貌高处，生物礁顶、礁后储层发育较厚，物性较好，礁前储层发育较薄，物性较差。储层厚度预测为 10～130 m，最厚达到 130 m，预测分布在元坝 27 井礁带、元坝 204 井–元坝 29 井礁带、元坝 103H 井礁带及元坝 10 井西北部。由目前储层预测及钻井测井资料得知，③号礁带为储层厚度最为发育的地区。同时，对反演得到的孔隙度体沿层求取平均值，得到长兴组上段储层预测平均孔隙度图（图 4-20），生物礁储层平均孔隙度为 2%～5%，在台地边缘微古地貌高处生物礁发育带孔隙度较大。

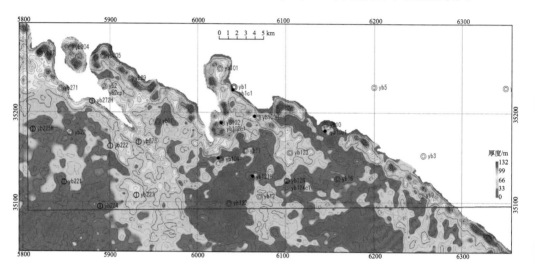

图 4-19　元坝气田长兴组上段储层预测厚度图

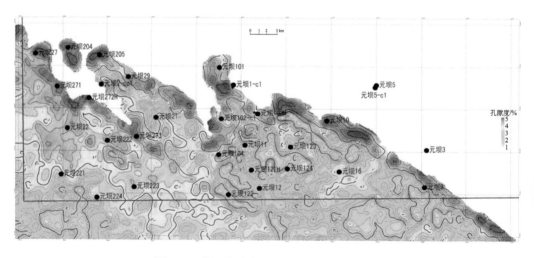

图 4-20　长兴组上段储层预测平均孔隙度图

（四）生物礁连通性分析

从对生物礁的综合分析看出，元坝长兴组生物礁储层主要由四条礁带构成，这四条礁带储层基本不相连，而每条礁带又是由多个生物礁群组成，生物礁群是由多个单一生物礁联合生长而成，这些生物礁群间储层是否连通，如果不连通，礁群的边界在哪里，如何用地球物理的方法来解决这两个问题？利用储层频谱成像分析技术对薄层反射的调谐原理，来探测微小不连续性。当地质目标（如生物礁储层）横向快速变化时，应用频谱成像技术可以检测礁体边界的薄储层。应用振幅谱可以描述反射层厚度的变化，而相位谱表明了地质上横向的不连续。进而对礁体连通性进行了初步的探索。这将有利于我们更进一步地精细刻画生物礁储层，并对判别礁群间气水连通性有一定的帮助（刘国萍等，2017b）。

下面重点对③号礁带东南端元坝 29-2 井所在礁带进行连通性分析。首先对不同频率（15 Hz、25 Hz）振幅谱进行平面分析（图 4-21），依据井上分界点值，对 15 Hz 振幅谱平面图分析，可以看到这一礁带基本可以分成 4 个不同的礁群；而从 25 Hz 振幅谱平面图上看，可以分成 5 个不同的礁群。造成这种情况的原因，主要是不同频率所对应的储层调谐厚度是不同的，低频所对应的储层调谐厚度较大，在元坝 29-2 井和元坝 28 井的部位，由于出现两个礁体的叠置，纵向上储层叠加厚度的变大，所以在低频能量谱上表现为较高值，而当频率增大后，由于两个礁体翼部单储层减薄，或者由于两个礁体之间不连通，因此能量谱降低（图 4-22）。

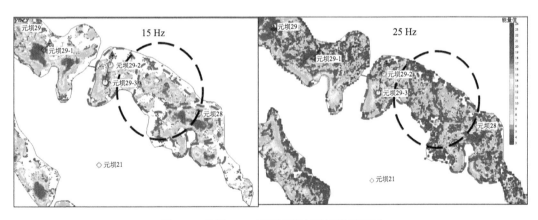

图 4-21　元坝 29-2 井不同频率能量谱平面图

抽取过不同礁群间的不同频率能量谱的任意线，只有在相对高频下，两个礁群在所有任意线上都不连通时，我们才认为两个礁群的储层不连通，如果在某一部位仍有相连，则认为两个礁群间储层仍是连通的。

本次对③号礁带进行了连通性分析（图 4-23），对元坝 205 井礁群进行重新刻画，认为该礁群虽由 7 个小礁群组合生长而成，但彼此相连，不能完全分开，仍认为是一个相互连通的大礁群，礁群面积为 13.97 km^2。

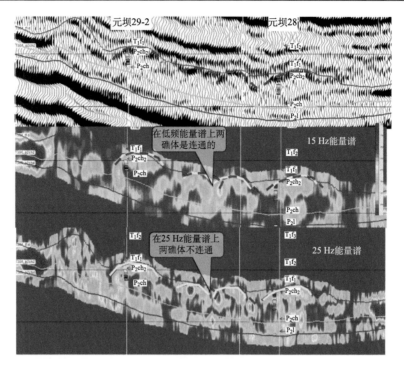

图 4-22 过元坝 29-2 井–元坝 28 井地震剖面和不同频率能量谱剖面图

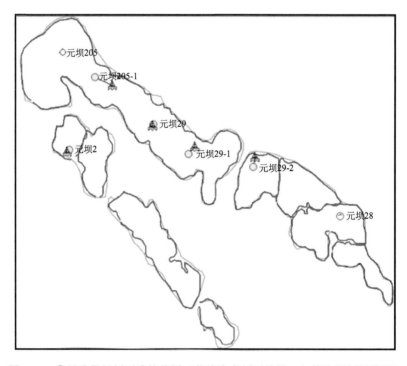

图 4-23 ③号礁带新刻画礁体范围（蓝线为老刻画边界，红线为新刻画边界）

对③号礁带东南端元坝 28 井礁群进行重新精细刻画,认为该礁群可分为 4 个分隔开的独立小礁群,各小礁群仍有可能由一个或几个以上独立礁体生长在一起,不能完全分开,4 个礁群总面积为 9.56 km²。对元坝 2 井及东南礁群进行重新精细刻画,认为该礁群可分为 4 个分隔开的独立小礁群,各小礁群仍有可能由一个或几个独立礁体生长在一起,不能完全分开,4 个礁群总面积为 8.38 km²。

第二节　不整合岩溶型储层预测描述技术

一、断裂改造型不整合岩溶储层预测描述技术——以塔河奥陶系为例

(一)储集体成因模式

1. 岩溶储层发育的控制因素分析

1)构造

塔河地区北接雅克拉断凸,西邻哈拉哈塘凹陷,东邻草湖凹陷,南邻顺托果勒低隆和满加尔拗陷,本区经历了多期构造运动,海西早期处于长期发育的北东高南西低的鼻状凸起北部,海西晚期—印支期在南北挤压应力作用下,形成大致东西向平行展布的阿克库木断块、阿克库勒断块构造带;喜马拉雅期,北部的库车拗陷强烈下沉,沉降幅度由北向南减小,加上轮台断裂的活动,致使阿克库木断裂以北地区地层倾向发生改变,向北倾斜,从而形成了宽缓的寒武系—奥陶系北北东向背斜,经过剥蚀后形成潜山背斜。向低部位斜坡区发育加里东中期和晚期多个不整合(孟祥霞等,2015)。

2)地层结构

塔河地区钻井揭示的地层有寒武系、奥陶系、上泥盆统、下石炭统、三叠系、下侏罗统、白垩系、古近系、新近系和第四系。受加里东晚期、海西期以及燕山期等多期构造运动地壳抬升的影响,阿克库勒凸起北部于奇地区缺失中志留统、中下泥盆统、上石炭统和二叠系,于奇中-西地区和艾丁地区缺失中上奥陶统和上泥盆统东河塘组,只有下奥陶统蓬莱坝组保存最全,中下奥陶统鹰山组遭受了不同程度的剥蚀,成为碳酸盐岩剥蚀残留区,其上超覆沉积了下石炭统或三叠系。于奇东地区和托甫台地区保留中上奥陶统、上泥盆统东河塘组。塔河南部围斜区保留了较完整的奥陶系—志留系。

3)沉积相

(1)中下奥陶统鹰山组沉积相

鹰山组沉积时期,海平面上升速率开始加快,沉积作用在维持台地样式西缓东陡总格局不变的情况下,台地区的面貌进一步发生变化,表现为蓬莱坝组沉积时期的局限台地消亡,并进入开阔台地沉积环境中。现有钻井揭示岩性表现为微晶灰岩、微晶云灰岩、砂屑(粒屑)微晶灰岩、亮晶及微亮晶砂屑灰岩不规则间互,局部夹藻黏结灰岩,岩性致密,整体反映低

能的沉积环境。鹰山组沉积末期，海平面可能存在一次降低的过程，主要体现在钻井揭示中鹰山组顶部主要发育一套颗粒灰岩。该时期在阿瓦提地区，地震解释出该组沉积厚度相当薄，主要为宽缓斜坡沉积区，因此在该区具有发育较好烃源岩的条件。

（2）中奥陶统一间房组沉积相

一间房组沉积时期，海平面上升速率达到最大（或最大海侵期），沉积格局继承鹰山组沉积样式。塔河地区，一间房组厚度稳定在 90～120 m，岩性上可分为两段，下段岩性以微晶灰岩-砂屑灰岩（颗粒灰岩）的旋回式发育为特征，岩性纯净、致密、有效孔隙不发育；上段岩性上表现为微晶灰岩-生物丘灰岩-颗粒灰岩-藻黏结灰岩的旋回式发育，旋回中能量相对较高的亮晶砂屑灰岩、亮晶鲕粒灰岩、亮晶生物碎屑（海百合）灰岩以及藻黏结灰岩占优势（焦存礼等，2018）。西部英买力西部-阿瓦提地区，一间房组沉积厚度变薄，甚至相变为盆地相的碳质泥页岩即萨尔干组（王天宇等，2018）。经分析萨尔干组可作为优质烃源岩。一间房组沉积末期，发生一次大规模的构造抬升，称为"加里东中期构造Ⅰ幕运动"，其最典型特征便是造成一间房组的岩溶。

4）流体与成岩作用

根据塔河中西部奥陶系区域地质背景和岩溶地质条件演化，并结合塔深 3 井区鹰山组内幕巨晶方解石地球化学分析，以塔深 3 井为代表的内幕缝洞体主要形成于大气淡水环境，叠加了后期的浅埋藏和埋藏岩溶作用的改造。

蓬莱坝组沉积末期、鹰山组下段沉积末期和中奥陶世末期（加里东中期Ⅰ幕），碳酸盐岩整体暴露，均遭受大气淡水的淋滤和溶蚀作用，在一定深度上（包括表层和内幕），形成了一定规模的岩溶缝洞体。加里东中期Ⅱ幕、加里东中期Ⅲ幕、海西早期和海西晚期，形成了中下奥陶统北部暴露和南部埋藏的格局（焦存礼等，2010）。北部为大气淡水典型岩溶区，南部为持续埋藏区，部分地区发育缓流带岩溶作用，参与北部的地表岩溶水循环作用。另外，海西晚期的火山活动较为强烈，热液流体在部分地区对中下奥陶统进行一定程度的改造。印支期、燕山期和喜马拉雅期，中下奥陶统进入持续埋藏阶段，经历了较为微弱的埋藏溶蚀作用。

2. 岩溶储层成因模式

中奥陶世末加里东中期Ⅰ幕构造运动造成塔河地区中下奥陶统碳酸盐岩整体暴露，构造形态平缓，形成加里东中期Ⅰ幕岩溶作用（彭守涛等，2010）。该岩溶作用具有同生期岩溶的性质，在斜坡区形成内幕岩溶，具有强烈的层控性。南部处于岩溶斜坡低部位，岩溶发育程度相对减弱，缝洞体总体规模较小，非均质性较强，缝洞系统仅发育于断裂带附近，断裂带间欠发育。岩溶作用多发育于不整合面以下 0～50 m，托甫台地区局部断裂带发育深度较大，可达 300 m 以上。

加里东末期—海西早期，塔河地区隆升遭遇强烈剥蚀，发育大型 NEE 向逆冲断裂和一系列 NNE 向和 NNW 向走滑断裂，高部位上奥陶统—泥盆系剥蚀殆尽，形成大面积的表生岩溶发育区。塔北地区奥陶系缝洞型储层的发育主要受控于古岩溶作用和断裂及裂缝，形成了大规模的岩溶缝洞系统。

1）古岩溶作用

塔北地区奥陶系普遍经历了加里东中期—海西早期的地表大气淡水岩溶作用。岩溶作用较为强烈，岩溶地貌（岩溶高地、岩溶斜坡和岩溶洼地）和岩溶水系（地表水系、暗河和伏流）十分发育，岩溶水的汇、径和排整个过程通畅，将溶蚀和侵蚀物质迅速携带走，形成了大量的缝洞系统，为多期油气成藏提供了大量的储集空间（倪新锋等，2010）。

结合古地貌和古水系等多因素控储分析，建立了塔北地区中下奥陶统储层综合成因模式（倪新锋等，2011）。北部上奥陶统缺失区叠加了加里东中期和海西早期等多期岩溶作用，缝洞体规模较大，储层类型以洞穴型和孔洞型为主；南部上奥陶统覆盖区主要经历了加里东中期岩溶作用，溶蚀强度有限，储层类型以孔洞型和裂缝型为主。

2）断裂及裂缝

断裂及其伴生裂缝是岩溶作用的先期通道，增加了大气淡水与碳酸盐岩的接触面积，增大了地表水及地下水的溶蚀范围，改善了碳酸盐岩的渗流性能，加快溶蚀速度，增强溶蚀作用。在碳酸盐岩内部形成一个通畅的淡水溶蚀系统，从根本上为更大空间范围内的大规模溶蚀作用提供了条件。

塔北地区中下奥陶统 600 余口井钻遇放空、井漏和充填，平面分布特征总体上以北北西向和北北东向为主，与中下奥陶统顶面北北西向和北北东向走滑断裂展布具有一致性。断裂带产生一系列与之平行的构造裂缝，碳酸盐岩后期的岩溶作用沿早期构造裂缝发育，从而导致内者半面分布特征的一致性。

（二）地球物理预测描述技术

1. 风化壳型岩溶储层预测描述技术

1）振幅与振幅变化率技术

当碳酸盐岩储层内幕有比较发育的缝洞时与周围介质存在较大的波阻抗差异，从而形成相对强的地震反射特征。利用振幅变化率属性就可以刻画这些局部部位地震波场的变化，因此振幅变化率大的区域很有可能是裂缝、溶洞的发育带。振幅变化率技术近几年在塔河地区奥陶系缝洞型储集体预测中广泛应用，取得了显著的效果。该项技术已成为塔河地区缝洞型储层预测中的关键技术。技术要点为沿中下奥陶统顶面按储层纵向分段深度，分别对各时窗振幅变化率进行提取（图 4-24）。

2）趋势面分析技术

对中下奥陶统顶面深度层位（T_7^4）进行大网格的平滑，形成一个如图 4-25 所示的光滑趋势面，再将原深度层位与此光滑趋势面进行相减，即得到了一个相对光滑趋势面的正、负地形面，将正地形以等值线或色标的形式表现，图 4-26 是塔河油田北部 5 区构造图与趋势面处理后的现今地貌图与岩溶残丘等值线对比，残丘形态和构造形态差异较大，岩溶残丘更加突出碳酸盐岩局部褶曲、岩溶变形带以及局部构造等微观地貌特征，很好地完善和补充了构造图描述微观地貌的不足。

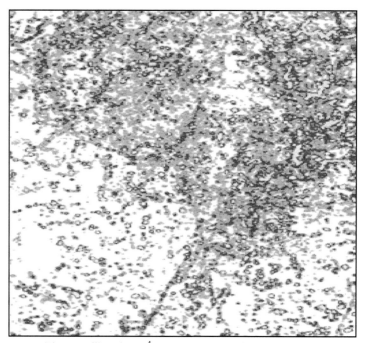

图 4-24　塔河地区 T_7^4 以下 $0\sim40\,\mathrm{ms}$ 振幅变化率平面图

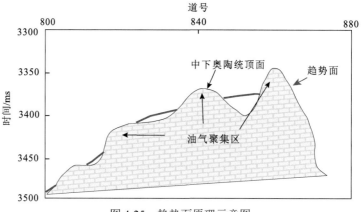

图 4-25　趋势面原理示意图

塔河油田北部为上奥陶统缺失区域，残丘较发育，残丘上岩溶较发育；而趋势面技术能较好地识别北部残丘及周边的褶曲带（鲁新便等，2014）。分析结果显示，塔河油田主体区 S48 井区残丘非常发育，实钻也证实塔河油田北部上奥陶统缺失区高产井均位于残丘区域。

3）岩溶古河道综合描述技术

目前已形成了较为成熟的古河道形态识别技术，包括明、暗古河道空间结构刻画，暗河段的充填性预测等方面。

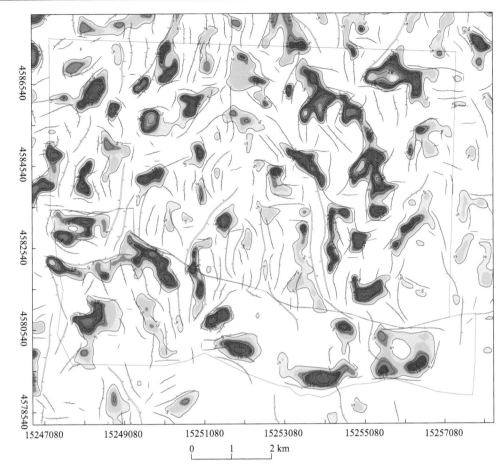

图 4-26 塔河油田北部 5 区残丘对比图

明河识别以 T_7^4 古今地貌、沿层相干及相干切片为主，结合地质和测井信息进行识别与刻画；对于暗河河道，形成点（测井资料）、线（连井剖面）、面（各类振幅属性、能量属性、瞬时频率、混相分频）、体（三维立体可视化雕刻）刻画流程，确定古河道纵向及横向立体结构发育特征（图 4-27）。

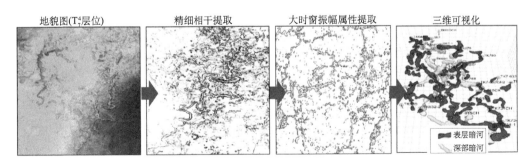

图 4-27 岩溶古河道刻画技术示意图

同时，针对河道充填性预测难题，建立了充填物测井识别与能量、波阻抗综合预测技术。模型正演及实钻井反射特征分析表明，图 4-28 所示暗河未充填段的能量较充填段更强；基于实钻井统计分析，古河道未充填和半充填段的波阻抗值均小于 14500，通过波阻抗门限值的划分，初步确定了研究区内 6 条古暗河的充填段与未充填段（图 4-29）。利用该技术，在主体区及十区针对河道部署 7 口井，5 口井钻遇溶洞，仅 1 口井全充填，有效溶洞钻遇率 57.1%，同比提高 15 个百分点。

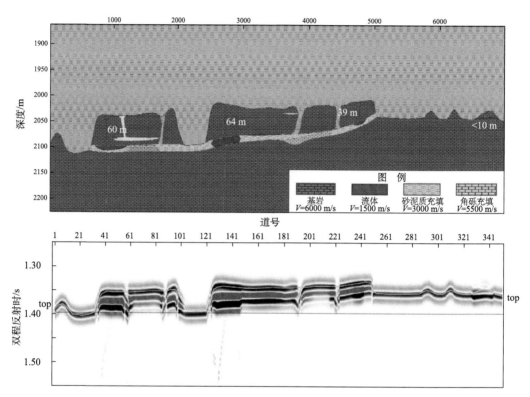

图 4-28　岩溶河道正演特征示意图

2. 内幕型岩溶储层预测描述技术

内幕储集体的预测技术方法与风化壳型基本一致，主要包括正演反射特征分析、振幅变化率、地震测井联合反演和多属性融合等技术。内幕的盖层研究更为重要，预测原理上分析碳酸盐岩储集体内幕预测非储集体发育区即是盖层发育区，因此技术上具有统一性。碳酸盐岩盖层预测技术主要包括精细相干体技术，以及断裂、裂缝自动追踪及三维可视化技术。

1）精细相干技术

精细相干技术基于原始地层沉积时，地层是连续的，即使在横向上有变化也是一种渐变过程，也就是说沿层地震反射波在横向上是基本相似的。当地层中存在断层和裂缝、

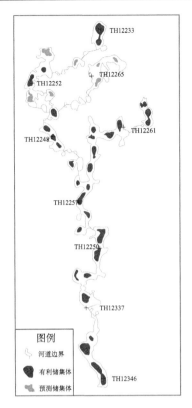

图 4-29　塔河油田上奥陶统剥蚀区暗河充填性预测平面图

地层或岩性尖灭等地质现象时，地层的相似性将遭受破坏，沿层地震反射波在横向上是有差异的。相干体分析技术的核心就是利用地震信息计算各道之间的相关性，突出不相关的异常现象（佘德平等，2000）。借助相干体资料能识别细微的岩层横向不均一性和断裂特征，从而更好地识别致密灰岩、白云岩盖层。

2）断裂、裂缝自动追踪及三维可视化技术

断裂系统对碳酸盐岩有效储层及成藏规律有着至关重要的作用。常规的地震资料断层解释周期长，解释结果受人为因素影响较大，且小断层识别比较困难（姜素华等，2004）。相干体技术等一些地震属性处理技术的出现在一定程度上提高了断层的解释速度与精度，但由于受到地震分辨率等多种因素的影响，在具体应用过程中有一定的局限性。

通过在相干体的基础上运用 AFE（automatic fault extraction）技术，可以自动拾取断裂信息，利用 AFE 技术产生的断层面信息，除了包括主干断裂外，碳酸盐岩中细微断裂也可追踪识别出来（万效国等，2016）。运用雕刻和立体显示技术，以 360°可视角度分析地下构造、储层、盖层与断裂系统的关系，有助于井位部署和地质认识。

二、古地貌控制型不整合岩溶储层预测描述技术——以鄂尔多斯奥陶系为例

（一）储集体成因模式

1. 基本特征

鄂尔多斯盆地岩溶储层分布层位为马家沟组五段的 1～4 亚段和 6～10 亚段，与沉积微相中含膏云坪相相对应，是靖边气田奥陶系的主要储层类型，中石化区块的大牛地区块和富县区块也普遍存在（张军涛等，2016）。

大牛地区块开壳层位为马五段 1 亚段，紧邻风化壳储层岩石为角砾岩，原始岩性为含硬石膏结核白云岩，孔隙类型为膏溶铸模孔隙，测井上表现为低自然伽马、高阻背景下低电阻率、低密度的特征。

在富县区块，储层的分布特征与大牛地区类似，储层段的分布与不整合面密切相关，如新富 5 井位于富县区块的北部，开壳层位是马五段 5 亚段（图 4-30），残留马五段 5 亚段厚度约为 8 m，测井解释以及取心观察均显示储层不发育，而储层段主要发育在马五段 6 亚段中，其中解释含气层 5 段，单层厚度为 0.9～3.5 m，储层段测井上表现

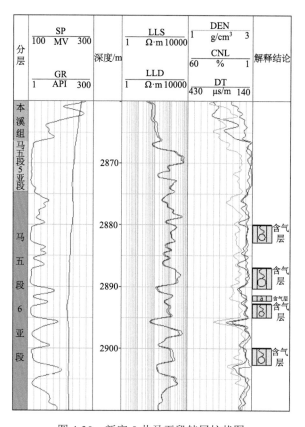

图 4-30　新富 5 井马五段储层柱状图

为低自然伽马、高阻背景下低电阻率、低密度的特征，储层段离风化壳不整合面约 14 m。从解释含气层段取心发现，其主要的储层岩石为含"硬石膏结核"白云岩，主要的储集空间为膏溶铸模孔，呈星散状分布。

可见区内鄂尔多斯盆地马五段存在多种类型岩石，但各类岩石储集性能差异较大。其中与储层相关的岩石类型主要为"含石膏结核"和"石膏"白云岩、角砾岩。存在多种类型的孔隙，但原生孔隙多被消耗殆尽，现今具有储集性能的多为次生孔隙。含膏云坪相储层中最为重要的是膏溶铸模孔和裂缝。

2. 主要控制因素

鄂尔多斯盆地奥陶系岩溶储层的形成与分布受沉积相和岩溶古地貌的双重联合控制，这也是马五段岩溶储层独特之处。

蒸发潮坪沉积环境是马五段岩溶储层形成的基础。蒸发潮坪环境下能够形成富含硬石膏结核的白云岩，是马五段岩溶储层最主要的储层岩石，而恰恰又是这种硬石膏结核被溶蚀形成的孔隙才是最重要的储集空间。盆地内部的蒸发潟湖沉积环境，仅有石膏、硬石膏和石盐沉积，缺乏储集空间赖以保存的白云石骨架；而在盆地的西部和南部，则以云坪和灰坪沉积环境为主，岩性主要为灰岩和白云岩，缺少易溶组分石膏-硬石膏，也难以形成最关键的储集空间。

岩溶斜坡区内的残丘是马五段优质储层的主要发育区。在盆地范围内，前石炭纪古地貌继承了奥陶纪的构造特征，在盆地西部、南部存在"L"形的隆起，向东向北，地势逐渐变低，在盆地东部存在一岩溶盆地汇水区，其中最有利于岩溶储层发育区位于环岩溶盆地的"C"形岩溶斜坡区，且与奥陶纪马五期沉积环境中蒸发潮坪相对应。在区块范围内，大牛地地区，高产气流井如新富 5 井、富古 7 井，均分布于岩溶残丘，而在岩溶沟槽区，基本不存在高产气流井。富县区块也相类似，气流井如新富 5 井均分布于区块东北部的岩溶残丘之上，沟槽区如富古 1 井，未获高产气流（图 4-31）。

在纵向分布上也体现了沉积相和岩溶作用对储层的联合控制，储层靠近不整合面，同时储层发育段又与沉积微相中含膏云坪相相对应，仅分布于马五段的 1～4 亚段和 6～10 亚段的含膏云岩层段。

3. 储层成因模式

鄂尔多斯盆地奥陶系经历了漫长的成岩演化过程。经历了多种类型成岩作用。萨布哈白云岩化作用是盆地优质储层形成的物质基础；表生期的岩溶作用是盆地内储层形成的关键，方解石充填作用是主要的储层破坏作用。

准同生期的萨布哈白云岩形成了本区最重要的储层岩石类型，沉淀了可溶组分硬石膏，并形成了储层岩石格架白云岩，是优质储层形成的物质保障。经历了数亿年风化剥蚀后形成马家沟组广泛发育的古风化壳和岩溶体系。但鄂尔多斯盆地的风化壳岩溶作用属于喀斯特中老年期，这个岩溶期形成的岩溶洞穴大部分被破坏。表生期的大气降水溶蚀作用也可溶蚀含膏云岩中的易溶组分硬石膏，形成了奥陶系岩石的大部分储集空间——膏溶铸模孔。但后期的充填作用破坏了一部分孔隙，其中，方解石形成于表生岩溶阶段，与古地貌位置密切相关，主要发育于岩溶的低部位，方解石充填是储层孔隙最主要的破坏方式；粉晶白云石充填物的含量与沉积环境相关；粗晶铁白云石的充填反映普遍存在一期热事件（图 4-32）。

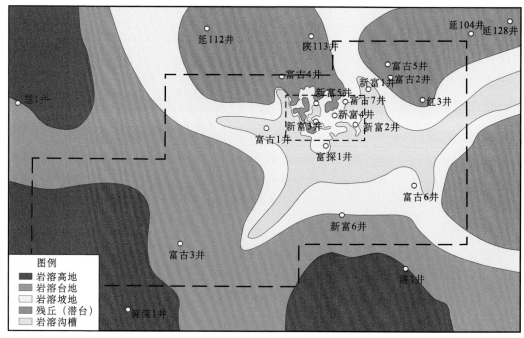

图 4-31 富县区块前石炭纪岩溶古地貌

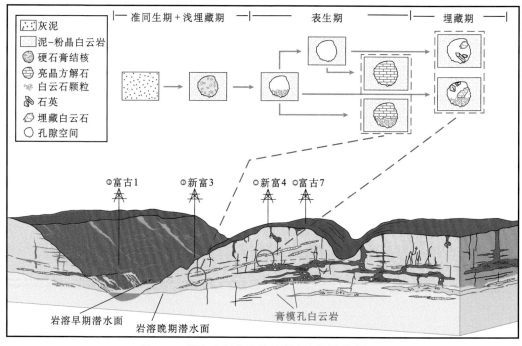

图 4-32 鄂尔多斯盆地马五段岩溶储层形成机理

（二）地球物理预测描述技术

1. 沉积地震学地貌刻画

奥陶系马五段漫长的风化剥蚀，形成了古岩溶地貌特征，典型的就是侵蚀沟槽（谷）。侵蚀沟谷反映了古地貌和储层分布的宏观格架。除了利用残余厚度的下古生界古地质图法及印模法的本溪组厚度图可在一定程度上识别侵蚀沟谷外，借助地震波形正演模型可以模拟不同深度的侵蚀谷，明确缺失不同程度地层的侵蚀沟谷地震响应特征，据此可在三维地震数据体中识别侵蚀沟谷，一定程度上还能指导地震属性分析。

模型正演技术是地震储层预测的基础，也是解决地震储层预测多解性问题的重要手段。为了确认风化壳地层的地震响应特征，建立了不同侵蚀沟槽的地震模型进行正演分析。通过模型正演发现，沟槽宽度和侵蚀深度越大，模型正演存在的响应越明显；而同一宽度的较浅沟槽只引起地震反射波振幅的微弱变化；而宽度最小、深度不大的沟槽对地震的影响也不大；沟槽宽度和侵蚀深度一致而形状存在差异，在地震正演结果中均引起地震反射同相轴能量的明显增强。总结模型正演结果，大致可分为四种情况：未侵蚀型、下凹型、下凹复波型、上超+削截型（图4-33）。

2. 多尺度古地貌预测

地震属性分析是识别小级别分支沟槽的主要技术方法，而在众多地震属性中筛选出对沟槽最为敏感的属性参数是其关键。显然，由于沟槽的存在改变了奥陶系风化壳顶面应有的反射系数，必然引起地震振幅、频率和相位等特征参量的改变，因此，可通过提取、分析地震振幅、频率和相位等相关参数的异常信息达到识别沟槽的目的。通过实验分析，研究发现这些物理属性对于大尺度主沟槽的表征能力较强，但对于小尺度支沟槽的辨识能力却很有限。而地震多道计算的相干、反射向量（倾角和方位角）、波形曲率和弧长等几何属性在描述刻画支沟槽方面优势明显。究其原因，主要是沟槽横向分布具有极强的非均质性所决定的。大尺度沟槽足以引起地震振幅、频率和相位等的显著变化，但小尺度沟槽难以促成反射动力学特征的明显改变，却会造成地震波形的错动、扭曲和变形。从现有中外文献资料来看，与地震反射波形有关的几何属性能够提供地震道间横向变化的细节信息，是表征古地貌最常用、最有效的地震属性方法。

3. 储层预测与气层检测

地震随机反演技术是地质统计学中继克里金估计技术之后迅速发展的一种新技术，它能够实现地震随机反演与地质统计模拟技术的有机结合。在随机模拟过程中，应用模拟退火方法寻找与地震道记录最佳匹配的最优解，从而能获得与储层特征相关的准确参数；而且，在地震随机反演中又充分考虑了随机模拟的结果。因此，随机地震反演能最大限度地利用地震、地质及测井等所有资料，使反演结果与已知条件充分吻合，其结果既能反映地震反射资料特征，又受地质构造框架模型和井点已知资料的三维空间统计模拟控制，能更好地反映储层的非均匀性、不确定性，在钻井较多地区与实际钻井吻合很好，储层分辨能力强。

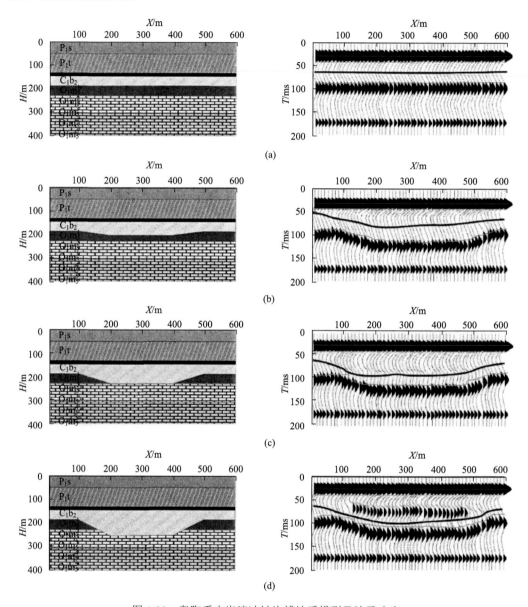

图 4-33　奥陶系古岩溶冲蚀沟槽地质模型及地震响应

（a）未侵蚀型，未发育冲蚀沟谷模型及地震响应；（b）下凹型，沟深 15 m 地质模型及地震响应；（c）下凹复波型，沟深 25 m 地质模型及地震响应；（d）上超十削截型，沟深大于 30 m 地质模型及地震响应

基于地质统计学理论的序贯高斯配置协模拟算法以波阻抗数据体为背景趋势，对目标参数进行随机模拟，充分利用了地震资料的横向分辨率和测井资料的纵向分辨率，将二者相结合，提供一个高分辨率的目标参数数据体。受地震资料分辨率和反演算法的限制，约束稀疏脉冲反演的波阻抗数据体具有与地震数据相近的分辨率。虽然这一波阻抗

数据体的纵向分辨率不高，但它保持了地震数据的横向分辨率。因此，在随机模拟反演中，应用约束稀疏脉冲反演的波阻抗数据体作为背景趋势，进行目标参数的随机模拟。

随机模拟反演方法在储层预测中成功应用的关键是找到适当的模拟目标参数，即反映储层岩性或物性的敏感参数以及与地震波阻抗之间是否存在相关关系。采用地震随机反演方法获得了地震波阻抗数据体和储层特征分析重构获得的储层指示因子数据体。

从稀疏脉冲波阻抗反演数据体、随机反演波阻抗数据体和储层指示因子数据体连井剖面对比来看，随机反演获得的波阻抗数据的纵横向分辨率有了较大提高，但受井点波阻抗值的影响更大，本区钻遇下古生界的井点测井资料局部控制程度还不够，有可能造成陷阱。重构的储层特征指示参数（SOIMP）的反演结果能够更好地反映出风化壳储层横向的非均质变化，表征储层的能力显然更强。

在古地貌分析、储层预测、孔隙度预测的基础上，应用含气指示因子反演进行气层检测。含气指示因子的构建，解决了优质储层和气层检测的难题。通过与煤层、砂泥岩、铝土岩和碳酸盐岩致密层对比，发现这四者与碳酸盐岩气层在含气指示因子参数上有很大的差异，在研究区内应用含气指示因子反演进行气层检测非常有效。

第三节　断裂裂缝型储层预测描述技术
——以顺南-古城、玉北奥陶系为例

一、储集体成因模式

（一）顺南-古城地区奥陶系储层成因模式

1. 储层发育基本特征

顺南-古城地区奥陶系储层多层系发育，主要发育 4 类储集体。

1）一间房组中下部台内丘滩相致密灰岩孔隙型储层

从地震、钻井、录井显示及测试情况分析，顺南地区一间房组储层主要发育在一间房组中下部，气测显示与储层发育段（低电阻段）有较好的对应关系。储层放空和大规模漏失较少，说明大尺度的储集空间，如洞穴、大型断裂缝洞带可能欠发育。从成像测井及偶极横波远探测反射波成像特征分析，一间房组发育层状溶蚀孔洞或孔隙集合体，储层发育少量高角度裂缝，大多充填方解石。

一间房组储层微观孔隙类型发育具有岩相选择性，主要孔隙类型包括粒间残余孔（孔洞、遮蔽孔、粒间溶孔）和粒内孔，主要发育在亮晶内碎屑/砂屑灰岩/藻灰岩中，而泥晶（藻屑/粉屑/极细砂屑）灰岩以粒内溶孔、藻孔为主。微裂缝发育程度与渗透率关系密切，无岩性选择性（刘军等，2021）。此外亮晶内碎屑/砂屑灰岩/藻灰岩中还发育有厘米-毫米级孔洞，但分布及贡献有限。

2）主干断裂带硅质储层

顺南 4 井位于一条负花状走滑断裂带内，在鹰山组上段揭示了一套特殊储层类型，第 3～4 回次鹰山组下段连续取心累计进尺 4.71 m，累计心长 4.64 m，其中发育缝洞型储层 2.35 m，孔隙型储层 0.82 m，储层发育较差的 1.47 m。硅质岩缝洞型储层岩性为灰黑色硅质岩、含灰质残余硅质岩，发育高角度石英、方解石半充填及共轭的中角度方解石（部分含石英）充填-半充填缝，两者相交处形成 "V" 形溶蚀孔洞。远离高角度裂缝灰质含量增加，沿缝合线有溶蚀现象，局部发育溶孔（尤东华等，2017）。颗粒状孔隙型硅质岩储层岩性为灰色含灰质颗粒状硅质岩、含灰质硅质岩，与致密硅质岩缝洞型储层逐渐过渡，孔隙性储层物性较好。

根据对顺南 4 井硅化岩样品的全直径物性分析，2 个颗粒状疏松硅质岩样品孔隙度和渗透率明显较高，其孔隙度分别为 17.5%、20.5%，渗透率分别为 $23.5×10^{-3}$ μm^2、$73.4×10^{-3}$ μm^2，而灰岩样品孔隙度平均为 3.8%，而渗透率仅为 $0.04×10^{-3}$ μm^2（张继标等，2018）。

3）鹰山组下段裂缝型储层

该类储层地球资料串珠状反射清楚，代表井为顺南 5 井、顺南 501 井。顺南地区鹰山组下段地震串珠发育，取心段主要集中在串珠的上部及以上部位，串珠中下部是漏失的主要部位，放空欠发育，仅顺南 6 井放空 1.28 m。实钻洞穴不发育，漏失和小型放空可能以断裂或裂缝区为主（尤东华等，2020）。

从测井及岩心缝洞统计，储层发育水平-高角度裂缝及少量孔隙（裂缝-扩溶缝、晶间孔-晶间溶孔）和半充填孔洞，储层类型为孔洞/隙-裂缝型、裂缝型。岩心全直径孔隙度一般较低（小于 3%），渗透率范围变化大，水平渗透率（平均为 $1.49×10^{-3}$ μm^2）总体大于垂直渗透率（平均为 $0.24×10^{-3}$ μm^2），与岩心中水平裂缝较发育一致。

4）鹰山组—蓬莱坝组内幕裂缝-孔洞（隙）型白云岩储层

顺南-古城鹰山组下段—蓬莱坝组白云岩发育，取心及薄片反映微观储集空间主要有裂缝、孔洞及少量白云岩孔隙。古隆 1 井、古城 6 井鹰山组内幕出气段发育少量白云石晶间微晶石英（溶）孔，多被黑色沥青质半充填-全充填，并发生硅化现象。顺南 5 井、顺南 7 井储层不发育，其岩心主要储集空间以微裂缝为主，发育少量晶间孔隙和孔洞（尤东华等，2018）。

古城地区鹰山组、蓬莱坝组白云岩储层储集空间以裂缝和沿缝孔洞为主，还发育孔洞和白云岩晶间孔，在成像测井上也发育溶蚀孔洞和裂缝，其白云岩储层发育程度总体要好于顺南地区。根据顺南-古隆地区鹰山组下段岩心全直径分析，125 件样品分析测试，孔隙度为 0.2%～3%，平均为 1.15%，渗透率为 $0.001×10^{-3}$～$30.2×10^{-3}$ μm^2，平均为 $1.38×10^{-3}$ μm^2。古城地区蓬莱坝组储层成因与断裂-热液改造相关，古城 7 井蓬莱坝组取心揭示储层主要储集空间为裂缝和沿缝扩溶孔洞，在缝洞壁可见微柱状石英（类似于顺南 4 井）。

2. 岩石学特征

在岩心观察的基础上，通过岩心和岩屑样品（2 m/样）所采集的 3000 余件岩石薄片鉴定结果的综合分析，结合曾允孚（1986）的碳酸盐岩分类方案，根据岩石结构特征将顺南-古隆地区中下奥陶统碳酸盐岩岩石类型划分为石灰岩、白云岩、过渡岩类。顺南-古隆地区发育的岩石学特征类型如表 4-2 所示。

表 4-2　顺南-古隆地区碳酸盐岩岩石学类型

类别			基本岩石类型	层位
石灰岩	颗粒灰岩（颗粒含量>50%）	亮晶颗粒灰岩（亮晶>泥晶）	亮晶（极细）砂屑灰岩、亮晶鲕粒灰岩、亮晶砾屑灰岩、亮晶藻屑灰岩、亮晶颗粒灰岩	一间房组、鹰山组
		微亮晶颗粒灰岩	微亮晶砂（砾）屑灰岩、微亮晶鲕粒灰岩、微亮晶生屑灰岩、微亮晶颗粒灰岩（3 种以上颗粒混合）	
		（泥）微晶颗粒灰岩（微晶>亮晶）	泥晶（极细）砂屑灰岩、泥晶生屑灰岩、泥晶藻屑灰岩、泥晶颗粒灰岩、泥晶砾屑灰岩	
	颗粒泥晶灰岩（颗粒含量为 50%～25%）		砂屑泥晶灰岩、生屑泥晶灰岩	一间房组、鹰山组
	含颗粒泥晶灰岩（颗粒含量为 25%～10%）		含砂屑泥晶灰岩、含生屑泥晶灰岩	
	微晶灰岩（颗粒含量<10%）		泥晶灰岩、微晶灰岩	
	生物灰岩	藻灰岩	藻纹层灰岩、藻黏结岩	一间房组、鹰山组
白云岩	晶粒白云岩		粉晶云岩、细晶云岩、中-粗晶云岩，不等晶云岩	鹰山组下段
	（残余）颗粒白云岩		（残余）砂屑白云云岩	
过渡岩类	含云灰岩、云质灰岩、含灰云岩、灰质云岩（斑状云岩）			鹰山组下段
硅化岩	含灰质硅质岩、灰质硅质岩、硅质岩			鹰山组

3. 地球化学特征

岩屑碳氧同位素证据：系统选取了古隆 1 井奥陶系碳酸盐岩井段的碳酸盐岩岩屑样品，进行清洗并挑选代表性岩屑样品进行碳氧同位素分析。研究表明，当 $\delta^{18}O$ 值低于-10‰时，其原始 $\delta^{18}O$ 特征可能已发生明显改变（Kaufman and Knoll，1995）；而 $\delta^{18}O$ 为-5‰～-10‰的样品，其原始氧同位素组成可能发生改变，但碳同位素组成变化不大（Derry et al.，1994）。黄思静认为 $\delta^{18}O$ 小于-8‰即表明受到温度的明显影响。从古隆 1 井岩屑的碳氧同位素剖面看，鹰山组产气层段的氧同位素明显比上下地层的氧同位素偏负，表明其经历了相对更高的成岩蚀变（与上述岩石学特征相结合，^{18}O 的亏损是热液流体作用的结果）。由于温度对碳同位素的分馏影响较小，故碳同位素剖面上产气层与非产气层基本一致，与区域碳酸盐岩地层的碳同位素演化相一致。

岩心碳氧同位素证据：在产气层之下的取心段发育白云石脉与方解石脉，选取白云石脉、方解石脉与围岩基质白云石进行碳氧同位素分析。从碳氧同位素的关系看（图4-34），裂缝充填的白云石、方解石与围岩相比具有更负的 $\delta^{18}O$ 值，且部分围岩的氧同位素小于-10‰，位于热液蚀变的范围之内。

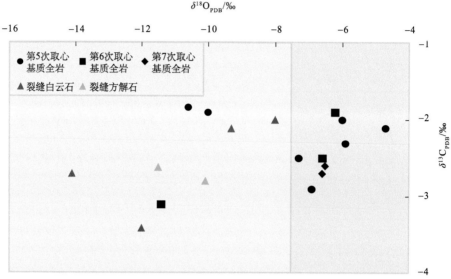

图4-34 古隆1井鹰山组取心段白云石脉与方解石脉与围岩碳氧同位素对比

包裹体证据：白云石脉的两相流体包裹体均一温度为120～170℃，主要温度范围为140～150℃；方解石脉的两相流体包裹体均一温度为130～180℃，主要温度范围为140～160℃（图4-35）。白云石脉与方解石脉较高的两相流体包裹体均一温度与其偏轻的氧同位素特征相一致，表明其形成与断裂-裂缝相关的热液流体活动相关。

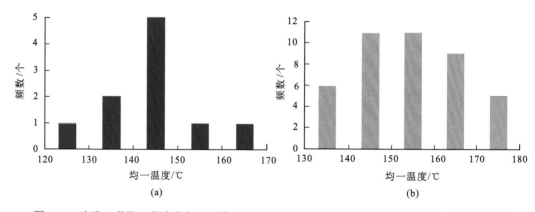

图4-35 古隆1井取心段次生白云石脉（a）与方解石脉（b）两相流体包裹体均一温度直方图

4. 储层成因模式

岩性对储层发育的控制体现在鹰山组随着埋深增加，白云石含量逐渐增加，宏观上表现为碳酸盐岩储集性能改善（吕修祥等，2011）。微观上表现为方解石与白云石相对富硅热液流体的饱和程度差异，由此控制了交代或溶解-沉淀过程的对象选择性。对灰质云岩（或云质灰岩）而言，白云石的结构体系支撑性导致对白云石临界饱和的弱酸性富硅热液流体改造围岩的结果是形成硅质白云岩（白云石为主，白云石晶间的方解石被微晶石英交代，微晶石英相对缺乏生长的自由空间）。这种现象以古城地区鹰山组下段的白云岩储层为典型代表。此外，白云石与方解石物理性质的差异导致白云岩相对灰岩更容易产生裂缝，一方面可形成裂缝型白云岩储层，另一方面裂缝作为流体的通道进一步改造围岩（如热液溶蚀与热液重结晶作用等）。

断裂活动不仅在碳酸盐岩地层中形成裂缝体系，更重要的是带来与之相关的流体（包括盆地深部的热水以及烃类流体），导致水-岩相互作用。从目前的研究认识看，由于断裂活动的多期性，可能带了多期的不同类型流体，以裂缝体系充填的不同类型矿物为代表。其中，海西早期的北东东向断层张扭活动期富硅热液流体在古城地区的活动具有较大的普遍性。富硅热液流体对围岩的改造是该区储层发育的主要控制因素之一。从富硅热液流体的性质看，可能来源于盆地深部热卤水（图4-36）。

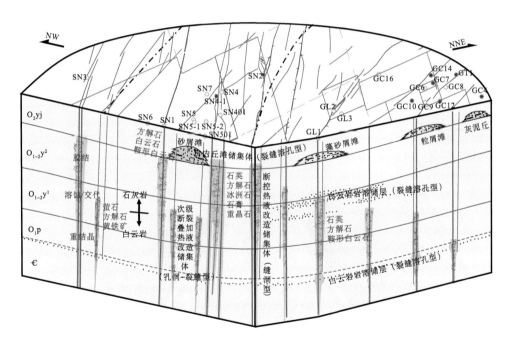

图4-36 顺南地区奥陶系储层综合发育模式

（二）玉北地区奥陶系储层成因模式

1. 储层发育基本特征

通过对玉北地区27口井的实钻情况和分析化验资料等研究，认为巴麦地区奥陶系主要发育裂缝-孔洞型储层（林新等，2018）。纵向上可以分为三套，分别为表层风化壳储层、鹰山组下段储层和蓬莱坝组储层；横向上，储层分布具有明显差异。储层纵、横向分布特征主要表现在以下几个方面。

（1）表层风化壳储层主要分布于玉北东部断裂带，储层类型主要为裂缝型，其次为孔洞型，如玉北7、玉北1、玉北2、玉北3等井。

（2）鹰山组下段储层主要分布于玉北东部断裂带、断洼区、中部平台区以及皮山北2井南构造，储层类型主要为裂缝-孔洞型，如玉北8、胜和2、玉北7、玉北5、玉北1-2X、玉北9、玉东4、罗斯2等井。

（3）蓬莱坝组储层可分为上段、下段，上段储层在玉北东部断裂带和断洼区均有钻井揭示，储层类型主要为孔洞型，其次为裂缝型，如玉北5井、玉北7井及罗斯2井；下段储层仅在东部断洼区玉北5井揭示，储层类型主要为孔洞型。

通过成像测井、岩心、薄片等不同尺度的观察，将玉北地区储层空间类型进一步总结为四种储层类型：溶蚀孔洞型、裂缝-溶孔型、溶孔-裂缝型、裂缝型。通过对玉北地区钻井岩心的系统分区、分段统计，分别做出了东部断褶带表层、东部断洼区表层、中-西部表层，鹰山组下段以及蓬莱坝组储集空间类型的统计图（图4-37），从图中可以看出，表层储层从岩心统计结果来看，东部断裂带表层储层主要类型为裂缝型，并且该种类型的储层占有绝对优势，沿裂缝局部发育溶蚀孔洞型储层；东区断洼区表层储层裂缝型储层和溶蚀孔洞型储层均有发育；中-西部地区表层储层类型同样以裂缝型储层为主，同时发育部分溶蚀孔洞型储层。鹰山组下段储层主要类型为裂缝-溶孔型，也有裂缝型储层发育。蓬莱坝组主要储层类型为溶蚀孔洞型，其次为裂缝型储层。从储集空间类型分析得出，裂缝型储层主要分布在东部断裂带表层，裂缝-溶孔型储层主要分布在鹰山组下段，而溶蚀孔洞型储层则分布于蓬莱坝组。

2. 岩石学特征

通过录井岩性、岩心观察、薄片观察等不同尺度的观察统计，玉北地区中-下奥陶统的岩石类型主要是晶粒结构的白云岩及颗粒结构的灰岩，白云岩中颗粒幻影较多（张哨楠，2020）。玉北地区中-下奥陶统岩石类型的纵向变化表现出从下部的蓬莱坝组到上部的鹰山组白云岩含量整体逐渐减少的特征，下部的蓬莱坝组以白云岩为主，在玉北7井下部见少量（砾屑）砂屑灰岩，另外部分白云岩中可见具有残余颗粒结构，鹰山组下段岩石类型与蓬莱坝组相似，白云岩含量较高，但灰质含量有所增多，到鹰山组上段，岩石类型则变为以颗粒结构的灰岩为主，颗粒以砂屑为主，含少量泥晶灰岩及白云岩（图4-38）。

3. 地球化学特征

全岩、填隙物的碳氧同位素组成的差异性被视为成岩作用类型和发育环境程度差异而成，可作为研究成岩环境的有效地球化学标志之一。一般认为大气淡水成岩环境的 $\delta^{18}O$、$\delta^{13}C$ 均具有向高负值滑移的趋势。具体表现为 $\delta^{13}C$ 为低-中负值，$\delta^{18}O$ 为高负值；而在浅埋-深埋藏成岩环境下，$\delta^{13}C$ 随埋深加大变化不大，而 $\delta^{18}O$ 则随埋深加大而减小。

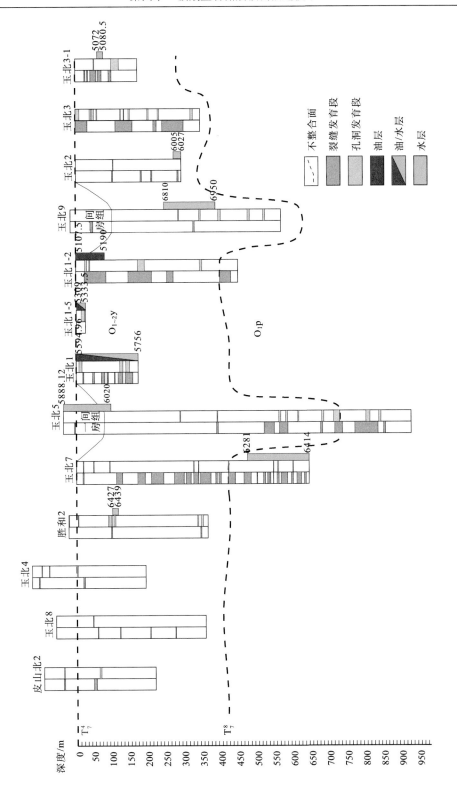

图 4-37　玉北地区奥陶系裂缝与孔洞发育分布图

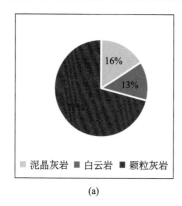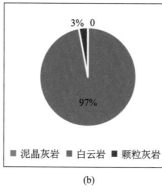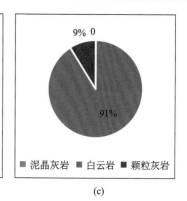

图 4-38　玉北地区奥陶系储层岩石类型统计图

（a）表层；（b）鹰山组下段；（c）蓬莱坝组

通过对玉北地区奥陶系碳氧同位素研究表明：①良里塔格组 $\delta^{13}C$ 除玉北 9 井和皮山北 2 井少量样品为负外，绝大多数基本为正值，为 0～2‰（PDB），而 $\delta^{18}O$ 为负值，为 –3‰～–8‰（PDB）。②一间房组 $\delta^{13}C$ 多数为负，为 –0.5‰（PDB）左右，$\delta^{18}O$ 为 –5‰～–6‰（PDB）。③鹰山组灰岩除平台区有少数 $\delta^{13}C$ 为正值之外，$\delta^{13}C$、$\delta^{18}O$ 大部分为负值，其中 $\delta^{18}O$ 主要集中在 –5‰～–10‰（PDB），而东部断裂带玉北 1 井 $\delta^{18}O$ 为最高负值。④鹰山组溶蚀孔洞中充填方解石的 $\delta^{13}C$、$\delta^{18}O$ 明显比基岩偏负，如玉北 8 井、玉北 2 井、玉东 4 井和玉北 6A 井中孔洞方解石 $\delta^{13}C$ 一般为 –3‰～–1.5‰（PDB），$\delta^{18}O$ 为 –14‰～–10‰（PDB），明显表明溶蚀孔洞中方解石受大气淡水成岩作用的结果；玉东 4 井鹰山组白云岩 $\delta^{13}C$、$\delta^{18}O$ 也表现明显偏负的特点。⑤而蓬莱坝组 $\delta^{13}C$、$\delta^{18}O$ 虽基本为负值，但 $\delta^{18}O$ 多为 –8‰～–6‰（PDB），$\delta^{13}C$ 为 0～–1.5‰（PDB）。

上述成果表明，良里塔格组、一间房组、鹰山组、蓬莱坝组可能都经历了大气淡水成岩环境，但相对来说，东部断裂带受到大气淡水的影响、强度明显较大，同时埋藏成岩环境也是主要影响因素，特别是蓬莱坝组白云岩表现最明显。

4. 储层成因模式

通过对玉北地区奥陶系碳酸盐岩储层特征系统研究，结合各类成岩作用及古地貌演化特征，总结了储层发育主控因素及发育规律，在此基础上，建立了玉北地区奥陶系储层发育模式（图 4-39）。

玉北地区中-下奥陶统整体处于一个相对海平面上升的时期,在蓬莱坝组沉积期整体为相对较为局限的水体环境，以局限-半局限台地相的颗粒滩及滩间海沉积为主，在沉积过程中，由于相对海平面的波动，在古地貌相对较高的位置，沉积物出现短暂的暴露，形成准同生溶蚀，溶蚀产生的储集空间主要有两类，一类是较小尺度的具有结构选择性的铸模孔和粒内孔等，此类溶孔部分被淡水或海水胶结，部分则得以保存而经历后期的成岩作用，另一类储集空间是较大尺度的非结构选择性的溶洞，溶洞具有顺层发育的特征。

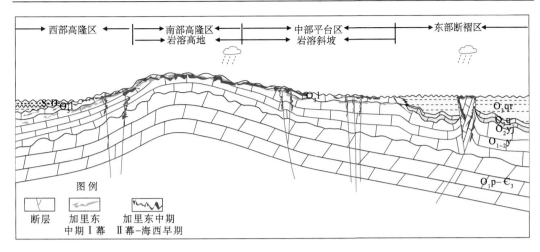

图 4-39　玉北地区奥陶系储层发育模式图

鹰山组沉积时期，上述准同生溶蚀作用继续进行，但是由于相对海平面比蓬莱坝组整体有所升高，因而准同生暴露的时间尺度更小，溶蚀形成的储集空间相对蓬莱坝组有所减少，以小尺度的结构选择性溶孔为主。但由于鹰山组沉积时期，加里东中期的断裂活动开始增强，断褶带内的地层开始相对断褶带外部区域出现明显的隆升，因而断褶带内地层暴露相对较多，在玉北 1 断裂带等钻井中可见相对较大的溶洞，玉北 1-2 X 井、罗斯 2 井鹰山组剥蚀最多。同时，断裂活动也对储层有直接的贡献作用，形成了裂缝型储层。

随着埋藏过程的进行，温压条件达到可以突破白云岩化的动力学屏障，埋藏的部分海水导致原始沉积的灰岩开始发生白云岩化，孔隙中静止的海水导致在灰岩中产生分散分布的白云石，而缝合线的发育也为埋藏海水的流动提供了通道从而形成了沿缝合线分布的白云岩化。但由于原始灰岩的胶结作用较强，孔隙残留相对较少，因而埋藏的海水有限，该期白云岩化过程相对强度较低。随着埋深继续进行，下部寒武系白云岩中压溶产生的富 Mg^{2+} 流体也随着加里东中期断裂活动的进行及地层压力的增大开始向上循环进入奥陶系中，从而产生了自下而上程度逐渐降低的白云岩化作用。白云岩化作用过程中，围绕准同生期溶蚀产生的孔洞的白云岩化作用增强了岩石的抗压实性，有利于早期残余的溶蚀孔洞的埋藏保存。

二叠纪早期，全盆范围内的热液流体活动也在玉北地区有所反应，主要是以硅质热液为主的热液流体活动，并形成了黄铁矿、少量热液白云石等。硅质热液活动时期，玉北 3 断裂带内的钻井中的溶洞是受断层夹持导致隆升而经受的溶蚀，因而断裂也为硅质流体活动提供了通道，导致其被完全充填，罗斯 2 井存在同样的现象，而玉北 5 井的溶洞是与裂缝无关的微古地貌控制的溶蚀作用形成的，因而硅质流体的输入比有断裂沟通的玉北 3 井弱，因而硅质充填不完全，而且在硅质流体供应不足的情况下，硅质矿物结晶缓慢，从而在玉北 5 井形成有序度更高的石英，玉北 3 井则是充填隐晶质-微晶质的硅质团块。硅质流体活动过程中，对白云岩的溶蚀作用很弱，在硅质中见自形晶保存好的白云石。硅质流体对灰岩的溶蚀和交代作用较强，但溶蚀产生的空间基本完全被硅质所充填，并且硅质流体也对残余的早期准同生的溶蚀孔洞产生了部分充填，破坏了储层。

二、地球物理预测描述技术

（一）裂缝正演分析

进行正演模拟之前，首先进行一系列简化：①在纵向方向上的地层是大量不同的弹性特性的薄层，并在横向上比较均匀；②没有考虑全波转换（如纵、横波转换）、吸收和绕射等损耗的能量； ③各薄层反射子波与入射到地层界面的地震子波相同，均为平面波的形式传播，但是两者的振幅具有差异。

1. 单裂缝模型与正演

模型设计：模拟地层真实深度，考虑二叠系火成岩对速度的影响，在一间房组、鹰山组、蓬莱坝组分别设计不同级别单裂缝模型。模拟实际长度一间房组与蓬莱坝组为 4.2 km，鹰山组为 4.8 km，其中一间房组与蓬莱坝组各设计了 8 条长 30 m 的近似垂直的单条裂缝（图 4-40）。裂缝间距均等，宽度不等，分别为 0.2 m、0.5 m、1 m、3 m、5 m、10 m、20 m、30 m。鹰山组设计了 9 条长 30 m 的裂缝，裂缝间距相等，宽度分别为 0.2 m、0.3 m 、0.5 m、1 m、3 m、5 m、10 m、20 m、30 m。良里塔格组地层速度为 4800 m/s、一间房组地层速度为 6000 m/s、鹰山组上段地层速度为 6050 m/s、鹰山组下段地层速度为 6100 m/s、蓬莱坝组地层速度为 6150 m/s、裂缝充填速度为 5600 m/s。地层产状较平整，Ricker 子波主频为 25 Hz。

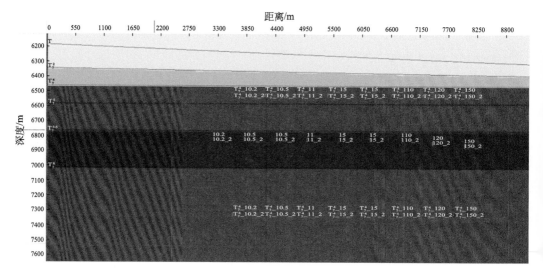

图 4-40　单条裂缝地质模型

　　模拟结果：从模拟结果可以看出（图 4-41），单条裂缝宽度大于 5 m 存在明显的地震响应，对应 30 m 长的裂缝呈现明显的串珠状反射；而单条裂缝宽度小于 5 m，在地震响应特征中基本无反映。

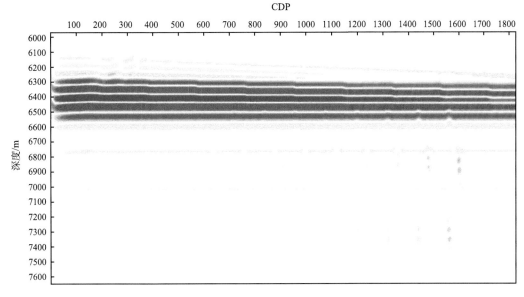

图 4-41　单条裂缝地震正演

　　T_7^4 由于层间速度差异的影响，存在一套强反射，在该层附近的裂缝反射特征整体比较弱，即使裂缝宽度达到 5～30 m，在地震反射特征方面仅当单条缝宽达到 5 m 后才出现同相轴的错断现象。从地震反射特征可以看出，同相轴的错断或单条裂缝所引起的串珠状反射的长度远大于实际裂缝的长度。

2. 裂缝带模型与正演

　　模型设计：地下裂缝型储层中的地震响应特征多是裂缝带的综合响应，为此开展裂缝带模拟。模型设计裂缝带由不同数量的单条裂缝平行排列而成，且裂缝带间距均等，但是宽度不等，裂缝带宽=单条裂缝缝宽×裂缝条数+缝间距×缝间数。一间房组与鹰山组单条裂缝宽度为 0.2 m，裂缝间距为 0.3 m，裂缝长度为 30 m，且单条裂缝均为同一深度平行排列。其中：一间房组设计 2 组裂缝带，裂缝带宽分别为 4.7 m、5.7 m，裂缝带间距为 800 m。鹰山组设计 5 组裂缝带，裂缝带宽分别为 3.7 m、5.2 m、9.7 m、12.2 m、14.7 m，裂缝带间距为 800 m。蓬莱坝组设计 2 组裂缝带宽较大的裂缝带，单条裂缝长 30 m，缝宽 3 m，缝间距为 3 m，且单条裂缝的排列上下错开，裂缝带宽分别为 9 m、27 m。良里塔格组地层速度为 4800 m/s、一间房组地层速度为 6000 m/s、鹰山组上段地层速度为 6050 m/s、鹰山组下段地层速度为 6100 m/s、 蓬莱坝组地层速度为 6150 m/s、裂缝充填速度为 5600 m/s。地层产状较平整，Ricker 子波主频为 25 Hz（图 4-42）。

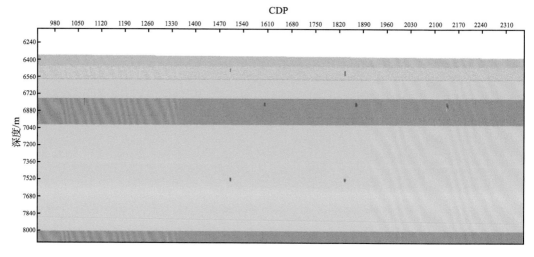

图 4-42 不同级别裂缝带地质模型

模型正演显示（图 4-43），裂缝带的地震响应整体比类似缝宽的单条裂缝地震响应特征弱。且一间房组内整体的强反射掩盖了其中裂缝带的反射。鹰山组与蓬莱坝组裂缝带宽度大于 5 m 时，存在明显的串珠状反射。当裂缝带宽度小于 5 m 时，基本无反射。从模拟结果可以看出，影响地震记录的反射振幅的主要有裂缝带宽度、缝间距离、裂缝长度等参数，而且弱反射能量紧跟反射波后。通过正演模拟得到振幅的变化特征和弱反射识别裂缝发育区。无论单裂缝还是裂缝带，该区裂缝（带）宽度达到 5 m 以上，地震同相轴变化明显，可以识别。

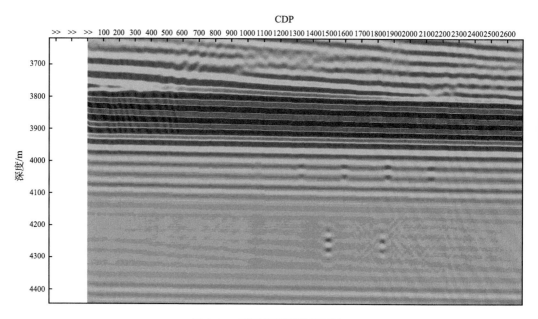

图 4-43 不同级别裂缝带正演

（二）裂缝型储层预测分析

1. 断裂增强构造倾角滤波处理

地震资料的品质直接影响断裂-裂缝系统和储层地震成像的精度，为使地震数据能更准确地对断裂-裂缝系统成像，首先对地震资料进行滤波处理，包括基于离散算法的沿构造方向的断裂增强滤波处理和基于扩散方程的沿地层构造方向的滤波处理。这些处理能在不影响构造复杂性的前提下提高地震数据的信噪比，更加有效地刻画褶皱、断裂和岩溶地貌等地质构造特征。经断裂增强构造倾角滤波处理后，地震数据信噪比得到很大提高，地震反射连续性增强，垂向上断裂也更加清晰。

2. 多属性融合裂缝预测分析

该区裂缝型储层非常发育，准确预测裂缝型储层的分布非常重要。在裂缝型储层预测中，常用的几种三维地震几何属性包括相干（或不连续性）、地层倾角、方位角及曲率属性等。其中，相干属性主要分析三维数据体的不连续性，来进行构造与断裂带的识别（王峣钧等，2014）。倾角属性对地层进行倾角扫描，利用地震反射同相轴倾角的变化识别小断层或裂缝（带）。曲率属性预测裂缝时主要依据岩层发生形变与曲率的关系，通常曲率与张应力成正比，张应力一般导致张裂缝的发育，因而曲率值可间接反映张性裂缝的发育强度。

地震相裂缝分析技术是通过对反映裂缝型储层敏感的地震属性：相干、倾角及最大曲率属性进行属性融合，通过聚类分析，从这些对裂缝型储层敏感的地震属性中，提取出与断裂-裂缝（带）相关的共同特征。以此为基础，对断裂-裂缝（带）进行识别。进一步结合钻井、动态资料及成像测井资料，最终确定裂缝型储层的发育与分布。

利用沿构造倾角滤波处理后的地震资料，提取了多种地震属性体，经与实钻结果分析对比，地震相干、倾角及最大曲率属性能够很好地反映该区断裂-裂缝的发育与展布。一般断裂、地层边界或岩性所引起的地震属性的突变等，在相干体上都会产生一个窄条低值区[图 4-44（a）]。小断裂与裂缝带反映在倾角属性的剖面上往往表现为线状特征[图 4-44（b）]。最大曲率属性，在裂缝发育带通常表现为高值带[图 4-44（c）]。

从图 4-44 的相干切片、倾角切片可以明显地看出该区断裂的发育展布情况，最大曲率切片不但反映出断裂的展布，更进一步反映出微断裂和裂缝的发育展布情况。

在地震几何属性提取的基础上，在一定时窗内，对地震反射倾角、曲率和相干属性体进行地震相分析。图 4-45 为顺南 1 井三维 T_7^4 顶面多属性融合裂缝地震切片（邓道静，2009）。通过聚类分析，将 T_7^4 地震相分为五类，分别用白色、红色、黄色、浅蓝色及蓝色显示。其中 1 类（白色）、2 类（红色）基本代表规模最大的断裂-裂缝通道，3 类（黄色）代表中-小级别裂缝，4 类（浅蓝色）、5 类（蓝色）基本代表基质或微裂缝。从图中可以看出，在顺南 1 井，主要发育三条北东向大的断裂以及两条北东东向的断裂，沿断裂发育一系列裂缝带，整体来讲该区裂缝带（黄色）比较发育，为有利储层分布区。

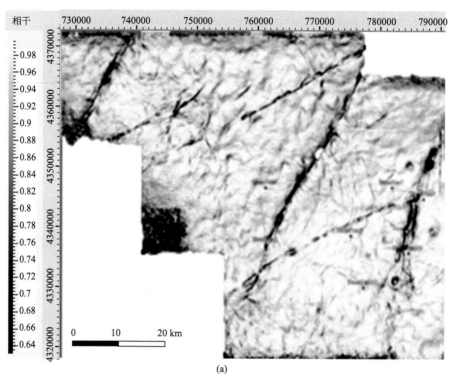

(a)

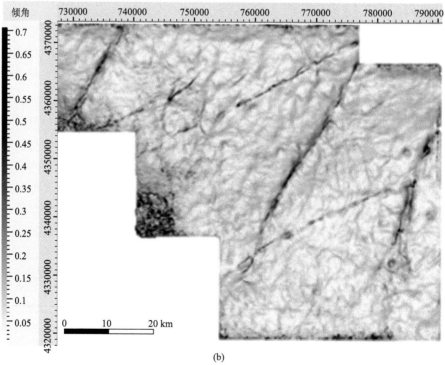

(b)

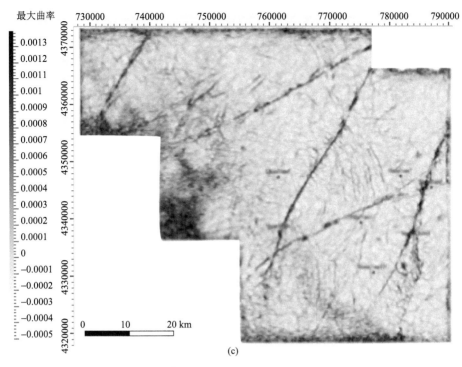

图 4-44 顺南 1 井三维 T_7^4 顶面相干（a）、倾角（b）、最大曲率（c）切片

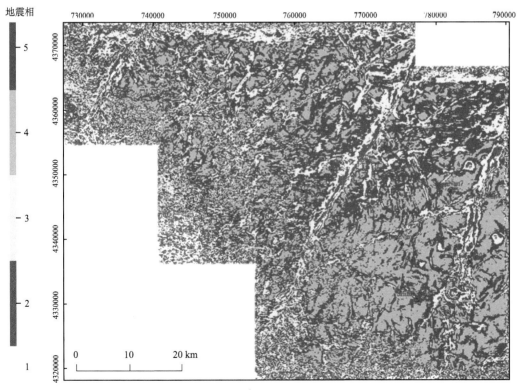

图 4-45 顺南 1 井三维 T_7^4 顶面多属性融合裂缝地震切片

3. 叠前各向异性裂缝检测技术

利用纵波反射数据随观测方位发生变化的信息来分析储层内裂缝的发育和分布情况，一直是人们研究的热点课题。含有裂缝的储层是典型的各向异性介质，自 20 世纪 70 年代以来，地震勘探中的各向异性研究发展迅速，而 Ruger 近似方程的提出大大地推动了纵波振幅各向异性（AVOZ）反演技术的发展，使纵波振幅各向异性反演成为当下最常用的裂缝检测技术（曹彤和王延彬，2016）。

当地震波沿不同方向通过岩石传播表现出的性质不同时，被称为地震各向异性。在利用纵波各向异性信息进行的裂缝检测过程中，通常我们假设裂缝是垂直排列并且相互平行地存在于岩石中，这时含裂缝岩石会表现出横向各向同性的性质，具有水平方向的对称轴（HTI 介质）（王康宁等，2017）。人们对基于裂缝介质的各向异性特征进行裂缝参数反演进而描述裂缝性质进行了大量的研究，通常认为地震振幅沿垂直裂缝方向传播时，会表现出减小的特征；而平行于裂缝或者裂缝不发育时，振幅变化不大，根据这一原理可以进行裂缝检测。

基于前面所述叠前各向异性裂缝预测技术原理，对顺南 1 井的叠前 CMP 道集进行了方位角划分，分为四个方位角，平均角度分别为 45°、90°、135°、180°，对四个方位角的地震数据分别进行了叠后偏移，然后根据 Ruger 方程进行了反演，最后计算得到裂缝的密度和方位数据体。根据反演得到的数据体数据，沿碳酸盐岩顶界面往下提取了裂缝的方位和密度，如图 4-46 所示。

结果说明顺南 1 井的裂缝发育方向性明显，适合使用叠前各向异性的方法进行预测，具有进一步深入研究的潜力。叠前各向异性裂缝预测结果显示：裂缝高密度带沿断裂带发育；裂缝发育方向以北东向为主，与实测吻合好；储层分布受断裂控制，多分布在顺南 4 断裂拉分段，压扭段不发育。

（三）两个尺度的裂缝建模——玉北 1 井奥陶系鹰山组

针对玉北 1 井奥陶系鹰山组裂缝型储层进行裂缝建模（图 4-47），考虑了裂缝在流体流动中所起的作用，分为两个尺度分别建模，裂缝通道 DFN 模型和层间分布改善储层渗透性的弥散裂缝模型。建模过程中，采用了地震资料进行井间约束，实现了裂缝的确定性建模。

1. 地震几何属性和裂缝地震相

断裂增强滤波处理技术改善了地震资料的品质，在此基础上可以得到高品质的地震几何属性，能更好地成像断裂和次-地震级别的断层。本书中产生的三维几何属性包括地震倾角、方位角、不连续性和曲率属性。本书应用了无监督地震相分析，不需要地质先验信息，而是自然遵循所选用的地震属性的独特特征。综合运用主成分分析、基于贝叶斯概率模型的聚类分析算法和判别分析来识别和描述地震相类型。反映裂缝的地震几何属性能够提供增强的细节，有利于检测构造解释和断裂/裂缝。将不连续属性和倾角、曲

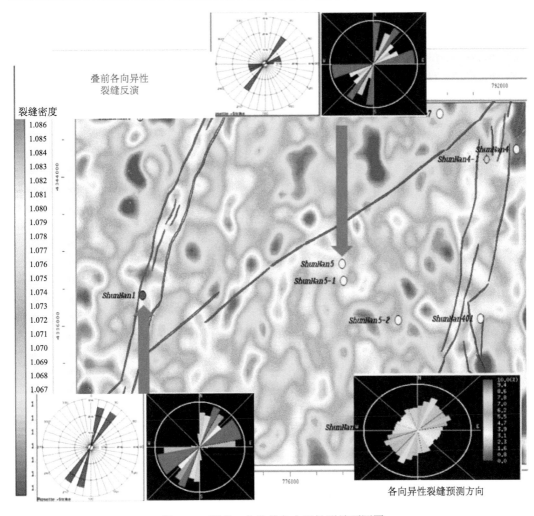

图 4-46　顺南 1 井叠前各向异性裂缝预测图

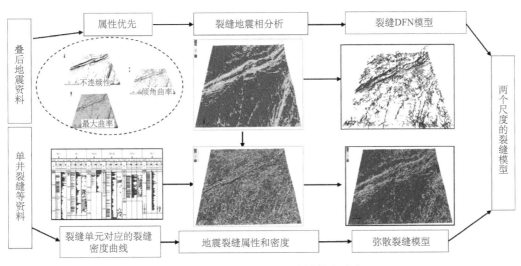

图 4-47　两个尺度的裂缝建模技术思路

率属性综合起来，追踪构造不连续性质如微地震级别的断裂和裂缝通道。得到了合适的地震相之后，最关键的就是解释地震相。在目的层，裂缝地震相的交会图为倾角和曲率属性，表明最大曲率属性对地震裂缝相非常敏感。倾角值大、曲率值大的地震相，裂缝发育程度高。结果表明，这个裂缝相最能表现次-地震断裂和裂缝通道。裂缝最不发育的地震相，表现为最小的曲率值和倾角值，最大的不连续性，代表了背景岩石，与裂缝相关的力学性质在地震上几乎没有检测到。

2. 离散裂缝建模和弥散裂缝建模

　　裂缝通道主要是断裂相关的裂缝组，垂向上横切整个储层，横向上可延伸几十米甚至数百米。这部分主要聚焦在裂缝通道的建模，这些裂缝通道可以通过最大曲率属性来追踪，代表了主要的不连续面。裂缝通道的信息可以进一步用来建立综合的离散裂缝模型即 DFN 模型，提高确信度。最大曲率属性能够较好地描述裂缝通道。用三维地震数据，裂缝表现为水平切片上的线状特征，并且可以追踪。追踪的裂缝线经过清理和网格化处理，可以建立它们之间的拓扑关系，来研究裂缝的连通关系。结果表明，大多数离散裂缝都是孤立的。即使连通的离散裂缝也只占了总体的很少一部分，它们在评估储层连通性、定义井周围和流动效率的时候占有重要的地位。大约 70%的地震离散裂缝长度短于400 m。根据方向，把 DFN 模型分为三组（图 4-48）：NE（0°～70°，红色）、EW（70°～120°，绿色）和 NW（120°～180°，蓝色）。基于成像测井的裂缝分析，开启缝的主要方向为北东向。结果表明，北北东向和北北西向的裂缝主要分布在背斜的北部和南部斜坡。断隆带上被北东向的走滑断裂系统错断，北北东向裂缝组具有明显的连续性。可以从 DFN 模型中看出，断隆带被南东向的逆冲断裂系统截断。在断隆带，北西向展布的裂缝组发育在北部，北东向展布的裂缝组主要发育在断隆带上。裂缝相交的地方发育东西向裂缝。裂缝主要分布在断隆带上。

图 4-48　鹰山组顶面至 60 ms 离散裂缝模型

　　成像测井资料提供了井点的裂缝展布。分析表明,玉北1断隆带上的井裂缝和孔洞-裂缝单元发育较好。在工区内,断裂系统对裂缝起到了主要的作用。基于成像测井资料的相关分析表明,最大曲率对裂缝发育强度非常敏感。随着裂缝强度增强,最大曲率属性值也增加。弥散裂缝建模分为三套,分别是0°~70°、70°~120°、120°~180°。图4-49为弥散裂缝密度平面图(综合三组不同角度组合)。弥散裂缝分布广泛,它们可以连通大尺度的裂缝,并且保证致密储层间的连通性。基于P1数据,裂缝地震相重新归类为不同的定性类别,用来约束裂缝开度的建模。

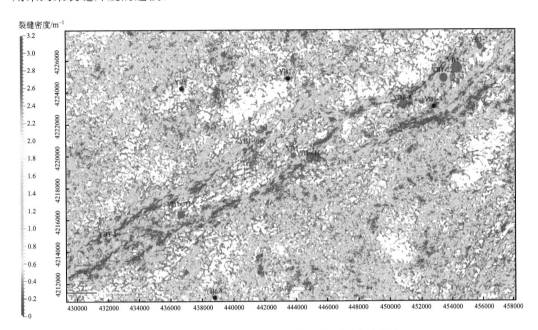

图4-49　弥散裂缝密度分布(综合三组不同角度组合)

　　如前所述,DFN模型的属性包括裂缝密度、长度,方向和开度都被进行估算。由于DFN模型中离散裂缝主要与断裂相关,离散裂缝的分布主要受控于局部断裂系统。DFN模型的裂缝密度可以通过井上的密度曲线进行标定,并运用总孔隙度模型进行校正,总孔隙度模型考虑到了裂缝密度随着孔隙度的增大而急剧减少。一旦两种裂缝模型都建立起来,裂缝通道尺度的DFN模型将会用在尺度较小的弥散裂缝中。

参 考 文 献

曹彤, 王延彬. 2016. 改进的方位各向异性地震反演裂缝预测技术及应用. 科学技术与工程, 16(28): 43-48

邓道静. 2009. 碳酸盐岩裂缝型储层叠前地震预测技术应用. 勘探地球物理进展, 32(2): 133-137

郭旭升, 郭彤楼, 黄仁春, 段金宝. 2014. 四川盆地元坝大气田的发现与勘探. 海相油气地质, 19(4): 57-64

姜素华, 庄博, 刘玉琴, 等. 2004. 三维可视化技术在地震资料解释中的应用. 中国海洋大学学报, 34(1): 147-152

焦存礼, 何碧竹, 王天宇, 等. 2018. 顺托果勒奥陶系一间房组超深层灰岩储层类型及储集空间定量表

征. 岩石学报, 34(6): 1835-1846

焦存礼, 何碧竹, 邢秀娟, 等. 2010. 塔中地区奥陶系加里东中期Ⅰ幕古岩溶特征及控制因素研究. 中国石油勘探, 15(1): 21-26

李宏涛, 龙胜祥, 游瑜春, 等. 2015. 元坝气田长兴组生物礁层序沉积及其对储层发育的控制. 天然气工业, 35(10): 39-48

李宏涛, 肖开华, 龙胜祥, 等. 2016. 四川盆地元坝地区长兴组生物礁储层形成控制因素与发育模式. 石油与天然气地质, 37(5): 744-755

林新, 龚伟, 余腾孝, 等. 2018. 塔里木盆地玉北地区奥陶系储层成因及分布. 海相油气地质, 23(3): 11-20

刘国萍, 游瑜春, 冯琼, 等. 2017a. 元坝长兴组生物礁储层精细雕刻技术. 石油地球物理勘探, 52(3): 583-590

刘国萍, 游瑜春, 冯琼. 2017b. 基于频谱成像技术的元坝长兴组生物礁储层连通性研究. 石油物探, 56(5): 746-754

刘军, 陈强路, 王鹏, 等. 2021. 塔里木盆地顺南地区中下奥陶统碳酸盐岩储层特征与主控因素. 石油实验地质, 43(1): 23-33

龙胜祥, 游瑜春, 刘国萍, 等. 2016. 元坝气田长兴组超深层缓坡型礁滩相储层精细刻画. 石油与天然气地质, 36(6): 994-1000

鲁新便, 何成江, 邓光校. 2014. 塔河油田奥陶系油藏喀斯特古河道发育特征描述. 石油实验地质, 36(3): 268-274

罗先平, 韩博. 2014. 于奇西地区岩溶圈闭落实技术研究. 中国西部科技, 13(4): 41-49

吕修祥, 张艳萍, 焦伟伟, 等. 2011. 断裂活动对塔中地区鹰山组碳酸盐岩储集层的影响. 新疆石油地质, 32(3): 244-249

马永生, 蔡勋育, 赵培荣. 2014. 元坝气田长兴组—飞仙关组礁滩相储层特征和形成机理. 石油学报, 35(6): 1001-1011

孟祥霞, 王宏斌, 姚清洲, 等. 2015. 塔北隆起构造演化特征及对奥陶系碳酸盐岩的控储控藏作用. 天然气地质学, 26(S1): 109-119

倪新锋, 王招明, 杨海军, 等. 2010. 塔北地区奥陶系碳酸盐岩储层岩溶作用. 油气地质与采收率, 17(5): 11-16

倪新锋, 杨海军, 沈安江, 等. 2011. 塔北地区奥陶系灰岩段裂缝特征及其对岩溶储层的控制. 石油学报, 31(6): 933-940

彭守涛, 何治亮, 丁勇, 等. 2010. 塔河油田托甫台地区奥陶系一间房组碳酸盐岩储层特征及主控因素. 石油实验地质, 32(2): 108-114

佘德平, 曹辉, 郭全仕. 2000. 应用三维相干技术进行精细地震解释. 石油物探, 39(2): 83-88

万效国, 郭光辉, 谢恩, 等. 2016. 塔里木盆地哈拉哈塘地区碳酸盐岩断层破碎带地震预测. 石油与天然气地质, 37(5): 786-791

王康宁, 李慧莉, 张继标. 2017. 塔中北坡地区奥陶系碳酸盐岩叠前地震裂缝预测方法应用研究. 地球物理学进展, 32(5): 2078-2084

王天宇, 焦存礼, 杨锋杰, 等. 2018. 顺南地区中奥陶统一间房组沉积微相特征与展布规律研究. 山东科技大学学报(自然科学版), 37(4): 12-21

王峣钧, 郑多明, 李向阳, 等. 2014. 碳酸盐岩裂缝-孔洞型储层缝洞体系综合预测方法及应用. 石油物探, 53(6): 727-736

武恒志, 李忠平, 柯光明. 2016. 元坝气田长兴组生物礁气藏特征及开发对策. 天然气工业, 36(9): 11-19

武恒志, 吴亚军, 柯光明. 2017. 川东北元坝地区长兴组生物礁发育模式与储层预测. 石油与天然气地质, 38(4): 645-657

尤东华, 曹自成, 徐明军, 等. 2020. 塔里木盆地奥陶系鹰山组多类型白云岩储层成因机制. 石油与天然气地质, 41(1): 92-101

尤东华, 韩俊, 胡文瑄, 等. 2017. 超深层灰岩孔隙-微孔隙特征与成因——以塔里木盆地顺南 7 井和顺托 1 井一间房组灰岩为例. 石油与天然气地质, 38(4): 693-702

尤东华, 韩俊, 胡文瑄, 等. 2018. 塔里木盆地顺南 501 井鹰山组白云岩储层特征与成因. 沉积学报, 36(6): 1206-1216

曾允孚. 1986. 沉积岩石学. 北京: 地质出版社

曾允孚, 李南豪. 1982. 我国主要碳酸盐岩油气储集岩的特征. 成都地质学院学报, 3: 1-14

张继标, 张仲培, 汪必峰, 等. 2018. 塔里木盆地顺南地区走滑断裂派生裂缝发育规律及预测. 石油与天然气地质, 39(5): 955-963

张军涛, 金晓辉, 李淑筠, 等. 2016. 鄂尔多斯盆地奥陶系马五段孔隙充填物类型与成因. 石油与天然气地质, 37(5): 684-690

张哨楠. 2020. 塔里木盆地玉北地区奥陶系储层成因研究. 沉积与特提斯地质, 40(3): 72-85

周路, 李东, 吴勇, 等. 2017. 四川盆地北部长兴组生物礁地震响应特征与分布规律. 岩石学报, 33(4): 1189-1203

Derry L A, Brasier M D, Corfield R M, et al. 1994. Sr and C isotopes in Lower Cambrian carbonates from the Siberian craton: A paleoenvironmental record during the "Cambrian explosion". Earth and Planetary Sciences Letters, 128: 671-681

Kaufman A J, Knoll A H. 1995. Neoproterozoic variations in the C-isotopic com position of seawater: Stratigraphic and biogeochemical implications. Precam brian Research, 73(1-4): 27-49

第五章　油气封盖机理与模拟实验研究

第一节　盖层的形成与保存模式

一、盖层发育的层序样式类型

层序样式是指等时地质体即层序内部不同体系域的空间配置形式；它刻画的是一个以体系域为基本单元的层序内部的特征。它是以层序内部体系域的特征分析与对比为基本研究方法。由于超层序（或二级层序）和三级层序都是由体系域组成，因此层序样式具有层次性。根据优势体系域原则，海相沉积层序可以划分出 3 种基本样式（图 5-1），分别是 T 型[优势体系域为海侵体系域（TST），TST 厚度大于高位体系域（HST）]、H型（优势体系域为 HST，HST 厚度大于 TST）、TH 型（TST 和 HST 优势互补明显，厚度上二者近似相等）。

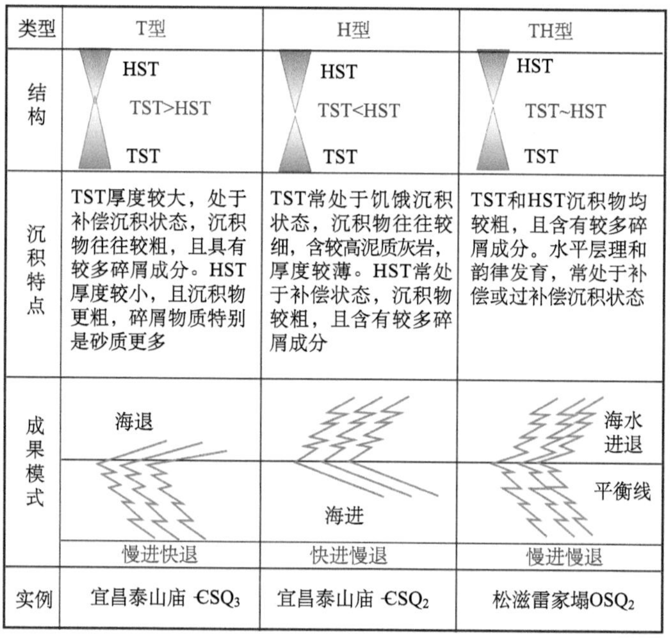

类型	T型	H型	TH型
结构	HST TST>HST TST	HST TST<HST TST	HST TST~HST TST
沉积特点	TST厚度较大，处于补偿沉积状态，沉积物往往较粗，且具有较多碎屑成分。HST厚度较小，且沉积物更粗，碎屑物质特别是砂质更多	TST常处于饥饿沉积状态，沉积物往往较细，含较高泥质灰岩，厚度较薄。HST常处于补偿状态，沉积物较粗，且含有较多碎屑成分	TST和HST沉积物均较粗，且含有较多碎屑成分。水平层理和韵律发育，常处于补偿或过补偿沉积状态
成果模式	海退 慢进快退	海进 快进慢退	海水进退 平衡线 慢进慢退
实例	宜昌泰山庙 €SQ₃	宜昌泰山庙 €SQ₂	松滋雷家塌OSQ₂

图 5-1　层序样式的基本类型

研究表明，层序样式对盖层的发育层位或位置具有直接的控制作用。盖层类型主要表现为三种，即 H 型样式 TST 下部泥质岩，TH 型样式 CS（凝缩段）附近的泥灰岩及 H 型样式 HST 膏盐岩。同时，相对于 T 型、TH 型，H 型层序样式发育优质盖层，对保存最有利。

对于泥质岩盖层，快速海侵缓慢海退的超层序样式一般以发育于 H 型超层序样式的 TST 下部的盖层质量较好，如川东南地区的下震旦统陡山沱组 SS1-TST、川东南地区与鄂西渝东地区的下寒武统牛蹄塘组 SS3-TST（图 5-2，图 5-3）、川东南地区与鄂西渝东地区的下志留统龙马溪组 SS7-TST 盖层，均发育于相关超层序的海侵体系域下部，它们均是较纯的泥页岩类，含或夹粉砂、细砂质的少。

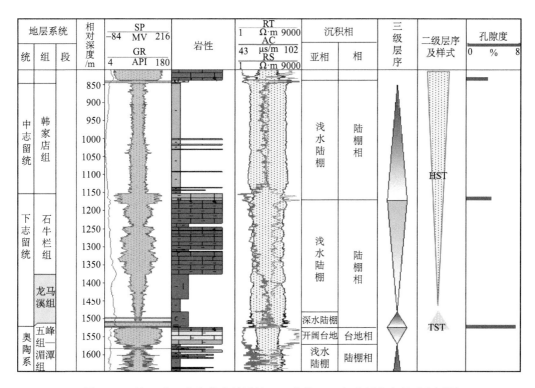

图 5-2　丁山 1 井下志留统龙马溪组 SS7 中的 TST 与盖层发育关系分析图

对于泥质岩盖层，缓慢海侵和缓慢海退的超层序样式中的盖层主要发育于海侵体系域的上部 CS，往往包含有凝缩段沉积，甚至可延伸到高位体系域的早期，如下寒武统牛蹄塘组上部 SS3-CS 盖层发育层位对应于早寒武世 Tommotian 全球缺氧事件，上奥陶统五峰组—下志留统龙马溪组 SS7-CS 盖层发育层位对应于晚奥陶世—早志留世 Himantian-Rhuddanian 全球缺氧事件。需指出的是，具缓慢海侵和快速海退的超层序样式中，一般不发育区域性的盖层，以凝缩段最为重要。

对于膏盐岩盖层，这些膏盐岩主要分布在黔中隆起、鄂西渝东、湘鄂西与四川盆地的清虚洞组上部、石冷水组、娄山关组下部、高台组、龙王庙组。它们多出现于快速海侵缓慢海退的 H 型超层序样式的高位体系域中，如川东南与鄂西渝东地区的中-下寒武统-HST 的膏盐岩盖层，并且多位于 HST 的上部，即三级层序晚期的高位体系域中。

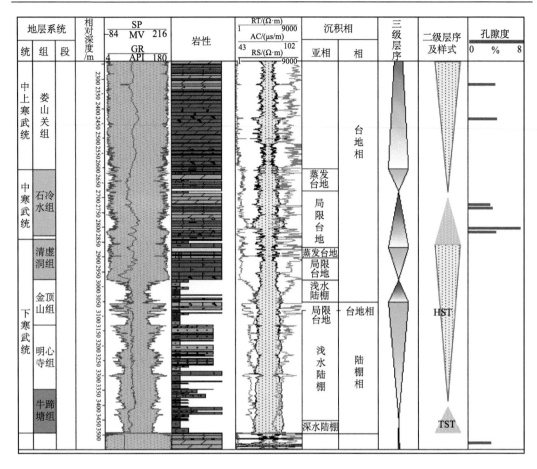

图 5-3　丁山 1 井下寒武统牛蹄塘组 SS3 中的 TST 与盖层发育关系分析图

　　所以，相对于 T 型、TH 型，H 型层序样式发育优质盖层，对保存最有利。

　　与此同时，三级层序及体系域也决定了盖层的封闭性能：即 TST 有利于油气封盖。在湘鄂西地区的湖南古丈县罗依溪镇的栖凤隧道剖面上，于下寒武统杷榔组（属于 TST）与清虚洞组（属于 HST）的不同成分的页岩中进行了 5 m 间隔的系统采样（图 5-4），配套测试了这些页岩盖层样品的突破压力、比表面积等微观封闭性能参数（图 5-5）。

　　结果表明，自下而上由 HST 向上穿过层序界面 SB 到达 TST：①突破压力从小变大；②比表面积从大变小；③伊利石结晶度变化不明显，但均小于 0.42，未达变质；④页岩中的砂质含量变小；⑤页岩中的灰质含量增大。上述 5 项指标一致表明，TST 的泥质岩类盖层明显比 HST 的好（周雁等，2011a）。

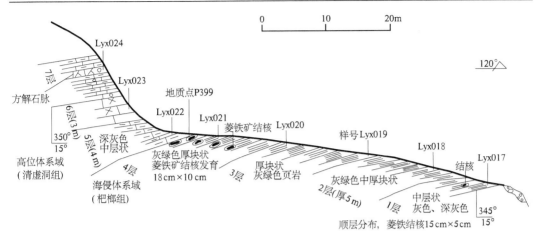

图 5-4　露头剖面的三级层序划分与盖层的系统采样

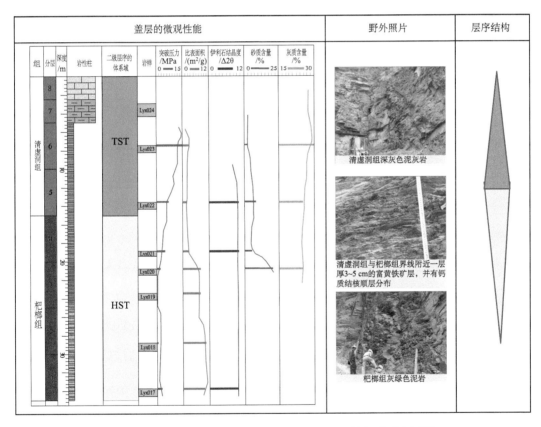

图 5-5　下寒武统 TST/HST 与页岩盖层的微观性能关系分析图

二、盖层的形成与时空展布

（一）泥岩盖层发育分布模式

泥岩盖层发育和分布主要受控于海平面变化及物源条件双重因素。在盆地稳定发展阶段，海平面变化是控制海相沉积的主要因素。中国南方地质演化历史显示，构造转换期具有明显的双因素共控沉积特点，泥岩盖层的发育分布时间上与重大构造事件紧密关联，空间上主要与盆地发生发展的两个端元密切相关，构成了两元模式（图 5-6）。

例如，南方寒武系泥岩盖层和志留系泥岩盖层，寒武系泥岩盖层形成于震旦纪发育的裂谷盆地之上，处于盆地形成的初级阶段，泥岩盖层分布广泛；之上中-上寒武统—奥陶系扬子板块主体部位沉积了多个旋回的碳酸盐岩；加里东中期运动的发生，使盆地萎缩，出现凹陷沉积，发育了志留系广泛分布厚度巨大的上部泥岩盖层。在后期的构造运动中，泥岩盖层局部可以成为滑脱层，释放或吸收构造应力，保存下部成藏组合中的油气藏。

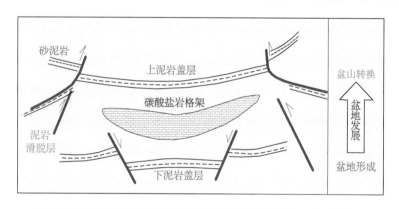

图 5-6　泥岩盖层发育分布的构造-沉积模式示意图（两元模式）

（二）膏盐岩盖层发育分布模式

膏盐岩盖层是高效优质盖层。与泥岩不同，其形成主要与蒸发环境有关。研究表明，膏盐岩发育分布模式主要有三种，分别是陆缘浑水潮坪模式、台内静水潟湖模式及台缘扰动潟湖模式（图 5-7）。

陆缘浑水潮坪模式：下部紫红色泥岩，中部膏质白云岩，中上部膏盐岩，上部云岩。这种模式沉积靠近物源，古隆起控制作用明显，目前已在川西南美姑-五指山区块发现。

台内静水潟湖模式：如建深 1 井剖面，底部为砂屑云岩，中上部具有巨厚的膏盐岩地层，达到了 675 m，在膏盐岩地层内可见几层几米至数十米厚的砂泥岩，在剖面顶部变成灰质白云岩。反映了沉积环境由较开放的潮间环境到长期处于闭塞的潮上萨布哈或盐湖环境，最后又变为开放环境的过程。

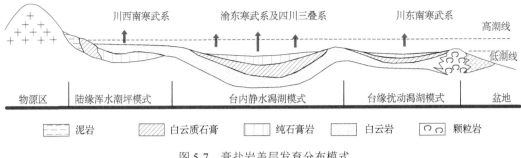

图 5-7　膏盐岩盖层发育分布模式

　　台缘扰动潟湖模式：如丁山 1 井，剖面的下部为灰色鲕粒灰岩、微晶白云岩、泥质白云岩及膏盐岩，构成一个旋回，反映了一个海水变咸的过程，也代表一个从浅滩到潮坪、潮上萨布哈的向上变浅的沉积序列。中上部同样也有 4 个类似的旋回。其最大特点是，膏盐岩旋回多，与白云岩反复薄互层。

三、盖层宏观发育模式与保存差异性

　　考虑影响盖层的主要因素，结合中上扬子区地质结构单元划分等，将盖层发育模式划分为有膏盐岩分布区和无膏盐岩分布区两大类，每个大类中又根据区域盖层的叠合层数与埋藏和剥蚀状态分为六种类型（表 5-1，图 5-8）。

表 5-1　中上扬子盖层发育模式及其分布与保存条件

盖层发育模式划分		发育特点	分布地区	保存条件
无膏盐岩分布区	单层连续埋藏型	只有一套区域盖岩，且连续分布未受到剥蚀破坏	长顺箱状背斜带	差
	单层剥蚀暴露型	只有一套区域盖岩，但受到剥蚀破坏不连续分布	独山冲断背斜带	极差
	双层连续埋藏型	有两套区域盖岩，且均连续分布未受到剥蚀破坏		
	双层剥蚀暴露型	有两套区域盖岩，但部分受到剥蚀破坏，至少有一套盖层不连续分布	武陵拗陷，大巴、大洪山冲断带，龙门山推覆带	差
	多层连续埋藏型	有两套以上区域盖岩，且有三层以上均连续分布并未受到剥蚀破坏		
	多层剥蚀暴露型	有两套以上区域盖岩，但部分受到剥蚀破坏，至少有一套盖层不连续分布	桑植石门复向斜、当阳京山叠瓦推覆带	差
有膏盐岩分布区	单层连续埋藏型	只有一套区域盖岩，且连续分布未受到剥蚀破坏	黔中隆起	好
	单层剥蚀暴露型	只有一套区域盖岩，但受到剥蚀破坏不连续分布		
	双层连续埋藏型	有两套区域盖岩，且均连续分布未受到剥蚀破坏		好
	双层剥蚀暴露型	有两套区域盖岩，但部分受到剥蚀破坏，至少一套盖层不连续分布	花果坪复向斜	
	多层连续埋藏型	有两套以上区域盖岩，且有三层以上均连续分布并未受到剥蚀破坏	四川盆地、江陵仙桃冲断褶皱带	极好
	多层剥蚀暴露型	有两套以上区域盖岩，但部分受到剥蚀破坏，至少有一套盖层不连续分布	利川复向斜、齐岳山复背斜、黔北褶皱带	好

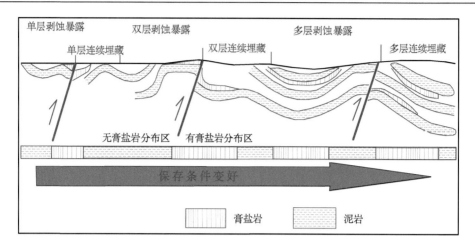

图 5-8　海相盖层宏观发育模式与保存差异性示意图

由于膏盐岩盖层的良好封闭性,所以有膏盐岩分布区大多属于保存条件较好的地区。全区膏盐岩主要有 3 层,寒武系膏盐岩在川东、江汉盆地北部和黔中部分地区,由于露头区膏盐岩往往表现为含膏角砾岩,而该区钻穿寒武系的钻井不多,所以盖层膏盐岩盖层厚度和分布范围推测成分较多,但川东丁山 1 井、建深 1 井均见到厚层膏盐岩,它对寒武系和震旦系储层中油气具有良好的封盖作用。中-下三叠统膏盐岩盖层是四川盆地最好的区域盖层,全盆地分布,江汉盆地当阳拗陷也有部分三叠系膏盐岩,该套盖层不但可以直接封盖中-下三叠统的油气,而且是该区二叠系乃至下组合油气的间接盖层。白垩系—新近系膏盐岩和含膏盐岩泥岩盖层仅在江汉盆地南部分布,对前期破坏的保存系统有重建作用。在无膏盐岩分布区,那些有多层区域盖层叠置分布地区的保存条件无疑要好于只有一套或两套盖层不连续分布的地区。

第二节　盖层封盖机理及封盖能力演化模拟实验

随着勘探难度的增加,对盖层评价也提出了更高的要求,传统的物性分析很难对盖层的封盖能力进行全面的客观评价,本书除了常规的分析外,还开展了一系列模拟实验及岩石力学的相关分析,对泥岩盖层封盖能力的影响因素有了更深刻的认识。

一、驱替法突破压力测定

一般认为封盖层封闭油气的机理类型主要有毛细管封闭、压力封闭、烃浓度封闭和水力封闭等,有些学者认为厚度与封盖能力(突破压力)成正比,通过本次盖层封盖机理的模拟实验,我们认为岩心长度或地层厚度与突破压力没有相关性,突破压力是岩石固有的物理参数。

采用驱替法测定突破压力,尽管有现行行业标准规范[如中华人民共和国石油天然气行业标准《岩石中气体突破压力测定方法》(SY/T 5748—2013)],但国内油气勘探中很少用该方法进行盖层的封盖能力研究，主要原因有两个，一是驱替法测量的周期较长，二是不能模拟地层条件进行测试，以往的设计流程无法实现岩心样品后端的液体加压，因此岩心样品后端的流体不能承受高温，否则液体会气化，无法测得可靠的地层条件下的突破压力参数。

（一）驱替法突破压力仪的研制

该仪器的基本原理是将岩石饱和水或煤油之后置于样品室中，在岩样的一端用气体驱替岩石中的水或煤油，不断提高进口端的压力，一旦在岩心的另一端见到气泡，表明气体已突破岩心，在孔隙中形成了连续流动，这时的压力即为突破压力。

该仪器实现了全自动压力跟踪调整与采集、气泡检测、超压报警功能，是国内最为先进的驱替法突破压力测定仪，实现了实验过程的自动化。

（二）驱替法突破压力测试方法的完善

气驱法突破压力的测定方法有现行行业标准进行规范[中华人民共和国石油天然气行业标准《岩石中气体突破压力测定方法》（SY/T 5748—2013）]。行业标准中对不同气体压力条件下的恒压时间作了如与岩样长度无关的规定。从理论上讲，突破压力应与岩样长度无关，但是在实际测量过程中，岩样长度影响突破时间，岩样越长，突破时间越长，如果岩心样品前端压力已大于或等于岩样的突破压力，但由于岩样长度较长，在行业标准规定时间内，气体没有能流动到岩心的末端形成可检测的气泡，那么根据行业标准规定，岩心样品前端压力将会增加15%，最终导致测得的突破压力值大于岩心的真正突破压力，甚至会得到突破压力与岩样长度成正比，所以在测定过程中应根据岩样长度对恒压时间进行调整。

根据实验结果，对本测试方法补充了如下规定：当样品长度小于0.5 cm时，仍然参照原标准执行；当样品长度大于0.5 cm时，原标准规定的时间必须乘以样品长度的两倍。据此，我们对不同长度的样品进行了突破岩性测定，发现突破压力与长度无关，表明我们在实验基础上对该方法的改进是合理和可靠的（范明等，2011）。

（三）驱替法突破压力实验结果及讨论

南方碳酸盐岩地区的盖层多为高演化泥岩，为了进行不同温度压力条件下的物性测试，本次主要选择了南方地区演化程度相对较低的井下样及地表露头样品进行测试。

1. 不同温度条件下的突破压力模拟实验

理论上讲，温度升高，分子运动加快，固体物质对流体介质的吸附能力减弱，流黏度降低。所以地层条件下与常温常压下的突破压力应存在差别，为了获得突破压力与温度的关系，进行了不同温度下的突破压力测定。

实验结果显示，NJQT-2号样品在27℃条件下的突破压力为2.90 MPa，150℃条件下的突破压力为 0.93 MPa；新洋×1 号样品在 27℃条件下的突破压力为 7.10 MPa，150℃条件下的突破压力为 4.72 MPa（图 5-9）。

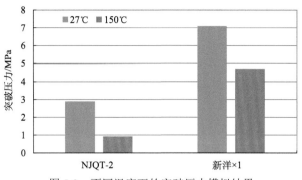

图 5-9　不同温度下的突破压力模拟结果

　　也就是说，当温度升高时，岩石的突破压力将减小。这表明，在地层状态下，岩心的突破压力要远低于常规测定值，这一结果对于盖层保存性能的研究具有重要的意义，当样品从地下取上来进行测试时，在常温下测得的突破压力数值已经不能代表在地下深处的真实突破压力了，岩石能封闭的烃柱高度也会发生改变。所以模拟地层温度条件下得到的突破压力才更具有实际地质意义。

2. 不同长度样品的突破压力

　　本书选取了茅资 1 井泥岩、牛武 2 井细砂岩和南京扬子地区古近系粉砂岩样品，在同一样品上钻取不同长度的小圆柱进行突破压力分析，挑选出孔隙率和渗透率相近的样品进行突破压力测定，以排除样品的不均一性造成的突破压力差异。孔隙率与渗透率测定结果相近的样品如表 5-2 所示，测试数据表明，样品的长度和突破压力之间没有关系。

表 5-2　泥岩样品不同长度驱替法突破压力实验分析

样品号	井号/剖面	岩性	样品长度/cm	孔隙度/%	渗透率/$10^{-3}\mu m^2$	突破压力/MPa
KSG-22	茅资 1 井	泥岩	0.95			6.27
KSG-22	茅资 1 井	泥岩	1.59	9.86	0.297	4.83
KSG-22	茅资 1 井	泥岩	2.11			5.87
NW2-1-2	牛武 2 井	细砂岩	1.40	7.03	0.0532	0.59
NW2-1-3	牛武 2 井	细砂岩	2.55	6.80	0.0550	0.59
NW2-5-1	牛武 2 井	细砂岩	0.87	7.05	0.0201	1.39
NW2-5-2	牛武 2 井	细砂岩	1.80	6.22	0.0253	1.41
NW2-5-3	牛武 2 井	细砂岩	3.72	6.00	0.0358	1.43
NJ-E-4	古近系	粉砂岩	2.50	24.02	0.134	0.53
NJ-E-6	古近系	粉砂岩	2.52	22.88	0.0905	0.50
NJ-E-7	古近系	粉砂岩	2.52	22.17	0.126	0.83
NJ-E-10	古近系	粉砂岩	2.5	23.42	0.102	0.71
NJ-E-13	古近系	粉砂岩	4.75	24.33	0.115	0.53

在盖层研究中，关于厚度对盖层封盖能力的影响一直存在不同的认识。从实验结果来看，盖层厚度对于突破压力的大小没有影响，但厚度对封盖能力的影响不可否认：一是厚度大的盖层其产生贯穿性断裂的可能性变小，有利于油气保存；二是随厚度增加，油气突破盖层后的散失速度减慢，也有利于油气的保存。

为了模拟地层条件进行扩散系数的测定，对扩散系数测定仪进行了改造，经过改进，仪器最大扩散平衡压力为 5 MPa，是原有仪器的 25 倍，围压为 60 MPa，最高温度为 200℃，从而大大提高了模拟天然气藏在漫长地史中扩散作用的真实性；而且新的结构设计能有效地防止岩样孔隙中的饱和水在抽真空时被抽掉，能够模拟含水条件下的扩散系数变化。饱和地层水时扩散系数要远小于干样的扩散系数，一般相差 10～100 倍，最大可达到 1000 倍。

二、围压下渗透率测定

为了研究围压下岩石渗透率的变化，本书选择了常规渗透率较大的两个代表性样品进行了不同围压下渗透率测定。对 NZ007 南漳华新水泥厂-木瓜园剖面志留系含裂隙（脉）的灰绿色泥岩测定时，采用逐步加高围压至最高 66 MPa（仪器极限），再逐步减小围压的测定方式进行测量，得到一条升压曲线和一条降压曲线，可以了解裂隙渗透性能随构造抬升的演化过程，为裂隙存在的泥岩的封盖能力评价提供实验数据。

围压下渗透率测定结果（图 5-10）表明，在抬升过程中，泥岩的裂隙会突然开启，继续埋藏又会愈合，但这个深度可能与不同演化程度的样品有关。

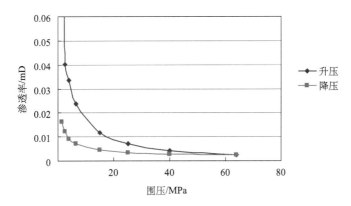

图 5-10　南漳华新水泥厂-木瓜园剖面志留系含裂隙（脉）的泥岩渗透率随围压变化过程

三、埋藏-抬升及构造变形过程中盖层封闭性演化

（一）泥质岩盖层抬升过程中的破裂特点

为了模拟更加接近地下条件，模拟盖层在地层变动和抬升过程中的力学性质变化，

我们设计了模拟地层抬升过程岩石破裂过程的实验。这个实验的基本步骤是首先估算出岩石的抗压强度，然后设定围压，加大轴压并使其接近岩石的极限强度，然后，保持轴压不变，逐渐卸去围压，观察岩石的破裂过程。这一实验基本模拟了地层抬升过程中，盖层的受力变化，即侧向压力没有变化的情况下，地层逐渐抬升，围压减小，逐渐减小到0，也就是抬升到地表时的状况。实验选取了江汉油田广38斜井的泥岩样品，该样品虽然是古近系样品，但是其黏土矿物伊利石结晶度测试表明，该样品处于高成岩演化阶段，伊利石结晶度为0.27，全岩 X 光衍射分析表明该样品主要由黏土矿物和碎屑石英组成。该实验主要模拟了样品在围压分别为 30 MPa、40 MPa、50 MPa 和 60 MPa 状态下，抬升到地表时的破裂过程。由实验结果（图 5-11）可以看出，当围压增加，即地层埋藏深度增加时，岩石的应变只发生轻微的变化，在维持围压不变，增加轴压的过程中，只要不超过岩石的单轴抗压强度，岩石不会发生破裂，即水平挤压应力不超过岩石的单轴抗压强度，岩石会保存稳定，封闭性能不会遭受破坏。当水平挤压应力不变，地层抬升时，岩石在初始阶段会保持稳定，但到一定深度时会集中产生破坏，这与前面提到的野外岩脉的产生过程具有非常好的对应性。由此可见，地层抬升可能是盖层封闭性发生破坏的主要因素（周雁等，2011b）。

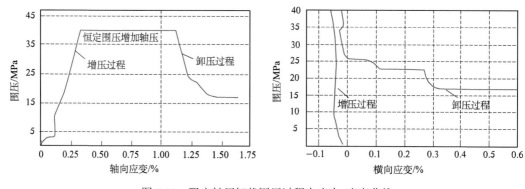

图 5-11 限定轴压卸载围压过程中应力–应变曲线

（二）构造变形过程中盖层破裂实验

在围压一定的情况下，通过改变垂向压应力的大小，模拟其受到的侧向应力变化，通过记录的应力–应变曲线识别岩石的破裂过程。本次实验所取的样品是在同一块样品中，钻取 3~5 个长度一致的小样品，进行不同围压下的应力实验。

丁山 1 井 DS1-009 是高演化泥岩样品。该样品的黏土含量为 10%，石英矿物含量较高为 66%，从黏土矿物种类看，黏土矿物主要为伊利石和绿泥石，伊利石结晶度为 0.3，热演化程度较高，处于晚成岩作用阶段。该高演化泥岩的应力–应变实验结果表明（图 5-12），泥岩在围压为 10 MPa 的情况下，很容易产生微裂缝，极限强度为 52 MPa，样品达到完全破裂，总应变很大，说明埋深较浅的地层条件下，泥岩容易产生微破裂，但是由于围压小，泥岩较为松散，产生明显破裂时的应变较大。随着围压的增加，泥岩产生破裂的压力极限会成倍地增加，围压为 30 MPa 时，样品的极限强度为 254 MPa。但是在围压达到 50 MPa 时，泥岩表现出塑性流变，极限强度有所下降，为 167 MPa，达到极限强度所需的应变很大，也就是说在轴压增加量很小的情况下，岩石的应变却很大。

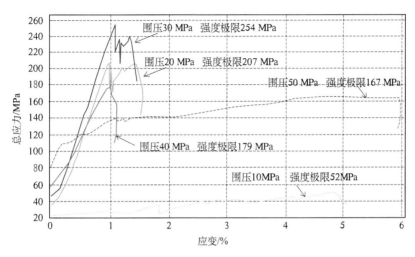

图 5-12 高演化泥岩应力-应变曲线

四、泥页岩盖层脆-延性实验与主控因素分析

（一）力学实验方案

野外现场钻取 0°、22.5°、45°、67.5°、90°五种页岩试样，密封包装后带回实验室加工成各种实验所需的标准尺寸，然后分别进行电镜扫描、粉晶衍射、单轴压缩、巴西劈裂、三轴压缩与单轴应变实验，获取不同角度泥页岩的微观结构、强度参数与破坏特征，建立强度指标与取样角度之间的关系，分析各向异性的影响规律，具体如下。

（1）选取五个不同倾角（分别为 0°、22.5°、45°、67.5°、90°）的页岩试样进行电镜扫描和 X 光衍射实验和波速（V_P，V_S）测量，研究泥页岩的细观组构特征，探究页岩呈现宏观各向异性的本质原因。

（2）选取五个不同倾角的页岩试样进行单轴实验，在横向、纵向以及 45°方向粘贴应变片，测量加载过程中的应变，获取横向上各向同性岩石材料的 5 个弹性常数，即 E_1、μ_1、E_2、μ_2、G_2，分析弹性常数随倾角的变化规律。

（3）选取五个倾角的页岩试样进行巴西劈裂实验，测量加载过程中的应力-应变曲线，获取拉伸弹性常数，并研究拉伸弹性常数随倾角的变化规律以及破坏规律。

（4）选取五个倾角的页岩试样进行三轴压缩实验，其对应的围压分别为 0 MPa、10 MPa、20 MPa、30 MPa、50 MPa、70 MPa，获取其对应的应力-应变曲线，研究压缩峰值强度随倾角变化关系、各向异性对三轴压缩强度和岩石材料脆转延的影响以及各向异性岩石材料的破坏机理。

（5）选取五个倾角的页岩试样进行单轴应变实验，获取泥页岩的名义（前期）固结压力（P_c）与临界超固结比（OCR）值。

为了后期实验结果准确，选取新鲜的刚刚开挖的，能反映某一范围内岩石性质的基本情况的取样地点采集样品，为使岩样保持原有的物理力学性质，在采取过程保证岩样原有结构不受破坏，选用人工机械的方法直接从其岩石上钻取样品，或先从岩石上钻取直径 150 mm 的长柱岩心，再从其上钻取倾角不同的样品，对裂隙发育和较松散的岩层，可以人为避免岩样受外力作用而改变其物理力学性质。取出样品后，迅速擦干、编号、保鲜膜包裹、牛皮纸缠绕、塑胶隔离、蜡封编号，装箱运至实验室妥善保管。

（二）力学实验结果分析

根据方案设计，主要进行了不同取样角度泥页岩的常规物理参数测试（密度、含水率与声波速度测试）、巴西劈裂、单轴压缩、单轴应变与三轴压缩实验，分析取样角度对这些物理力学参数的影响。具体的实验过程与结果分析如下。

1. 岩石常规物理参数

岩石的块体密度通过量积法实验和吸水性实验获得，岩石的波速采用 RSM-SY5 智能声波检测仪测量得到。泥页岩密度随倾角的变化关系为先减少后增大，其中当倾角为 0°时，页岩密度最大；当倾角为 45°时，密度最小。页岩密度随倾角的不同而有所差异的原因可能是层理面含有矿物成分，但总体来说，页岩密度随倾角的不同而表现出来的差异并不大。

对采集样品进行声波测量，其余样品纵波波速分布在 4200～4700 m/s。横波波速分布在 2900～3200 m/s。页岩不同倾角对声波波速有一定影响，整体表现为先增大后减少再增大的趋势。

2. 巴西劈裂实验

对于巴西劈裂实验，取五种不同角度 0°、22.5°、45°、67.5°及 90°为一组，一共取 3 组试样进行巴西劈裂实验。当试样破坏后，记录破坏荷载，并根据式（5-1）换算为抗拉强度。

$$\sigma_t = \frac{2P}{\pi DH} \tag{5-1}$$

式中，σ_t 为岩石抗拉强度，MPa；P 为破坏荷载，N；D 为试样直径，mm；H 为试样高度，mm。

可以得到以下结论。取心角度 0°组：0°系列试样破坏形态较为正常，整体抗拉强度值较为稳定，取其试样抗拉强度平均值为 3.66 MPa。

取心角度 22.5°组：22.5°系列试样破坏形态较为正常，整体抗拉强度值较为稳定，取其试样抗拉强度平均值为 3.18 MPa。

取心角度 45°组：45°系列试样破坏形态较为正常，整体抗拉强度值较为稳定，取其试样抗拉强度平均值为 3.11 MPa。

取心角度 67.5°组：67.5°系列试样破坏形态较为正常，整体抗拉强度值较为稳定，取其试样抗拉强度平均值为 3.42 MPa。

取心角度 90°组：90°系列试样破坏形态较为正常，整体抗拉强度值较为稳定，取其试样抗拉强度平均值为 3.63 MPa。

抗拉强度随页岩不同倾角的变化特征明显。其中，当倾角为 0°和 90°时，其抗拉强度最大；当倾角为 22.5°和 45°时，其抗拉强度较小；当倾角为 67.5°时，其抗拉强度介于两者之间。页岩的抗拉强度整体呈现先减少后增大的"U"形。

3. 单轴压缩强度实验

单轴抗压强度随着页岩不同角度的倾角变化明显，总体呈现先减小后增大的趋势。其中层理面为 0°和 90°时，单轴抗压强度较大，分别为 104.9 MPa 和 102.5 MPa，层理面为 45°时，单轴抗压强度最小，为 36.2 MPa。

变形模量、弹性模量随页岩不同角度的层理面变化明显。弹性模量随层理面呈现先增大后减小的趋势，变形模量随层理面呈现先减小后增大的趋势。泊松比随层理面角度变化明显，总体上呈现先减小后增大的趋势。

4. 单轴应变实验

在土力学上，名义（前期）固结压力（P_c）是指土体历史上经受的最大竖向有效应力，而对沉积岩或经历不同程度的成岩作用的土而言，其名义（前期）固结压力不仅受到地层的侵蚀（抬升）和沉积作用引起的力学加载与卸载，而且还与地层作用有关，如老化、胶结、矿物成分的改变和长期的次固结压缩（即蠕变）。名义（前期）固结压力确定方法与土力学上的方法相同，即通过 Casagrande 法（固结实验）和 Addis 法（单轴应变实验）来确定，考虑实验条件的限制，本书采用 Addis 法。

结果表明，两者之前呈现较好的指数函数关系。即单轴抗压强度越强，岩石的名义（前期）固结压力越大。影响岩石强度的两个重要因素是：①矿物组成，硬质矿物含量越高，则强度一般较高；②胶结性能，胶结越良好，强度一般越高。分析几种 P_c 较高的试样的成分发现，其非黏土矿物（主要为石英、长石、方解石一类硬质矿物）含量一般达到 40%～70%，而黏土矿物含量适中；而 P_c 较低的几种岩石，其黏土矿物含量更高（达到 30%～80%）。这说明名义（前期）固结压力一方面依赖于硬质矿物含量，另一方面依赖于胶结物的含量和胶结性能。

5. 三轴压缩实验

根据该区志留系泥页岩三轴压缩实验，取心角度为 0°～15°时，表现为顺层拉伸破坏，试件有多条顺层破裂面；取心角度为 30°～60°时，表现为剪切-拉伸破裂，试件首先沿层理面剪切破坏，端部扩展为切层剪切破坏；取心角度为 75°～90°时，表现为剪切-拉伸破坏，顺层缝、切层缝均发育，但顺层缝明显多于切层缝。显然，从构造变形序次看，顺层缝优先形成。

（三）泥页岩盖层脆–延性及影响因素

1. 脆性评价

高演化泥岩卸载实验：泥岩卸载过程中破坏围压和破坏时的应力差与轴压具有很强的相关性，恒定轴压较大，破坏围压也较大，对应的应力差也较高。其中，破坏围压与轴压的关系为：σ_1=58.455+3.0624σ_c（R=0.9742）；破坏应力差与轴压的关系为：σ_1=–26.414+1.458（σ_1–σ_c）（R=0.9742）。如果假设轴压代表盖层在地层条件下所受到的水平挤压应力，围压代表其上覆地层的压力，由此说明，在抬升过程中泥岩盖层所处的地应力越强，其破坏深度越大。

硬石膏盐岩卸载实验：在卸载实验过程，膏盐岩几乎没有发生破坏，发生破坏的膏盐岩，其破坏围压也很低，表明只要抬升到近地表的状态，膏盐岩才会发生破裂，这也说明只要在地层条件下，膏盐岩盖层是完整的，在抬升过程中，它们几乎不会产生新的裂缝，这是其除了具有塑性特征以外，另外一个有利于油气保存的岩石物理性质。

泥灰岩卸载实验与泥岩的相似，不同之处在于它的抗压强度更大，轴压设定得较高，但是在较高轴压下，其破坏围压也较高，破坏应力差也较高，与轴压呈明显的线性关系。经过回归求得泥灰岩破坏围压与轴压的数学关系为：σ_1=59.81+3.4214σ_c（R=0.9324）；破坏应力差与轴压的关系为：σ_1=–19.628+1.3607（σ_1–σ_c）（R=0.9899）。

泥页岩的 OCR 研究。由最大埋深和 OCR 门限值可以确定泥页岩脆性带的底界深度。当 OCR 达到门限值时的埋深，即为脆性带底界深度（H_b）：

$$H_b \approx \frac{H_{max}}{OCR_{门限值}} \tag{5-2}$$

2. 延（塑）性评价

根据实验结果计算出不同类型盖层在不同温度条件下的脆延转变系数（BDTI）。三类岩性盖层在三轴压缩过程中脆延转变规律和不同温度与围压条件下的脆塑性特征不同，膏盐岩具有相对明显的塑性特征，无论在哪一种温度条件下，随着围压的增加，其脆塑转变指数都明显降低，大多数样品在 40 MPa 围压之上，表现为塑性，即 BDTI=0。对泥岩盖层来说，虽然部分样品在高围压转变为塑性，但总体来说非均质性较强，有些样品具有较高的脆性，泥灰岩样品总体表现为脆性较强，BDTI 多在 0.4 以上，随着围压的增高，也表现出塑性增强。

除了对单个样品的脆塑性分析，我们依据大量实验有关围压与峰值强度和残余强度的回归关系，建立了脆塑性转变系数与围压的数学关系。常温下泥岩脆延转换围压为 71 MPa，折合深度为 4176 m；50℃和 100℃时泥岩的脆延转换围压均为 60 MPa，折合深度为 3529 m；常温、100℃和 130℃时，膏盐岩的脆延转化围压分别为 35 MPa、20 MPa 和 10 MPa，折合深度分别为 2058 m、1176 m 和 588 m。

3. 脆延转化临界条件

从前人资料的收集及整理分析来看，前人针对脆延转化临界条件的定量确定主要提出了4种方法：拜尔利（Byerlee, 1968）脆延转化判断准则、Mogi（1966, 2007）脆延转化判断准则、Hoek（1983）脆延转化判断准则、Kwasniewski（1989）脆延转化判断准则。

Byerlee指出岩石脆延转化的变形特征与围压密切相关，当体系产生断裂面所需要的力与断面摩擦阻力相等时，岩石即从脆性破坏阶段进入延性破坏阶段。用σ_1（最大主应力）和σ_3（最小主应力）表示Byerlee摩擦定律为

$$\sigma_1 = 5\sigma_3 \qquad (\sigma_3 < 104 \text{ MPa})$$
$$\sigma_1 = 3.1\sigma_3 + 180 \quad (\sigma_3 < 104 \text{ MPa}) \tag{5-3}$$

同时，根据岩石实验分析可以确定峰值强度和围压之间的关系，得到岩石破裂准则：

$$\sigma_1 = A\sigma_3 + B \tag{5-4}$$

根据上述公式，联立确定临界围压，计算不同类型泥岩的脆延转化压力（表5-3）。

表5-3 不同岩石的脆延转化压力

样品名称	脆延转化压力/MPa	硅质含量/%	方解石含量/%	黏土含量/%
BGB-4 硅质岩	80.8	89	4	6
义180 泥灰岩	>63	45	49	6
利673 泥灰岩	>65	31	64	5
罗69-298 泥灰岩	48.5	24	73	3
罗69-570 泥灰岩	35	11	88	1

4. 脆延转化压力与矿物成分的关系

从表5-3可以看出，罗69-570的脆延转化压力最低，为35 MPa。结合矿物组成及微观结构照片进行分析，认为导致其延性最好的原因可能是：方解石含量高，晶粒较粗，且粗晶粒方解石形成的薄层与泥质薄层交替分布。反观其余样品，BGB-4中的矿物主要为生物成因的微晶石英团块，罗69-298、利673、义180中的碳酸盐含量（主要为方解石）均有降低，且其中的方解石均以微晶致密状形式存在。各样品的黏土含量均较低，考察脆延转化临界条件影响因素时，初步对石英质与方解石的含量进行了研究。可以看出，硅质含量越高，脆延转化压力越大，且对于同等含量石英质和方解石的样品，前者脆性更好，也就是说石英质矿物对脆性的贡献要大于方解石。

5. 岩石脆性指数与矿物组成的关系

目前关于脆性或延性这一术语，国内外并没有给出一个特定限定，也没有一个明确的物理定义。但是，对于脆延特性的定量研究却开展了较多工作，主要是由于岩石的脆延特

性不仅关系到岩石的强度失效，更主要的是还与裂隙产生的形态有关。前人根据研究的需要，针对脆延特性提出了多个定量表征参数。主要有以下 5 种脆性系数的表征方法。

1）应变或能量来表征脆性系数

关于岩石脆延性的定性论述主要来源于岩石的弹塑性变形，即对于脆延特性来说，主要在受力条件下发生弹性变形，塑性变形量很少，而对于延性特性，岩石在经历较短的一段弹性变形后，在破坏前会有一段明显的塑性变形。因此，采用弹塑性变形来定量表征岩石的脆性系数 B_1 是最直接的手段。

$$B_1 = \frac{\varepsilon_{el}}{\varepsilon_{tot}} \tag{5-5}$$

式中，ε_{el} 为弹性应变；ε_{tot} 为总应变。

2）抗拉/抗压强度来表征脆性系数

Hucka 和 Das（1974）提出，采用抗拉/抗压强度来计算脆性系数 B_2。

$$B_2 = \frac{C_0 - T_0}{C_0 + T_0} \tag{5-6}$$

式中，C_0 为单轴压缩强度；T_0 为拉伸强度。

3）峰值/残余强度来表征脆性系数

对于脆性性质，岩石达到峰值后会有明显的应力降，而随着延性的提高，峰值应力和残余应力的差值会减小，当进入全延性后，岩石在过峰值后不会出现明显的应力降。因此，Bishop（1967）提出用峰值/残余强度来计算脆性系数 B_3。

$$B_3 = \frac{\tau_{max} - \tau_{res}}{\tau_{max}} \tag{5-7}$$

式中，τ_{max} 为峰值强度；τ_{res} 为残余强度。

4）超固结比来表征脆性系数

Ingram 和 Urai（1999）从土力学中引入超固结比以及脆性指数（brittleness index，BRI）来表征岩石的脆延特性。泥岩超固结比定义为泥岩地史中承受的最大垂直有效应力与现今垂直有效应力之比（用 OCR 表示）。对于主要依靠物理压实作用埋藏的泥岩，称为正常固结泥岩，OCR=1。但是，后期地层抬升影响以及流体作用导致的化学胶结，使得泥岩产生了不同程度的超固结，称为超固结泥岩。

超固结比表示为

$$OCR - \frac{\sigma'_{V, max}}{\sigma'_V} \tag{5-8}$$

式中，$\sigma'_{V, max}$ 为最大垂直有效应力，MPa；σ'_V 为现今垂直有效应力，MPa。

泥岩脆性指数 B_4 表示为

$$B_4 = \frac{(\sigma_c)_{OC}}{(\sigma_c)_{NC}} \tag{5-9}$$

式中，$(\sigma_c)_{OC}$ 为超固结泥页岩的抗压强度，MPa；$(\sigma_c)_{NC}$ 为正常固结泥页岩的抗压强度，MPa。

Ishii 等（2011）进一步利用 OCR 计算的脆性系数对泥岩的脆延转化特征进行了研究，并根据脆性系数划分了泥岩脆延转化的三个阶段，指出：当 BRI<2 时，泥岩为延性特征，表型为孔隙型特征，不易产生裂隙；当 BRI 为 2~8 时，岩石处于脆延过渡段，即半脆性半延性段；当 BRI>8 时，岩石为脆性，且很容易产生裂隙。

5）弹性参数来表征脆性系数

Rickman 等（2008）主要总结了北美地区岩石力学参数，提出利用杨氏模量与泊松比两个弹性参数，通过归一化后进行两个参数的加权平均得到脆性指数 B_5，并建立了岩石脆性指数模板。表示如下：

$$E_{bri} = \frac{E-10}{80-10} \times 100 \tag{5-10}$$

$$\mu_{bri} = \frac{\mu-0.4}{0.15-0.4} \times 100 \tag{5-11}$$

$$B_5 = \frac{E_{bri} + \mu_{bri}}{2} \tag{5-12}$$

式中，E_{bri} 为采用弹性模量计算的脆性指数，无量纲；E 为杨氏模量，GPa；μ_{bri} 为采用泊松比计算的脆性指数，无量纲；μ 为泊松比。

岩石的脆性指数反映了岩石在应力下的变形行为特征，即是否容易产生裂缝和断裂的性质，因此对于其封盖性能来说是一个重要的岩石力学参数。影响岩石脆性指数的因素包括其岩石矿物组成、微观结构特征等，研究中对岩石矿物组成与岩石脆性指数的关系做了初步探索。共统计了 138 个样品的岩石力学分析（使用韧性检测仪获得的脆性指数）及 X 光衍射数据，并将岩石的矿物含量与脆性指数做了交会。结果表明，石英含量与泥质岩脆性指数之间的关系不太明显。方解石和白云石的总量与脆性指数之间呈现出一定的正相关性，这是容易理解的，因为方解石和白云石作为脆性矿物增大了岩石的脆性。黏土矿物与脆性指数的关系不明显，这可能是因为黏土矿物含量普遍较低，多在 20%以下，岩石的脆性受石英和碳酸盐含量的影响较大。研究不同地质年代样品的脆性指数可以发现，年代较老的地层明显比新地层的样品具有更高的脆性指数，获取的样品数据中，三叠系以新的样品脆性指数一般小于 40 MPa，而二叠系以老的样品脆性指数一般大于 40 MPa。这表明岩石的成岩作用程度对其脆性指数有显著影响。

（四）泥页岩脆延过渡带确定方法

深埋地下的泥页岩处于高围压环境中，常常表现为延性特征。在后期的构造抬升作用下，泥页岩从地下深处抬升至地表浅处，上覆地层被剥蚀，围压降低，从而转化为脆性。那么，被抬升至何深度处，泥页岩开始变成脆性，即脆性带的底界深度为多少？我们利用泥页岩 OCR 来解决这个问题，其具体技术流程为：①单轴应变实验确定名义（前期）固结压力；②三轴压缩实验计算不同围压下的 OCR；③数学拟合确定 OCR 门限值；④最大古埋深恢复与脆性带底界深度确定的名义（前期）固结压力，是指泥页岩在历史上经受过的最大有效固结压力。名义（前期）固结压力可用单轴应变实验法获得（Addis，1987）。

超固结比即泥页岩在地质历史时期所经受的最大垂直有效压力（$\sigma'_{v,\max}$）与现今垂直有效压力（σ'_v）之比。在经历后期构造抬升之后，现今埋深较浅的泥页岩在地质历史时期经历过更高的固结压力，因此称为超固结泥页岩。最大垂直有效压力（$\sigma'_{v,\max}$）相当于名义（前期）固结压力：

$$OCR = \sigma'_{v,\max} / \sigma'_v = P_c / \sigma'_v \tag{5-13}$$

从以上定义可知，泥页岩 OCR 的确定，关键是名义（前期）固结压力的确定，现今的垂直有效压力可由现今的埋深计算获得。在前面，我们已经介绍了名义（前期）固结压力的确定方法。为了下一步获得 OCR 门限值，以常规三轴压缩实验中给定的围压为现今垂直有效压力，便可以得到不同围压下的 OCR。

OCR 不仅能反映泥页岩的脆性，而且能反映泥页岩的抗剪强度。采用应力历史和归一化土体工程法（SHANSEP 法）（Ladd and Foott, 1974），对泥页岩的三轴压缩实验结果进行分析，可以建立 OCR 与归一化剪切强度（q_u/σ_3）的关系（Nygard et al., 2006）：

$$\frac{q_u}{\sigma_3} = a(OCR)^b \tag{5-14}$$

式中，q_u 为三轴实验中对应的主应力差；σ_3 为三轴实验中对应的围压；OCR 为泥页岩的超固结比；a 为正常固结泥页岩（OCR=1）的归一化剪切强度；b 为拟合参数。可见，OCR 越大，泥页岩的归一化剪切强度越大。

如果将 OCR 与 BRI（Ingram and Urai, 1999）关联，则有

$$\frac{(q_u/\sigma_3)_{OC}}{(q_u/\sigma_3)_{NC}} \approx \frac{(\sigma_c)_{OC}}{(\sigma_c)_{NC}} = BRI = (OCR)^b \tag{5-15}$$

式中，$(q_u/\sigma_3)_{OC}$ 为超固结泥页岩归一化剪切强度，无量纲；$(q_u/\sigma_3)_{NC}$ 为正常固结泥页岩归一化剪切强度，无量纲。

当 BRI>2 时，泥页岩完全变成脆性，且 BRI 越大，脆性越大（Ingram and Urai, 1999）。因此，可将 $(OCR)^b > 2$ 时的 OCR 值，作为泥页岩的脆性门限值，其中 b 为经验系数，由归一化剪应力与 OCR 数据拟合得到。

在获得 OCR 门限值之后，由 OCR 的定义（最大垂直有效压力与现今垂直有效压力之比）可以进一步计算脆性带的底界深度。由 OCR 的定义可知：

$$OCR = \frac{\sigma'_{v,\max}}{\sigma'_v} \approx \frac{(\rho_1 - 1.07)H_{\max}}{(\rho_2 - 1.07)H_{present}} \tag{5-16}$$

式中，ρ_1 为最大埋深时上覆地层岩石密度，g/cm^3；ρ_2 为现今上覆地层岩石密度，g/cm^3；

$H_{\max}$ 为最大古埋深，m；H_{present} 为现今埋深，m。

当 OCR 达到门限值时的埋深，即为脆性带底界深度（H_b）：

$$H_b \approx \frac{H_{\max}}{\text{OCR}_{\text{门限值}}}$$

延性带顶界深度的确定较为简单，只需确定脆延转化的临界围压，即可折算成深度。利用三轴压缩实验数据，计算残余强度与峰值强度之比，编制围压与残余强度和峰值强度之比的交会图，线性拟合得到不同类型泥页岩的围压与残余强度/峰值强度之间的数学模型，当残余强度/峰值强度为 1 时的围压，即为泥页岩脆延转化的临界围压，由脆延转化的临界围压所折算的深度，即为延性带的顶界深度。

实验表明，南方志留系龙马溪组泥页岩的残余强度/峰值强度随围压的增加而增加，二者呈很好的线性关系：$y = ax - b$。那么，当 $x=1$ 时，$y = a - b$，即为脆延转化的临界围压，由拟合关系式：$y=112.66\,x-41.415$ 可知，志留系龙马溪组泥页岩脆延转化的临界围压为 71.2 MPa。当上覆地层密度已知时，即可折算出脆延转化的临界深度，即延性带的顶界深度（H_d）：

$$H_d = 100 \times (a - b) / (\rho - 1.07) \tag{5-17}$$

式中，（$a-b$）相当于峰值强度与残余强度相等时对应的围压，MPa；ρ 为临界围压状态下上覆地层岩石密度，g/cm^3。

在确定的脆性带底界和延性带顶界之后，二者之间的过渡带即为脆延过渡带。由于不同地区某套泥页岩的最大古埋深不同，因此，该套脆性带的底界也不同。而且，上覆地层密度的差异性导致延性带的顶界也存在一定的差别，从而同一套泥页岩的脆延过渡带在不同地区也相应地存在一定的差别。比如，鄂西渝东地区焦页 1 井、河页 1 井、建深 1 井志留系龙马溪组泥页岩的延性带顶界分别为 4464 m、4428 m、4545 m，脆性带底界分别为 2195 m、2485 m、2763 m，那么，脆延过渡带分别为 2195～4464 m、2485～4428 m、2763～4545 m。依据龙马溪组现今的埋深，即可判别其泥页岩的脆延性特征（袁玉松等，2018）。

参 考 文 献

陈晓华, 荆淑田. 2008. 超压泥岩盖层封闭游离相油气能力的评价方法. 大庆石油学院学报, 32(2): 107-109

承秋泉, 陈红宇, 范明 等. 2006. 盖层全孔隙结构测定方法. 石油实验地质, 28(6): 604-608

董忠良, 张金功, 王永诗, 等. 2008. 油气藏封盖机制研究现状. 兰州大学学报(自然科学版), 44: 49-53

范明, 陈宏宇, 俞凌杰, 等. 2011. 比表面积与突破压力联合确定泥岩盖层评价标准. 石油实验地质, 33(1): 87-90

付广. 2007. 泥岩盖层的超压封闭演化特征及封气有效性. 大庆石油学院学报, 31(5): 7-9, 46

付广, 刘江涛. 2006. 中国高效大中型气田形成的封盖保存条件. 石油勘探与开发, 33(6): 662-666

付广, 许凤鸣. 2003. 盖层厚度对封闭能力的控制作用. 天然气地球科学, 14(3): 186-190

付广, 张发强, 吕延防. 1998. 厚度在泥岩盖层封盖油气中的作用. 天然气地球科学, 9(6): 20-25

付广, 张建英, 赵荣. 1997. 泥质岩盖层微观封闭能力的综合评价方法及其应用. 海相油气地质, 2(1): 36-41

付广, 殷勤, 杜影. 2008. 不同填充形式断层垂向封闭性研究方法及其应用. 大庆石油地质与开发, 27(1): 1-5

何光玉, 吴冲龙, 吴景富. 2003. 烃源岩孔隙流体压力模拟新方法. 石油学报, 24(5): 36-39

胡国艺, 汪晓波, 王义凤, 等. 2009. 中国大中型气田盖层特征. 天然气地球科学, 20(2): 662-666

姜继玉, 姜艳春, 赵玉珍. 2009. 乌尔逊凹陷大一段泥岩盖层封盖保存条件定量评价. 大庆石油学院学报, 33(2): 36-39

金之钧. 2008. 中国大中型油气田的结构及分布规律. 新疆石油地质, 29(3): 385-388

刘方槐. 1991. 盖层在气藏保存和破坏中的作用及其评价方法. 天然气地球科学, 2(5): 220-227

刘士忠, 查明, 曲江秀, 等. 2008. 东营凹陷深层天然气泥质盖层地质特征及封盖性研究. 石油天然气学报, 30(2): 390-393

鲁雪松, 蒋有录, 宋岩. 2007. 盖层力学性质及其应力状态对盖层封闭性能的影响——以克拉 2 气田为例. 天然气工业, 27(8): 48-51, 56

吕延防, 张绍臣, 王亚明. 2000. 盖层封闭能力与盖层厚度定量关系. 石油学报, 21(2): 27-30

吕延防, 付广, 于丹. 2005. 中国大中型气田盖层封盖能力综合评价及其对成藏的贡献. 石油与天然气地质, 26(6): 742-745, 753

吕延防, 万军, 沙子萱, 等. 2008. 被断裂破坏的盖层封闭能力评价方法及其应用. 地质科学, 43(1): 162-174

孙明亮, 柳广弟, 李剑. 2008. 气藏的盖层特征及划分标准. 天然气工业, 28(8): 36-38

杨殿军. 2008. 超压对泥岩盖层封闭各种相态天然气的作用研究. 大庆石油地质与开发, 27(2): 12-15

袁际华, 柳广弟, 张英. 2008. 相对盖层厚度封闭效应及其应用. 西安石油大学学报(自然科学版), 23(1): 34-36

袁玉松, 刘俊新, 周雁. 2018. 泥页岩脆-延转化带及其在页岩气勘探中的意义. 石油与天然气地质, 39(5): 899-906

张蕾. 2010. 盖层物性封闭力学机制新认识. 天然气地球科学, 21(1): 112-116

张长江, 潘文蕾, 刘光祥, 等. 2008. 中国南方志留系泥质岩盖层动态评价研究. 天然气地球科学, 19(3): 302-310

周雁, 彭勇民, 李双建. 2011a. 中上扬子区层序样式对盖层封闭性的控制作用. 石油实验地质, 33(1): 28-33

周雁, 李双建, 范明. 2011b. 构造变形过程中盖层有效性研究. 地质科学, 46(1): 226-232

Addis M A. 1987. Mechanisms for sediment compaction responsible for oil field subsidence. London: University of London

Bishop E. 1967. Foundations of Constructive Analysis. New York: McGraw-Hill

Byerlee J D. 1968. Brittle-ductile transition in rocks. Journal of Geophysical Research, 73(14): 4741-4750

Casagrande A. 1936. The determination of the pre-consolidation load and its practical significance. Cambridge: Proceedings of the First International Conference on Soil Mechanics and Foundation Engineering

Hildenbrand A, Schlomer S, Krooss B M. 2002. Gas breakthrough experiments on fine-grained sedimentary rocks. Geofluids, 2: 3-23

Hoek E. 1983. Strength of jointed rock masses. Geotechnique, 33(3): 187-223

Hucka V, Das B. 1974. Brittleness determination of rocks by different methods. International Journal of Rock Mechanics and Mining Sciences & Geomechanics Abstracts, 11(10): 389-392

Ingram G M, Urai J L. 1999. Top-seal leakage through faults and fractures: the role of mudrock properties. Geological Society, London, Special Publications, 158(1): 125-135

Ingram G M, Urai J L, Naylor M A. 1997. Sealing processes and top seal assessment. Norwegian Petroleum

Society Special Publications, 7: 165-174

Ishii E, Sanada H, Funaki H, et al. 2011. The relationships among brittleness, deformation behavior, and transport properties in mudstones: An example from the Horonobe Underground Research Laboratory, Japan. Journal of Geophysical Research Solid Earth, 116(B9): 1-15

Kwasniewski M. 1989. Laws of brittle failure and of B-D transition in sandstones. Pau: Proc International Symposium on Rock at Great Depth

Ladd C C, Foott R. 1974. New design procedure for stability of soft clays. Journal of the Geotechnical Engineering Division, 100(GT7): 763-786

Mogi K. 1966. Pressure dependence of rock strength and transition from brittle fracture to ductile flow. Bulletin of the Earthquake Research Institute, 44(1): 215-232

Mogi K. 2007. Experimental Rock Mechanics. London: CRC Press

Nygard R, Gutierrez M, Bratli R K, et al. 2006. Brittle-ductile transition, shear failure and leakage in shales and mudrocks. Marine and Petroleum Geology, 23(2): 201-212

Rickman R, Mullen M J, Petre J E, et al. 2008. A practical use of shale petrophysics for stimulation design optimization: All shale plays are not clones of the barnett shale. Colorado: SPE Annual Technical Conference and Exhibition

Roberts S J, Nunn J A. 1995. Episodic fluid expulsion from geopressured sediments. Marine and Petroleum Geology, 12(2): 195-204

Watts N L. 1987. Theoretical aspects of cap-rock and fault seals for single- and two-phase hydrocarbon columns. Marine and Petroleum Geology, 4(4): 274-307

第六章　油气保存条件综合评价技术与方法

第一节　流体来源判识与流体单元演化分析方法

一、内源和外源流体的判识方法

（一）流体来源与同位素特征

碳酸盐岩地层中的内源流体是指来自寄主地层本身的流体；对那些未直接来自相邻围岩而是来自寄主地层其他部位的内源流体，称为内源异位流体。外源流体是指流体来自寄主地层以外的其他时代碳酸盐岩地层中的流体或其他来源的流体（如岩浆流体、岩浆期后热液流体、碎屑岩地层流体或大气淡水等）。

根据锶同位素和碳氧同位素特点，以锶同位素作为主要标志，辅以碳氧同位素的研究，对海相碳酸盐岩地层中的内源和外源流体进行综合判定。进行判别时，需对孔洞缝充填物与寄主地层进行锶和碳氧同位素配对分析。充填物与寄主围岩同位素值会出现下面两种情况。

第一，孔洞缝充填物的 $^{87}Sr/^{86}Sr$ 与寄主围岩间的 $\Delta(^{87}Sr/^{86}Sr)_{c\text{-}v}=(^{87}Sr/^{86}Sr)_c-(^{87}Sr/^{86}Sr)_v\approx0$（下标 c 和 v 分别代表寄主围岩和孔洞缝充填物，后同）。其流体源有两种可能。①内源流体。孔洞缝充填物的 $^{87}Sr/^{86}Sr$ 与寄主围岩和寄主地层同时代海水的 $^{87}Sr/^{86}Sr$ 相近，说明流体直接来自寄主地层碳酸盐岩重溶，为内源流体。以锶同位素判定为基础，借助碳氧同位素进一步确定重溶流体是否为内源异位流体。当流体直接来自相邻围岩重溶时，所形成的流体会继承母体的碳氧同位素特征，从而造成 $\Delta^{13}C_{c\text{-}v}$（即 $\delta^{13}C_c-\delta^{13}C_v$，下同）和 $\Delta^{18}O_{c\text{-}v}$（即 $\delta^{18}O_c-\delta^{18}O_v$，下同）趋于 0。当流体来自直接围岩以外的其他部位碳酸盐岩重溶时，所形成的流体运移到现今所见的位置结晶沉淀，流体会与围岩进行同位素交换。如果流体与围岩同位素交换充分时，也会造成充填物与寄主围岩间的碳氧同位素相同或相近，造成 $\Delta^{13}C_{c\text{-}v}$ 和 $\Delta^{18}O_{c\text{-}v}$ 趋于 0，这时无法与直接来自相邻围岩重溶形成的流体相区别。如果流体与围岩间的同位素交换不充分时，充填物与围岩间的碳氧同位素存在明显差异，由此可确定流体属于内源异位流体。②外源流体。寄主围岩和孔洞缝充填矿物的 $^{87}Sr/^{86}Sr$ 明显地高于或低于寄主地层同时代海水的 $^{87}Sr/^{86}Sr$，说明流体为来自寄主地层以外的流体。流体与围岩间进行了充分的锶同位素交换，从而在流体与围岩间达到了锶同位素平衡；但流体与围岩间的碳氧同位素很难同时达到平衡，此时，充填物与围岩间的碳氧同位素将会存在明显的差异。

第二，孔洞缝充填物的 $^{87}Sr/^{86}Sr$ 与寄主围岩和寄主地层同时代海水的 $^{87}Sr/^{86}Sr$ 不同，$\Delta(^{87}Sr/^{86}Sr)_{c\text{-}v}$ 差异明显，说明所充注的流体为外来流体。此时孔洞缝充填物的 $^{87}Sr/^{86}Sr$

可高于或低于寄主围岩，而寄主围岩的 $^{87}Sr/^{86}Sr$ 可高于、低于或等于对应时代海水的 $^{87}Sr/^{86}Sr$。如果流体与围岩间没有发生同位素交换，围岩的 $^{87}Sr/^{86}Sr$ 则与同时代海水的 $^{87}Sr/^{86}Sr$ 相近；如果流体与围岩发生了同位素交换，围岩的 $^{87}Sr/^{86}Sr$ 是高于还是低于同时代海水的 $^{87}Sr/^{86}Sr$，则取决于所充注的流体是贫锶还是富锶流体。无论是上述哪种情况，充填物与围岩的碳氧同位素常常都具有明显的差异。

本书以中上扬子地区鄂西-渝东地区为例，通过研究地层中古流体活动充填形成的方解石脉、盆地流体活动形成的 MVT 型铅锌矿等，识别出内源流体单元、外源流体单元和内源异位流体单元三类流体单元机理（图6-1；王芙蓉等，2011）。

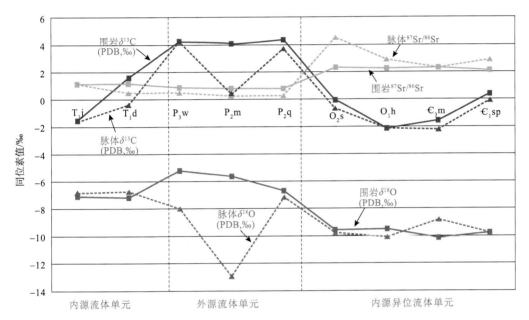

图 6-1　中扬子西部流体单元类型

图中纵坐标为 $\delta^{13}C$、$\delta^{18}O$ 和 $^{87}Sr/^{86}Sr$ 相对值，其中 $^{87}Sr/^{86}Sr$ 是相对值，作图数据是在原值基础上减去 0.707，然后乘以 1000 获得。T_1j. 嘉陵江组；T_1d. 大冶组；P_3w. 吴家坪组；P_2m. 茅口组；P_2q. 栖霞组；O_2s. 十铺子组；O_1h. 红花园组；$Є_3m$. 毛田组；$Є_1sp$. 石牌组

（二）方解石脉体碳氧同位素特征与流体来源

在断裂和裂缝的形成与演化过程中，其往往作为流体运移的通道，当含钙流体活动遇到水化学环境发生突变时，在岩石的裂缝中将形成方解石脉。断裂带中的流体成因决定了方解石脉的稳定同位素组成。断裂带中的流体来源有以下几种可能。

（1）下渗的地表大气水。大气水具有贫 ^{18}O 而富集 ^{12}C 的特点，因此在成岩作用过程中大气水的介入会使 $\delta^{13}C$ 值与 $\delta^{18}O$ 值均呈现负偏移，由此可判断大气水在地层中的影响深度。

（2）断裂带两侧的地层流体。断裂带两侧的流体形成的方解石脉体的碳氧同位素组成应具有相似性。

（3）断裂带下方的深部沉积岩层热流体。断裂带中的流体由于成因不同而具有不同的地球化学性质和同位素组成。因此，断裂带中的流体成因决定了方解石脉的稳定同位素组成。

碳同位素的分馏作用对温度相对不灵敏，在成岩作用研究中可以用来指示碳酸盐岩沉淀物中碳的来源。碳酸盐岩地层中方解石脉体和围岩的 $\delta^{13}C_{PDB}$ 值分布于–5‰～5‰，说明海相碳酸盐是最为重要的碳来源。三叠系样品围岩 $\delta^{13}C$ 值为–1.51‰～5.28‰，方解石脉体的 $\delta^{13}C$ 值为–1.61‰～3.5‰，$\Delta\delta^{13}C$ 的差异范围为–2.02‰～–0.1‰。二叠系样品围岩 $\delta^{13}C$ 值为4.06‰～4.34‰，数值相对集中，方解石脉体的 $\delta^{13}C$ 值为0.36‰～4.26‰，低于围岩的背景值（$\Delta\delta^{13}C$ 的差异范围为–3.7‰～–0.01‰）。奥陶系样品围岩的 $\delta^{13}C$ 值为–3.56‰～–0.06‰，方解石脉体 $\delta^{13}C$ 值为–2.5‰～0.68‰（$\Delta\delta^{13}C$ 的差异范围为–0.62‰～–1.06‰）。寒武系样品围岩的 $\delta^{13}C$ 值为–1.59‰～–0.41‰，方解石脉体 $\delta^{13}C$ 值为–2.23‰～–0.07‰（$\Delta\delta^{13}C$ 的差异范围为–0.64‰～–0.48‰），与围岩的数值具有可比性。总体上不同时代的方解石脉和围岩的碳同位素比值差异不大，但采于茅口组、吴家坪组及嘉陵江组方解石脉对比围岩具有明显的富集 ^{12}C 特征，部分寒武系样品也具有富集 ^{12}C 的特征。

大气水具有贫 $\delta^{18}O$ 而富 ^{12}C 的特点，在海相碳酸盐岩成岩过程中大气水的介入会使 $\delta^{18}O$ 值和 $\delta^{13}C$ 值呈现负向偏移，特别是 $\delta^{13}C$ 值更为敏感，方解石脉体的碳氧同位素值与围岩的碳氧同位素值的比较是研究流体来源的重要手段。$\delta^{13}C$ 值受到多种因素的影响，$\delta^{13}C$ 值偏负可以认为是成岩过程受到大气淡水影响较大（王大锐，2000）或受有机流体参与的影响，由此可推测茅口组、吴家坪组及嘉陵江组方解石脉的形成过程中可能主要受有机流体或者大气淡水渗入的影响，部分寒武系样品也具有低 $\delta^{13}C$ 值的特征。

寒武系、奥陶系、二叠系和三叠系样品中围岩的 $\delta^{18}O$ 值为–10.17‰～–4.38‰，主要集中在–7.00‰左右。总体上，寒武系、奥陶系、二叠系和三叠系样品方解石脉体的 $\delta^{18}O$ 值较围岩相比偏负。寒武系方解石脉 $\delta^{18}O$ 值为–9.81‰～–8.8‰（$\Delta\delta^{18}O$ 的差异范围为–0.05‰～1.37‰，平均值为0.66‰），奥陶系方解石脉 $\delta^{18}O$ 值为–10.76‰～–9.82‰（$\Delta\delta^{18}O$ 的差异范围为–1.34‰～–0.24‰），二叠系方解石脉 $\delta^{18}O$ 值为–12.94‰～–7.16‰（$\Delta\delta^{18}O$ 的差异范围为–7.27‰～–0.473‰），三叠系方解石脉 $\delta^{18}O$ 值为–8.47‰～–6.77‰（$\Delta\delta^{18}O$ 的差异范围为–3.15‰～0.43‰，平均值为–1.308‰）。

由于样品薄片观察方解石脉体未发现有重结晶的特征，因此方解石脉体 ^{18}O 丰度的高低主要受控于成岩期温度和地层水 $\delta^{18}O$ 的丰度，在0～500℃范围内 $CaCO_3$-H_2O 系统中 ^{18}O 分馏系数 α 与热力学温度 T 存在如下关系：

$$1000\ln\alpha = 2.78 \times 10^6 T^{-2} - 3.39$$

式中，$\alpha = (^{18}O/^{16}O)_{CaCO_3}/(^{18}O/^{16}O)_{H_2O} = (1000 + \delta^{18}O_{CaCO_3})/(1000 + \delta^{18}O_{H_2O})$，为分馏系数；$T$ 为方解石脉体沉淀的温度，K。

利用盐水包裹体均一温度已经确定了方解石脉体的形成温度 T，据此关系可以估算方解石脉体矿物沉淀时的地层水中 $\delta^{18}O$ 的丰度。对显生宙海水的氧同位素组成是否发生变化虽然存在争议，但是一般认为海水 $\delta^{18}O_{SMOW}$ 为0，波动范围为±1‰。地层水与岩石接触时间的增加，可导致氧同位素的重新分配，使深部地层水具有 $\delta^{18}O_{SMOW}$ 发生正向偏移，盆地深部地层水较海水具有 $\delta^{18}O_{SMOW}$ 偏高的特征，最高可至 16‰。寒武系、奥陶系、二叠系和三叠系方解石脉体沉淀时地层水的 $\delta^{18}O_{SMOW}$ 值分别分布于 3.02‰～10.23‰、1.25‰～10.57‰、−0.41‰～12.87‰、2.81‰～14.42‰（图 6-2），明显高于海水。考虑到沉淀方解石脉体的地层水具有的 $\delta^{18}O_{SMOW}$ 高值（10.23‰～14.42‰），推断成脉流体来源于盆地流体（孔隙水、地层水等）。

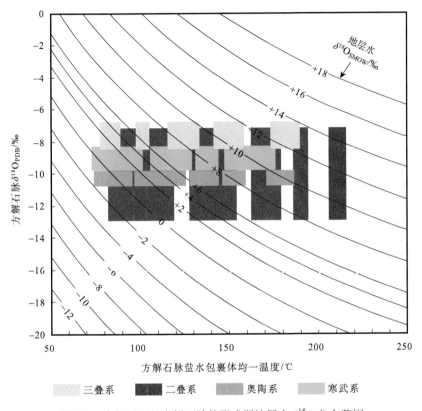

图 6-2　中扬子西部方解石脉体形成期地层水 $\delta^{18}O$ 分布范围

（三）方解石脉体锶同位素特征与流体来源

　　Sr（离子半径为 0.113 nm）与 Ca（离子半径为 0.099 nm）具有相似的晶体化学性质和地球化学行为，因此，Sr 常替代方解石晶格中的 Ca。与方解石共沉淀进入晶格的 Sr，不会产生同位素分馏作用。如果后期没有强烈的蚀变作用，方解石或高镁方解石的 $^{87}Sr/^{86}Sr$ 值基本上可以代表矿物结晶沉淀时原始流体的 $^{87}Sr/^{86}Sr$ 值。因而，通过直接测定充填于孔洞缝中的方解石或高镁方解石的 $^{87}Sr/^{86}Sr$ 值，就可以确定流体的 $^{87}Sr/^{86}Sr$ 值。

　　锶在海水中的残留时间大大长于海水的混合时间，因而任一时代全球范围内海相锶元素在同位素组成上是均一的，从而导致地质历史中海水的锶同位素组成是时间的函数。

当海相同生矿物（如生物或非生物成因的碳酸盐沉积组分）形成的时候，它们从海水中获取锶，其间的分馏从海水中沉积的碳酸盐岩保存了其形成时海水的 $^{87}Sr/^{86}Sr$ 值。通过地质学家的努力，已建立起了全世界范围内不同时代海水的锶同位素曲线。不同时代海水的锶同位素，均有一个确定的值或一个稳定的变化范围而与其他时代海水的锶同位素值相区别。也就是说，不同时代的海相碳酸盐岩，如果缺少后期外来流体的改造或破坏，它们的 $^{87}Sr/^{86}Sr$ 与相应时代海水的 $^{87}Sr/^{86}Sr$ 相一致。碳酸盐岩成岩作用过程中一个重要的成岩变化就是随着埋藏深度的增加，碳酸盐矿物发生溶解和再沉淀。当文石和方解石或高镁方解石溶解时会发生下面的反应：

$$Ca_xMg_{1-x}(CO_3) = xCa^{2+}+(1-x)Mg^{2+}+CO_3^{2-}$$

$$CaCO_3 +CO_2 +H_2O = Ca^{2+}+2HCO_3^-$$

碳酸盐矿物溶解时母体中的 ^{87}Sr 和 ^{86}Sr 会随同 Ca^{2+} 进入溶液中，因而，如果在溶解过程中没有外来流体的参与，碳酸盐岩重溶后所形成的流体，其 $^{87}Sr/^{86}Sr$ 与母体碳酸盐岩的 $^{87}Sr/^{86}Sr$ 应当相同。当流体中组分过饱和或由于物化条件突变而重新结晶沉淀时，Sr 随同 Ca 一同进入碳酸盐矿物，此时重结晶的碳酸盐矿物应当具有与母体碳酸盐岩相同的 $^{87}Sr/^{86}Sr$。当重溶后所形成的流体迁移到另一个具有不同 $^{87}Sr/^{86}Sr$ 特征的地层中时，如果流体与围岩间的水-岩作用较弱，流体与围岩没有进行充分的同位素交换，那么从重溶流体中所沉淀的方解石或高镁方解石应当具有未重溶前原始母体碳酸盐岩地层的 $^{87}Sr/^{86}Sr$ 而与围岩地层相区别。由于不同时代地层的海相碳酸盐岩具有不同的 $^{87}Sr/^{86}Sr$，因而，根据矿物所具有的 $^{87}Sr/^{86}Sr$，就可以很方便地追踪到流体的来源。

如果在埋藏过程中矿物的溶解是由于外来流体的加入，即前述反应中侵蚀性流体是来自寄主地层以外的外来流体，那么这种流体应当具有完全不同于被溶解碳酸盐岩的 $^{87}Sr/^{86}Sr$。当碳酸盐矿物溶解时，母体碳酸盐岩所释放出来的 $^{87}Sr/^{86}Sr$ 与 Ca^{2+} 一同进入溶液；当溶液中 $CaCO_3$ 或 $(CaMg)CO_3$ 过饱和而沉淀时，从母体碳酸盐岩中所释放出来的 Sr 和侵蚀性流体中的 Sr 共同进入碳酸盐矿物中，所形成碳酸盐矿物的 $^{87}Sr/^{86}Sr$ 会明显地不同于未重溶前母体碳酸盐岩的 $^{87}Sr/^{86}Sr$。如果在沉淀前流体与围岩间的水-岩反应较弱，则所充填矿物与围岩间的 $^{87}Sr/^{86}Sr$ 明显不同。如果沉淀前流体与围岩间进行了充分的水-岩反应，二者间在锶同位素上达到了平衡，则充填矿物与围岩间的 $^{87}Sr/^{86}Sr$ 相一致；此时，充填矿物的 $^{87}Sr/^{86}Sr$ 会明显地高于或低于同时代寄主地层海水的 $^{87}Sr/^{86}Sr$，从而揭示它们为外来流体。上面的分析表明，通过对孔、洞、缝充填的方解石的 $^{87}Sr/^{86}Sr$ 测定，并与寄主地层和不同时代海水的 $^{87}Sr/^{86}Sr$ 进行对比，即可获得形成孔、洞、缝内充填物的流体是来自哪个地层碳酸盐岩重溶形成的流体或是来自碳酸盐岩地层以外的其他来源的流体。

本次方解石脉及其围岩的锶同位素测试结果表明，嘉陵江组围岩的 $^{87}Sr/^{86}Sr$ 值为0.70814，方解石脉的 $^{87}Sr/^{86}Sr$ 值为0.708098。脉体和围岩的锶同位素差值 $\Delta^{87}Sr/^{86}Sr$ 为 −0.000042。围岩与脉体的 $^{87}Sr/^{86}Sr$ 值处于早三叠世正常海水的 $^{87}Sr/^{86}Sr$ 值（0.7076～0.7082）范围内，脉体为围岩 $\delta^{13}C$ 的差值为−0.1，脉体为围岩 $\delta^{18}O$ 的差值为0.22；表明围岩没有受到外来流体的影响，成脉流体直接来自同层围岩地层水。

大冶组围岩的 $^{87}Sr/^{86}Sr$ 值为 0.708183，方解石脉的 $^{87}Sr/^{86}Sr$ 值为 0.707499。脉体和围岩的锶同位素差值 $\Delta^{87}Sr/^{86}Sr$ 为 –0.000684。围岩的 $^{87}Sr/^{86}Sr$ 值与早三叠世正常海水 $^{87}Sr/^{86}Sr$ 值（0.7076～0.7082）相一致，围岩没有受到外来流体的影响；方解石脉的 $^{87}Sr/^{86}Sr$ 值处于晚二叠世海水的 $^{87}Sr/^{86}Sr$ 值（0.7067～0.7076）范围内，表明成脉流体为一种外源流体，可能来自晚二叠世地层。

吴家坪组围岩的 $^{87}Sr/^{86}Sr$ 值为 0.707887，方解石脉的 $^{87}Sr/^{86}Sr$ 值为 0.707535。方解石脉的 $^{87}Sr/^{86}Sr$ 值处于晚二叠世海水的 $^{87}Sr/^{86}Sr$ 值（0.7067～0.7076）范围内，表明成脉流体可能直接来自晚二叠世地层，而围岩的 $^{87}Sr/^{86}Sr$ 值明显高于晚二叠世正常海水 $^{87}Sr/^{86}Sr$ 值，且脉体和围岩具有明显的锶同位素和氧同位素差值（$\Delta^{87}Sr/^{86}Sr$ 为 –0.000352、$\Delta\delta^{18}O$ 为 –2.78），表明成脉流体并不是直接来自围岩，应是同一地层中不同层位的碳酸盐岩，为内源异位流体。围岩在成脉活动之前可能受到了早期外来富锶流体的改造。

茅口组围岩的 $^{87}Sr/^{86}Sr$ 值为 0.707785，方解石脉的 $^{87}Sr/^{86}Sr$ 值为 0.707137。脉体和围岩的锶同位素差值 $\Delta^{87}Sr/^{86}Sr$ 为 –0.00065。围岩的 $^{87}Sr/^{86}Sr$ 值与中二叠世正常海水 $^{87}Sr/^{86}Sr$ 值（0.7076～0.7082）相一致，围岩没有受到外来流体的影响；而方解石脉的 $^{87}Sr/^{86}Sr$ 值处于晚二叠世海水的 $^{87}Sr/^{86}Sr$ 值（0.7067～0.7076）范围内，说明成脉流体为一种相对贫锶的流体，流体可能直接来自上覆的晚二叠世地层，具有上部溶解下部沉淀的特征。

栖霞组方解石脉的 $^{87}Sr/^{86}Sr$ 值为 0.707245，脉体的 $^{87}Sr/^{86}Sr$ 值处于晚二叠世海水的 $^{87}Sr/^{86}Sr$ 值（0.7067～0.7076）范围内，表明成脉流体可能来自晚二叠世地层，为一种外源贫锶流体。

十铺子组围岩的 $^{87}Sr/^{86}Sr$ 值为 0.7093，方解石脉的 $^{87}Sr/^{86}Sr$ 值为 0.71150。围岩与脉体的 $^{87}Sr/^{86}Sr$ 值均明显高于同时代正常海水的 $^{87}Sr/^{86}Sr$ 值（0.7086～0.7090），脉体和围岩的锶同位素差值 $\Delta^{87}Sr/^{86}Sr$ 为 0.0022，脉体与围岩间明显的锶同位素差异表明成脉流体为外源富锶流体，围岩的锶同位素明显高于同时代正常海水的锶同位素值，暗示围岩受到了外来富锶流体的改造，这种外来富锶流体与围岩发生了明显的水岩反应，从而造成围岩的锶同位素比值升高而脉体的锶同位素比值相对降低，只是围岩与脉体之间没有达到锶同位素平衡。

红花园组围岩的 $^{87}Sr/^{86}Sr$ 值为 0.709262，方解石脉的 $^{87}Sr/^{86}Sr$ 值为 0.709915。脉体和围岩的锶同位素差值 $\Delta^{87}Sr/^{86}Sr$ 为 0.000653，脉体与围岩间明显的锶同位素差异表明成脉流体为外源富锶流体，脉体的 $^{87}Sr/^{86}Sr$ 值明显高于同时代正常海水的 $^{87}Sr/^{86}Sr$ 值（0.7088～0.7092），重庆秀山早寒武世海相碳酸盐岩的 $^{87}Sr/^{86}Sr$ 值为 0.7084～0.7100（石和等，2002），脉体的 $^{87}Sr/^{86}Sr$ 值处于早寒武世正常海水的 $^{87}Sr/^{86}Sr$ 值（0.7084～0.7100）范围内，说明充注于红花园组中的流体可能来自下寒武统。

毛田组围岩的 $^{87}Sr/^{86}Sr$ 值为 0.709343，方解石脉的 $^{87}Sr/^{86}Sr$ 值为 0.709252。脉体和围岩的锶同位素差值 $\Delta^{87}Sr/^{86}Sr$ 为 –0.000091，脉体和围岩之间锶同位素差异较小，说明流体有可能来自寄主地层本身，然而脉体和围岩之间的碳氧同位素表现出较强的差异（$\Delta\delta^{13}C$= – 0.64‰，$\Delta\delta^{18}O$=1.37‰）。研究表明晚寒武世正常海水的 $^{87}Sr/^{86}Sr$ 值为 0.7091～0.7093，重庆秀山早寒武世海相碳酸盐岩的 $^{87}Sr/^{86}Sr$ 值为 0.7084～0.7100，流体可能来自毛田组本身也可能来自下伏早寒武世地层，但由于毛田组围岩的 $^{87}Sr/^{86}Sr$ 值高于晚寒武世正常海水的 $^{87}Sr/^{86}Sr$ 值，围岩受到富锶流体干扰；且上覆奥陶系中都出现有富锶流体，其 $^{87}Sr/^{86}Sr$ 值远远高于奥陶系正常海水的值，处于早寒武世正常海水区间，毛田组上覆奥陶系中充填有下伏下寒武统中的流体，下寒武统中的流体要经过毛田组抵达奥陶系，说明此地层中的流体更可能是来自寒武纪地层中的外源流体。

石牌组方解石脉的 $^{87}Sr/^{86}Sr$ 值为 0.709884。脉体的 $^{87}Sr/^{86}Sr$ 值处于早寒武世正常海水的同位素值（0.7084～0.7100）范围内，表明成脉流体来自早寒武地层，为内源流体。

脉体与围岩的碳氧锶同位素综合研究表明：研究区石柱复向斜（石柱背斜剖面）海相上组合应具有两套流体体系。上部流体体系（$^{87}Sr/^{86}Sr$ 值为 0.708098～0.7082）主要发育于嘉陵江组，流体来自嘉陵江组本身，该体系中缺少深源富锶流体。下部流体体系主要发育于大冶组和二叠系（$^{87}Sr/^{86}Sr$ 值为 0.709252～0.7115），流体来自上二叠统吴家坪组，具有贫锶的特征，流体沿着断层发生垂向和侧向流动，充注于不同时代层位的地层中。

研究区海相下组合，中-下奥陶统及上寒武统裂缝中的流体来源于下寒武统中的富锶流体（$^{87}Sr/^{86}Sr$ 值为 0.707237～0.707535），流体在断层提供的通道中运移到上覆地层中发生方解石沉淀，流体发生穿层流动。志留系泥岩作为封闭较好的盖层，阻止了下组合地层流体向上组合的进一步运移。海相上组合两套流体体系缺少下伏古生界中的流体踪迹，暗示上下流体体系及下古生界并未连通，大冶组和二叠系（下部流体体系）仍具有相对较好的保存条件。

二、流体单元演化与温压响应判识方法

（一）方解石脉体形成温度特征——包裹体均一温度

流体包裹体是指在矿物结晶生长过程中，被捕获在矿物晶格缺陷或空穴内的那部分成矿液体。它至今仍保存在主矿物中，并与主矿物有着明显的相界限。流体包裹体在油气储集层中分布广泛，按其相态可分为液相包裹体、气相包裹体和气-液两相包裹体等，按其成分可以分为盐水包裹体、油气包裹体和沥青包裹体等。流体包裹体作为古地质流体原始信息的有效赋存体，成为研究地质热历史、古流体性质和油气藏流体示踪的重要手段。裂缝充填脉体中原生流体包裹体的均一温度可以提供流体运移的温度，以及矿物生长和裂缝愈合的温度。结合埋藏史和热史模拟可将温度数据转化为相对应的时间数据。

对石柱复向斜寒武系、奥陶系、石炭系、二叠系、三叠系样品流体包裹体薄片观察发现：方解石脉体中流体包裹体多为孤立包裹体；包裹体个体较小，长度为 4～10μm；形态有椭圆形、长条形、正方形、三角形及不规则状。包裹体类型以气液两相包裹体为主。盐水包裹体在透射光和紫外光下均显示无色。

本区方解石脉主要是沿节理缝发育，脉体宽度较小（一般小于 5 mm），在宏观上，

反映形成期次的交切关系不明显。本次研究共选取 10 块包裹体样品,获得均一温度数据 249 个,方解石脉体未发现有重结晶特征,盐水包裹体的均一温度代表了最低的捕获温度。利用盐水包裹体均一温度同时结合方解石脉体镜下微观晶体形态差异、微观切割关系、矿物成岩序列对流体的充注幕次进行划分。寒武系盐水包裹体赋存于节理缝方解石脉体中,共检测到 5 幕,各幕次流体包裹体均一温度分别为 91.2~101.6℃、105.7~122.7℃、129.6~139.6℃、144.1~160.7℃、169.3~176.0℃。奥陶系盐水包裹体检测到 5 幕,均一温度分别为 84.6~94.8℃、98.2~114.9℃、116.0~133.1℃、135.0~159.4℃、170.9~186.2℃。二叠系盐水包裹体检测到 6 幕,均一温度分别为 82.1~98.8℃、101.2~119.1℃、127.6~149.9℃、154.2~178.6℃、185.6~194.2℃、205.7~215.5℃;三叠系盐水包裹体检测到 5 幕,均一温度分别为 78.6~89.0℃、97.6~105.3℃、115.2~133.5℃、141.3~158.4℃、173.3~189.5℃。流体包裹体测温结果显示,研究区碳酸盐岩地层裂缝中普遍经历了 5~6 幕的流体活动。

(二)方解石脉体揭示的流体单元形成深度和时期

包裹体均一温度测试可获得矿物生长期的温度信息。脉体形成时的温度与埋藏史相结合可以获取矿物生长时所处的深度和时代。本次研究在野外实测剖面和区域地质调查报告及三星 1 井资料的基础上建立了石柱复向斜六塘-龙潭地区代表性的虚拟井,并进行了埋藏史和热史模拟。在埋藏史模拟的过程中,参考了卢庆治等(2007)根据磷灰石与锆石(U-Th)/He 年龄与磷灰石裂变径迹(AFT)、镜质组反射率(R_o)模拟的鄂西渝东方斗山-石柱褶皱带侏罗纪以来的构造-热演化特征,给出研究区的抬升时间是 136 Ma;热史模拟时,热流值的变化参照卢庆治等(2007)对鄂西渝东地区 10 口井的热史恢复结果。

野外露头观测本区裂缝走向具有共轭特征,最大主应力方向与向斜轴部垂直,可推测裂缝形成与构造挤压作用抬升作用同期。构造挤压作用一方面有利于断裂和裂隙的形成,为流体的大规模运移提供了输导条件,另一方面为流体的运移提供了动力。寒武系、奥陶系、二叠系和三叠系中晚期方解石脉体的均一温度比早期脉体均一温度低,说明脉体可能形成于构造抬升阶段。因此将方解石脉体盐水包裹体的温度投影到构造挤压活动强烈的地层抬升期符合地质事实。

流体包裹体均一温度在埋藏史图上的投影显示寒武系的 5 幕流体活动时间分别为距今 93.39 Ma、82.70 Ma、72.87 Ma、62.19 Ma、50.65 Ma,脉体形成深度为 6796.89~3670.92 m;奥陶系的 5 幕流体活动时间分别为距今 92.53 Ma、78.80 Ma、68.17 Ma、58.77 Ma、49.37 Ma,脉体形成深度为 6444.22~3430.46 m;二叠层的 6 幕流体活动时间分别为距今 125.6 Ma、116.46 Ma、101.08 Ma、87.40 Ma、70.31 Ma、57.49Ma,脉体形成深度为 6828.95~3157.94 m;三叠系的 5 幕流体活动时间分别为距今 135.69 Ma、113.47 Ma、95.09 Ma、81.42 Ma、65.61 Ma,脉体形成深度为 5546.50~2757.17 m。

由于不同取样剖面的埋藏史存在差异,为了便于描述,将各井均一温度-埋藏史投影法获得各幕次充注年龄标注到统一的时间轴上,这样可以消除样品不同深度对均一温度在分期时的影响,将流体充注幕次统一起来。我们获得了石柱复向斜 7 幕流体活动时间。

地层裂缝中大规模流体活动和方解石脉体沉淀充填时间具有同期性，主要集中于距今135～50 Ma。因此方解石脉体地球化学特征可以为早燕山运动构造挤压推覆作用以来的流体活动研究提供依据。

三、流体散失关键时刻与强度分析方法

（一）流体散失关键时刻：MVT 型铅锌矿同位素定年

本次研究重点选取重庆市石柱土家族自治县（简称石柱县）硫磺洞与万宝、鄂西长阳县何家坪、湘西龙山县捞西及桑植县沙塔坪大弯口 5 处铅锌矿点或矿化点进行或同时进行 Rb-Sr 和 Sm-Nd 等时线测年，并对部分主成矿期的铅锌矿样品开展流体包裹体显微测温和激光拉曼光谱分析工作，以期获得 MVT 型铅锌矿成矿时间、成矿温度及压力。

重庆石柱县硫磺洞 MVT 型铅锌矿点采集的样品利用 Rb-Sr 等时线测年法测定矿床的成矿年龄，获得 Rb-Sr 等时线年龄为 143.5 Ma；MVT 型铅锌矿的流体包裹体显微测温显示流体包裹体均一温度范围为 100.2～209.6℃，主峰范围为 131.1～169.4℃。

重庆石柱县万宝 MVT 型铅锌矿点采集的样品同时利用 Rb-Sr 和 Sm-Nd 等时线测年法测定矿床的成矿年龄，获得 Rb-Sr 等时线年龄为 142.6 Ma；Sm-Nd 等时线年龄为143.5 Ma。

湘西龙山县捞西 MVT 型铅锌矿化点采集的样品同时利用 Rb-Sr 和 Sm-Nd 等时线测年法测定矿床的成矿年龄，获得 Rb-Sr 等时线年龄为 139.5 Ma；Sm-Nd 等时线年龄为 140.7 Ma。龙山捞西下奥陶统 MVT 型铅锌矿流体包裹体均一温度范围为 101.6～168.8℃；主峰范围为 118.9～129.8℃；流体包裹体盐度主要集中在 13.51%～20.82%。

湘西桑植县沙塔坪大弯口 MVT 型铅锌矿化点采集的样品利用 Rb-Sr 和 Sm-Nd 等时线测年测定矿床的成矿年龄，获得 Rb-Sr 等时线年龄为 138.1 Ma；Sm-Nd 等时线年龄为142.0 Ma。桑植大弯口下奥陶统 MVT 型铅锌矿流体包裹体均一温度范围为 85.7～188.4℃，主峰范围为 93.2～118.6℃，流体包裹体盐度主要集中在 9.34%～20.67%。利用纯甲烷包裹体拉曼位移计算包裹体密度，结合甲烷状态方程确定桑植大弯口下奥陶统MVT 型铅锌矿甲烷包裹体最小捕获压力为 53.24～61.81 MPa。前人研究认为研究区 MVT型铅锌矿成矿深度平均为 1.00～1.55 km（周云等，2014），依此估算成矿流体具有超高压特征。

鄂西长阳县何家坪 MVT 型铅锌矿点采集的样品利用 Rb-Sr 和 Sm-Nd 等时线测年测定矿床的成矿年龄，获得 Rb-Sr 等时线年龄为 187.4 Ma；Sm-Nd 等时线年龄为 189.1 Ma。

流体包裹体显微测温表明成矿流体普遍为低温中等盐度的流体，具有典型 MVT 型铅锌矿成矿流体特征。利用甲烷包裹体甲烷拉曼散射峰 ν_1 位移推算 MVT 型铅锌矿成矿流体具有超高压特征。MVT 型铅锌矿样品同位素年龄表明中扬子西部地区大规模流体活动和铅锌矿成矿发生于燕山期，成矿年代具有相近性，主要集中在 140 Ma，靠近中扬子西部黄陵背斜带，成矿时间相对较早，约为 190 Ma。MVT 型铅锌矿成矿年龄与由磷灰

石裂变径迹模拟所得到的 MVT 型铅锌矿出露地层隆升年龄对比，两者存在不一致性，由磷灰石裂变径迹所得到的隆升年龄代表中扬子西部构造隆升时间，隆升过程具有递进性；而 MVT 型铅锌矿年龄显示的是构造活动的期次性，MVT 型铅锌矿为燕山运动主幕-压张转换期伸展断陷作用引起盆地深部超高压卤水沿断裂带的幕式排放，当温压条件和水化学环境发生变化时而形成沉淀和成矿。

（二）关键时刻流体单元散失强度：燕山期以来抬升剥蚀厚度

实测镜质组反射率与深度关系分析表明，万县复向斜新场 2 井、新 1 井和黄金 1 井下侏罗统被剥蚀至近地表，测试到的镜质组反射率值为 0.69%～2.69%，最小镜质组反射率值对应深度约为 495 m。分别对新场 2 井、新 1 井和黄金 1 井 3 口井镜质组反射率数据外推至 0.2%，恢复的剥蚀厚度为 3400 m、3600 m 和 4300 m。方斗山复背斜茨竹 1 井下三叠统嘉陵江组被剥蚀至近地表，近地表嘉陵江组镜质组反射率值为 1.09%，外推至 0.2%恢复的剥蚀厚度高达 5500 m。石柱复向斜茶园 1 井下侏罗统、建 28 井上三叠统、太 1 井中侏罗统和马鞍 1 井下侏罗统被剥蚀至近地表，因出露地层与方斗山复向斜相比较新，晚侏罗世以来地层剥蚀量相对小得多，恢复的剥蚀厚度分别为茶园 1 井 2000 m、建 28 井 3400 m、太 1 井 2700 m 和马鞍 1 井 3600 m。利川复向斜利 1 井下志留统被剥蚀至地表，测试到的最小镜质组反射率为 1.52%，对应深度约为 740 m，镜质组反射率与深度的关系趋势线横坐标值外推至 0.2%，恢复的剥蚀厚度约 6200 m。

万县复向斜南段桑木场背斜 ADX4 样品磷灰石裂变径迹资料的热史反演结果表明，样品在 80 Ma 达到最大埋深，经历最大温度 86℃，之后进入缓慢抬升阶段，到喜马拉雅期 20 Ma 快速隆升至地表。根据大地热流、油气勘探井间测温以及镜质组反射率恢复古地温梯度等资料，取古地温梯度 25℃/km（Hu et al.，2000；邓宾等，2009；朱传庆等，2010；王玮等，2011；王平等，2012）和古地表温度 20℃，计算的地表剥蚀量为 2650 m，剥蚀层位为 J_3–K。

与磷灰石裂变径迹恢复剥蚀厚度相似，根据前述岩石热声发射测定的最高古地温，参考焦页 1 井五峰组页岩方解石脉盐水包裹体均一温度，结合古地温梯度对研究区典型井剥蚀量进行恢复。研究区川东褶皱带万县复向斜礁石坝地区焦页 1 井五峰组—龙马溪组页岩经历的最高古地温取 215℃，古地温梯度取 25℃/km，古地表温度取 20℃，求得焦页 1 井隆升剥蚀厚度约 5300 m；古地温梯度取 28.3℃/km（王玮等，2011），古地表温度取 20℃，对花果坪复向斜河页 1 井剥蚀量进行计算，获得燕山期河页 1 井剥蚀量约 5300 m；石柱复向斜建页 HF-1 井古地温梯度取 30℃/km，古地表温度取 20℃，计算的剥蚀厚度约为 3500 m。

区域上横向相同地层对比分析，得出焦页 1 井剥蚀量（J_3–K）约 5046 m，林 1 井剥蚀厚度约 6000 m，建页 HF-1 井和建深 1 井剥蚀量约 3465 m，地层对比法、镜质组反射率法和最高古地温法恢复的剥蚀量基本一致；利 1 井剥蚀量约 6950 m，彭页 1 井剥蚀厚度约 5580 m，河页 1 井剥蚀量约 5800 m，峰地 1 井剥蚀量约 11300 m，其中地层对比法恢复的河页 1 井剥蚀量高于最高古地温法 500 m，这可能是由于钻井所处构造单元与隆盛 1 井较远，地层对比获得的剥蚀厚度有一定的误差。另外，磷灰石裂变径迹热历史模拟结果表明，湘鄂西褶皱带构造抬升始于早白垩世以前，早于川东褶皱带。在地层隆升过程中，白垩系沉积厚度有限，可能局部地区根本无沉积。从现今残留白垩系来看，湘鄂西除零星的小盆地有白垩系分布外，其他地区基本没有可靠的白垩系存在，湘鄂西褶皱带白垩纪沉积厚度与川东褶皱带差异性显著，影响地层对比法恢复区域钻井剥蚀厚度。

第二节　盖层动态评价与源盖匹配分析技术

盖层的封盖性是动态演化的（何光玉和张卫华，1997），在建造阶段，盖层封闭性逐渐增强，在后期构造改造阶段，封闭性可能减弱，甚至完全破坏。沉积物并非沉积下来就对油气具有封闭性，而是经过埋深压实，孔隙度减小、渗透率降低、排替压力增大到一定程度之后才对油气具有封闭能力。随着埋深不断加大，泥质盖层压实程度不断增加，排替压力也不断增大，封闭性不断加强。在后期抬升剥蚀等构造改造作用下，地层卸压，高演化泥岩在温度和压力降低的条件下，脆性岩石容易形成微裂缝，导致渗透率增加，排替压力降低，封闭性减弱。

一、建造阶段盖层封闭性动态演化

在正常压实的情况下碎屑岩的孔隙度随深度的增加而逐渐减小，砂泥岩孔隙度的衰减曲线近似遵循指数分布：

$$\phi = \phi_0 e^{-cZ}$$

通过埋藏史恢复，可以计算泥岩孔隙度演化史：

$$\phi(z,t) = \phi_0 e^{-cZ(t)}$$

则建造阶段盖层的排替压力史为

$$P_c(z,t) = f\phi(z,t) = f\left(\phi_0 e^{-cZ(t)}\right)$$

式中，函数关系 f 可由样品实测排替压力与孔隙度数据拟合计算得到。ϕ 和 ϕ_0 分别为深度 Z 处的地层孔隙度及地表孔隙度，%；Z 为深度，m；c 为地层物性参数，相当于压实系数，m^{-1}；$\phi(z,t)$ 为在地质时间为 t（Ma）、埋深为 z（m）时的孔隙度（%）；$P_c(z,t)$ 为地质时间为 t（Ma）、埋深为 z（m）时的排替压力（MPa）。

二、隆升剥蚀过程中盖层封闭性动态演化

在构造改造过程中，如经历抬升剥蚀、地层卸压作用，原来深埋地下的盖层岩石可能产生微裂缝，导致渗透率增大，排替压力减小。如何获取排替压力与地层卸压之间的关系，是研究构造改造过程中盖层封闭性动态演化的关键。已有的测试数据分析表明，抬升剥蚀过程中，盖层岩石的孔隙度随围压变化不大[图 6-3（a）]，但渗透率

与围压之间关系密切[图 6-3（b）]，因此，在不考虑断裂破坏作用等其他复杂因素对盖层封闭性影响的情况下，改造阶段的排替压力史可用：$P_c(z,t)=fK(z,t)$ 求取，其中 $K(z,t)$ 为在地质时间为 t（Ma）、埋深为 z（m）时的渗透率（mD）。通过测试分析地层围压条件下盖层渗透率数据，求取渗透率与围压之间的相关关系，再将围压与隆升剥蚀量相关联，就可以获得隆升剥蚀过程中排替压力的演化规律，从而获得隆升改造阶段盖层封闭性演化史。

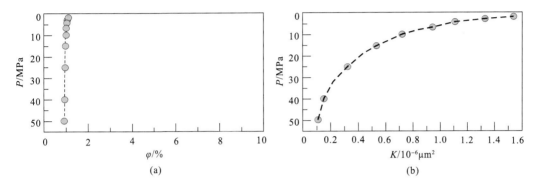

图 6-3 川岳 83 井飞三段泥灰岩盖层孔隙度 φ、渗透率 K 随地层围压变化关系图

在有些情况下，尽管盖层岩石致密、排替压力大，但仍然发现存在油气渗漏现象，其是盖层岩石的破裂导致的（Roberts and Nunn，1995）。

在黏土力学中，经常用参数 OCR（over consolidation ratio）来定量描述黏土的塑性和脆性。在岩石力学中，将一直处于埋深过程中，后期从未遭受构造抬升改造时的泥岩称为 NC（normal consolidation）泥岩，如果泥岩从地质历史时期的最大埋深抬升至地壳浅处甚至地表后，称为 OC（over consolidation）泥岩（图 6-4）。持续埋深的 NC 泥岩具有塑性特征，遭受抬升卸压的 NC 泥岩逐渐由塑性转变为脆性，变成 OC 泥岩。

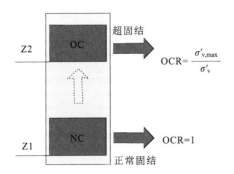

图 6-4 NC 泥岩和 OC 泥岩关系示意图

塑性泥岩和脆性泥岩发生剪切破坏的变形行为不同。当剪切应力大于剪切强度时，岩石发生剪切破坏。但并不是所有的剪切破坏都形成剪切裂缝。剪切裂缝形成与否，还

与岩石的脆性和塑性有关。脆性泥岩发生剪切破坏时，形成裂缝，而塑性泥岩发生剪切破坏时产生扩散变形。脆性泥岩发生剪切破裂时，随着剪切变形的增加，渗透率增大；塑性泥岩发生剪切破坏时，随着变形的增加，渗透率降低。因为前者表现为膨胀和瞬时破坏，而后者表现为压缩变形。因而，不同脆性和塑性的泥岩在后期的构造改造过程中封闭油气的能力也完全不同。

从细观的角度，采用 OCR 史法定量约束盖层隆升改造、卸压过程中的封闭性动态演化。在地质历史时期，泥岩所经历的最大垂直有效压力 $\sigma'_{v,max}$（MPa）称为先期固结压力（pre-consolidation stree）。对于 NC 泥岩，现今垂直有效压力 σ'_v（MPa）即为最大垂直有效压力 σ'_{vmax}；对于 OC 泥岩，现今垂直有效压力 σ'_v（MPa）小于最大垂直有效压力。在黏土力学中将 OCR 定义为最大垂直有效压力 $\sigma'_{v,max}$（MPa）和现今垂直有效压力 σ'_v（MPa）之比：

$$OCR = \sigma'_{v,max} / \sigma'_v$$

以上 OCR 参数定义的前提条件是不考虑构造应力作用，且最大垂直有效压力为最大有效主应力，水平方向有效压力为最小有效主应力。

参数 OCR 可以反映泥岩的脆性程度。OCR 越大，高演化泥岩的脆性越大。NC 泥岩的 OCR 等于 1，OC 泥岩的 OCR 大于 1，随着抬升剥蚀幅度的增加，OCR 逐渐增大，当 OCR 增大到一定值后，泥岩发生破裂，从而完全失去封闭天然气的能力（Nygard et al., 2006）。

三、源盖动态匹配分析方法

首先，依据研究区的区域烃源岩和区域盖层的分布划分源-盖系统。

其次，利用盆地模拟软件计算区域烃源岩的生烃史。如果存在多元生烃，如除烃源岩干酪根生烃之外，还存在古油藏裂解生气的情况，则还需计算古油藏裂解生气史。

再次，综合盖层封闭性动态演化史和烃源岩演化史，研究源-盖动态匹配的时空关系。时间匹配关系：烃源岩的生烃时间和上覆盖层封闭性形成时间之间的关系。由特定时刻的 R^o 等值线与盖层突破压力 P_c 等值线叠合图确定。空间匹配关系：区域烃源岩和区域盖层空间叠置关系，由二者的厚度等值线图确定。

最后，划分评价盖层封闭动态有效性。

有效盖层：源-盖完全匹配型。即空间上源-盖上下叠合，时间上盖层封闭性形成时间早于烃源岩生烃开始时间。

部分有效盖层：源-盖部分匹配型。即空间上源-盖上下叠合，时间上盖层封闭性形成时间晚于烃源岩生烃开始时间，但早于生烃高峰结束时间。

无效盖层：源-盖不匹配型。即或者空间上源-盖上下不重叠，或者时间上盖层封闭性形成时间晚于烃源岩生烃高峰结束时间。

第三节　油气封盖条件地球物理预测方法

一、泥岩盖层测井识别与评价方法

（一）泥岩盖层测井识别方法

泥岩盖层是指在地质条件下能够阻挡油气向上运移并聚集成藏、具有封闭能力的泥岩地层。作为盖层首先要求泥岩地层具有稳定的分布范围和较大的厚度，这两个特点使常规盖层测井响应特征比较明显，易于识别。在测井曲线上主要表现为：自然伽马和能谱测井曲线为高值异常，较围岩地层电阻率值明显降低、声波时差值明显增大，且受地层沉积稳定性和厚度影响，泥岩盖层的自然伽马、电阻率、声波时差曲线相对光滑，齿化现象较少，如图 6-5 所示。

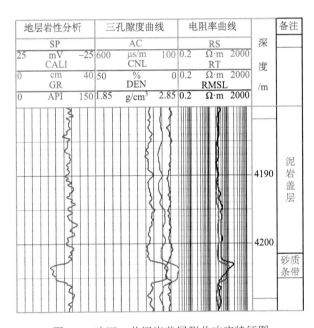

图 6-5　建深 1 井泥岩盖层测井响应特征图

泥岩地层中的烃源岩由于富含有机质，对油气具有很好的封堵作用，是相对优质的区域盖层。而有机质的密度较低，并且会降低纵波的传播速度和地层的导电性能，当地层含有机质时，测得的烃源岩地层密度值较小、声波时差值较大、电阻率较高。相对于常规泥岩盖层，密度曲线的低值异常、声波时差曲线和电阻率曲线的高值异常成为烃源岩盖层的显著特征。

除上述两种盖层外，还存在异常高压盖层。异常高压盖层的识别主要利用泥岩的应力敏感特性。正常压实条件下，泥岩声波时差和电阻率值随深度呈指数变化，反映在单对数坐标上是一条直线，当地层为高压异常时，声波、电阻率值会偏离正常的趋势线，往低声波、高电阻率值的方向偏离，因此分析泥岩地层声波、电阻率随深度的变化规律可识别出该类盖层（冯琼和魏水建，2011）。

（二）泥岩盖层测井评价方法

泥岩盖层的测井识别相对容易，但其质量的好坏需要结合相关参数进行综合评价。通过大量的研究和实践，针对泥岩盖层的测井评价方法主要包括以下三种类型。

1. 测井参数评价方法

用测井方法评价泥岩盖层，主要是利用测井资料计算能够评价盖层质量的关键参数，主要涉及总孔隙度、有效孔隙度、渗透率、含砂量、厚度、突破压力等关键参数，从不同的方面反映泥岩盖层对油气层封堵性能的大小。泥岩盖层的有效孔隙度、含砂量、厚度及总孔隙度对盖层质量的影响是有差别的，根据不同参数对盖层质量影响程度的差异，对这些测井参数赋予不同的权值。根据已知油气藏盖层参数量值反复实验，确定权值，将这些测井盖层参数权值大小排列组合，便可拟定泥页岩盖层的质量等级，以确定盖层的封盖能力。

2. 储盖组合一体化评价方法

储层与盖层关系密切，具有成因上的关联性，反映在测井信息上表现为一定的测井响应组合模式，通过分析储盖组合的测井响应关系，可实现评价盖层质量的目的。通过不同地区的研究和实践，发现三类有效的储盖组合模式：一是盖层与储层常具有高压与高孔隙的测井响应组合，当成藏条件具备时往往找到高产油气藏；二是高致密性与高孔隙的测井响应组合，这种组合是最为理想、显性的盖层与储层匹配模式；三是当盖层与储层具有高有机质与高孔隙的测井响应组合时，也是有效的储盖组合。同样，无效的储盖组合也会有一些测井响应的共性，主要有两类组合模式：一是强应力与低孔隙的测井响应组合，分析发现此类储盖组合不会获得产能；二是常压与低孔隙的测井响应组合，与有效的高压与高孔隙的测井响应储盖组合相反，这类储盖组合往往形成无效的储盖组合。

3. 成像模式评价方法

成像测井具有较高的纵向分辨率和井周覆盖率，能精确地反映储层和盖层间的岩性变化情况，对盖层的含砂量具有直观显示，而且具有能够精确识别裂缝、地层界面，划分沉积相带，进行地应力分析等优势，因此利用成像测井评价储盖组合具有可行性。利用成像资料评价储盖组合主要有四类成像模式，如图 6-6 所示。经盖层参数标定后发现暗色块状条带型盖层是相对有利优质盖层，这类盖层含砂量低，具有一定的厚度，一般具有区域稳定分布性；而其他模式往往含砂量偏高，导致对气的封堵性不佳。

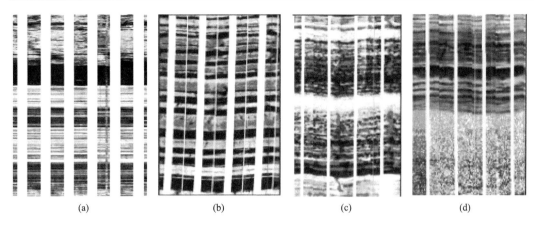

图 6-6 储盖组合成像模式图

（a）暗色块状条带模式； （b）明暗条带交互模式； （c）复合递变模式； （d）下亮上暗递变模式

二、泥岩盖层地震预测与评价方法

（一）泥岩盖层地球物理响应特征

1. 泥岩盖层测井响应特征

泥岩盖层测井响应特征分析表明，砂泥岩地层中泥岩具有高自然伽马、高声波时差、高 V_P/V_S 的特征，砂岩具有低自然伽马、低声波时差、低 V_P/V_S 的特征。在富含有机质泥岩中声波时差高值特征更加明显。通过对目的层段纵、横波速度和密度等岩石物理参数岩性敏感性统计分析，V_P、V_P/V_S 属性对岩性分异明显，一般砂岩的 $V_P>4500$ m/s，$V_P/V_S<1.75$，泥岩的 $V_P<4500$ m/s，$V_P/V_S>1.75$，泥岩岩性越纯，V_P 越小，V_P/V_S 越大（图 6-7）。

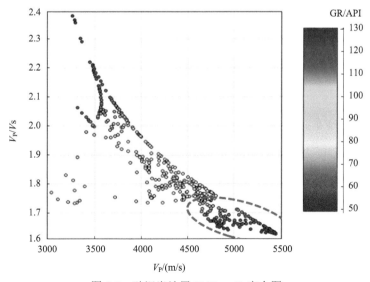

图 6-7 砂泥岩地层 V_P/V_S - V_P 交会图

2. 泥岩盖层地震响应特征

泥岩地层分布相对稳定，与上下围岩之间阻抗差异明显。一般深层泥岩地层阻抗值偏低，地震剖面上泥岩地层与上覆高阻抗地层为波谷反射接触，与下伏高阻抗地层为波峰反射接触，波组反射振幅能量较强，整体表现为低频强振幅高连续波组反射特征。

（二）泥岩盖层地震预测描述技术

1. 泥岩盖层地震属性定性分析技术

由于泥岩地层在地震上具有低频、强振幅、高横向连续性的响应特征，因此，波形、均方根振幅、瞬时相位、瞬时频率等属性能够较好地反映泥岩盖层的展布特征，应用上述属性能对泥岩盖层发育特征进行定性预测。

从鄂西渝东三维志留系龙马溪组地层地震波形、相位属性和均方根振幅属性图（图6-8）

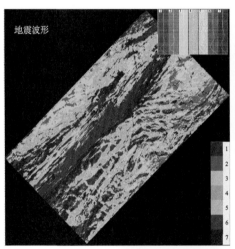
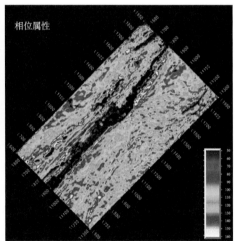
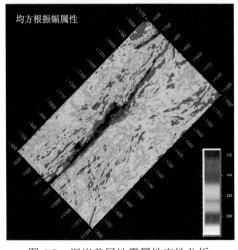

图6-8　泥岩盖层地震属性定性分析

上分析，研究区西南部波形特征相似、相位横向变化稳定、均方根振幅属性相对较强，往北东方向波形发生递变，相位变小，均方根振幅属性变弱，分析认为西南部为泥岩盖层有利发育区，由西南往北东方向，相带发生变化，泥岩盖层发育变差。三类属性有效揭示了岩性与岩相的变化规律，能较好地解释泥岩盖层的变化特征。

2. 泥岩盖层地震反演定量预测技术

纵横波同时反演可以获得纵波阻抗、横波阻抗、密度、纵波速度、横波速度、纵横波速度比等弹性参数。而岩石物理分析表明 V_P/V_S、V_P 等弹性参数能较好地反映地层的岩性特征。因此通过纵横波同时反演可以预测目的层泥岩盖层岩性、厚度及展布特征（图6-9）。对盖层而言，若要封盖性能好，则泥岩应尽可能厚，尽可能连续。以 V_P/V_S 大于1.75 作为泥岩和砂岩的分界点，提取目的层段的泥岩厚度，分析泥岩的空间展布。

（三）泥岩盖层地震封盖性评价方法

影响泥岩盖层封盖能力的地质因素很多，除了需要考虑盖层本身的岩性、厚度及物性外，还需要结合岩石的脆塑性、排替压力及裂缝的发育程度开展综合评价。

1. 泥岩盖层孔隙度评价

泥岩段的物性解释主要是针对孔隙度参数。岩石物理分析表明孔隙度参数与阻抗等弹性参数有较好的线性相关性，因此根据测井建立的地层孔隙度与这些敏感弹性参数之间的相关关系，可以有效计算泥岩地层孔隙度。由于通过地震反演可以得到纵波阻抗、纵横波速度比等参数，可利用这些参数数据体，求取目的层孔隙度参数。图6-10 为根据关键井测井数据建立的孔隙度与纵波阻抗的交会图，利用图中的关系式，结合纵波阻抗数据体可以计算得出泥岩地层孔隙度，进而利用该数据预测泥岩盖层孔隙度的空间分布。

2. 泥岩盖层岩石脆塑性评价

包含脆性矿物（如硅质）多的岩石比包含黏土矿物多的岩石更容易产生裂缝。决定泥岩脆塑性的是其力学性质，通常用杨氏模量和剪切模量表示岩石在外界应力作用下的反映。杨氏模量的大小标志着岩石刚性的强弱，杨氏模量越大，说明岩石越不容易发生形变；剪切模量的大小标志着岩石抵抗切应变能力的强弱，剪切模量越大，则表示岩石的刚性较强。盖层塑性特征与盖层的抗破裂程度密切相关，盖层塑性越强，抗破裂程度越高，因此封闭性能也就增强。基于盖层岩石物理特征研究成果，盖层的脆塑性与杨氏模量 E 和 $\mu\rho$（剪切模量与密度乘积）最相关，杨氏模量越小，塑性越强；$\mu\rho$ 越小，塑性越强。采用叠前弹性参数反演计算出杨氏模量、剪切模量，并对这两种弹性参数进行归一化融合形成塑性系数。针对建南地区志留系龙马溪组开展塑性系数计算研究，成果显示泥岩盖层塑性较强，一般大于 50，封盖性较好。

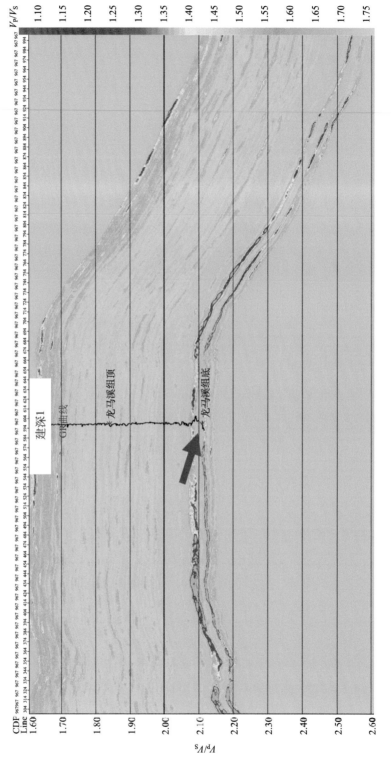

图 6-9　Xline967 线 V_P/V_S 反演剖面

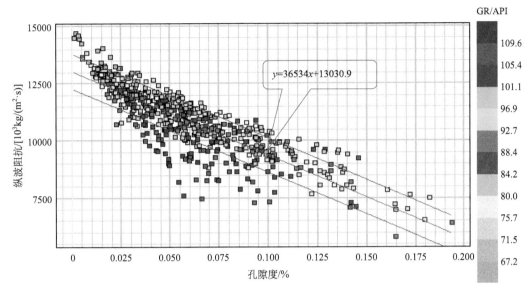

图 6-10 泥岩段孔隙度与纵波阻抗交会图

3. 泥岩盖层岩石排替压力预测与评价

排替压力是评价盖层封盖性能的最根本参数。排替压力越大，盖层封闭天然气的能力越强，越有利于气藏中天然气的聚集与保存；反之，不利于气藏中天然气的聚集与保存。影响岩石排替压力的主要因素包括岩石的泥质含量、孔隙度及岩石的埋深。一般泥质含量越高，孔隙度越小，埋深越大的岩石排替压力越大。通常可通过压汞实验测试手段研究岩石的排替压力，并以实验数据与其他物理参数建立相关公式，从而实现对排替压力的预测。通过大量统计分析研究，发现泥岩排替压力与声波速度之间具有明显的比例关系。因此以测井资料分析为出发点，分析建南地区龙马溪组排替压力与速度的关系。根据压汞实验数据，将排替压力与声波速度进行线性拟合，建立建南地区排替压力计算公式为

$$PA = -0.0291V + 160.22$$

式中，PA 为排替压力，MPa；V 为声波速度，m/s。基于以上交会公式，在开展叠后速度反演的基础上，可通过转换计算获得建南地区龙马溪组排替压力分布特征。

4. 泥岩盖层裂缝预测与评价

地层中断裂和裂缝的发育往往能形成流体的渗透通道，泥岩盖层中断裂和裂缝的发育对盖层封盖性能影响较大，断裂和裂缝富集区域盖层的封盖能力大幅减弱。对泥岩盖层断裂和裂缝的预测及评价研究主要基于以下三个方面。

1) 多相干属性断裂综合分析技术预测大断裂

相干分析技术是一种预测相似性的方法，可有效刻画断裂及裂缝的分布。目前对相

干分析技术进行了扩展，通过对倾角体、方位角体和相干体的联合显示，可以更精细地描述地层的细微断裂及裂缝带。如图 6-11（b）所示为研究区目的层方位角-倾角-相干HSL 切片，较常规相干切片对断裂的刻画更加清晰。

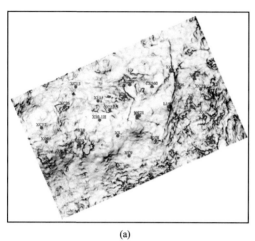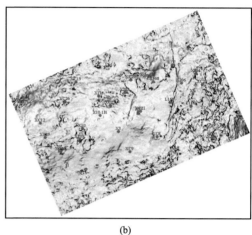

（a）　　　　　　　　　　　　　　　　　（b）

图 6-11　多相干属性断裂和裂缝带预测

（a）常规相干体；（b）方位角-倾角-相干 HSL 三色体

2）几何形变属性（曲率法）预测微断裂和裂缝

岩层裂缝的发育与构造应力变化紧密相关，而应力的变化往往带来地层构造面形态的扭曲或滑脱变化。曲率属性表征地层构造面的弯曲程度，可表征地层构造应力变化情况，从而指引裂缝发育区域。最大正曲率能放大层面中的断层信息和一些小的线性构造，对微小应力造成的构造形变响应敏感，可挖掘易形成裂缝的应力敏感区域。针对研究对象目的层地震反射同相轴构造层位，对 x、y、z 三方向做偏导数运算求取最大正曲率。通过对叠后地震数据提取最大正曲率属性，可圈定属性高值异常区域为裂缝发育区。如图 6-12 所示，目的层曲率值在构造高部位及断裂两侧较高，表明裂缝相对发育。

3）方位各向异性泥岩盖层裂缝预测

地震波穿过地层高角度缝发育区时，反射波振幅、速度、频率和衰减与传播的方位相关，垂直裂缝走向方向随偏移距衰减快，而沿裂缝走向方向随偏移距衰减慢。可以利用叠前地震资料提取对方位角变化敏感的地震属性（如振幅类、衰减类属性）检测 HTI 或近似 HTI 型的裂缝，从而实现对空间定向排列的垂直或高角度裂缝进行预测。可以利用不同方位角地震波阻抗的差异进行椭圆拟合，并定义椭圆长轴方向为裂缝走向，裂缝密度越人，椭圆的偏率越扁，从而实现对裂缝密度和方向的预测。

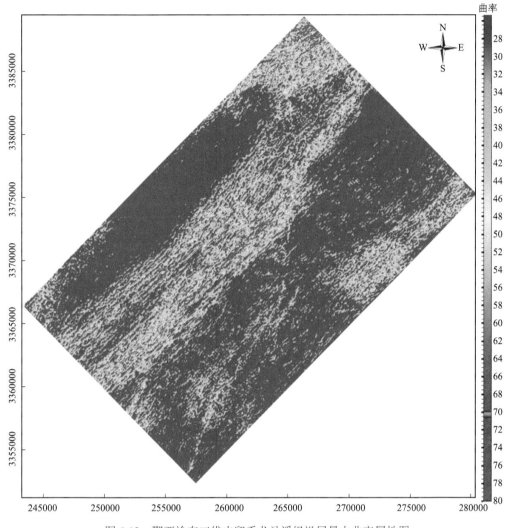

图 6-12　鄂西渝东三维志留系龙马溪组沿层最大曲率属性图

　　实践经验表明，振幅和速度的方位各向异性相对精细，在纵向上的分辨能力较强，但稳定性和可靠性受到多个方面影响。通过对建南地区龙马溪组研究区目的层的顶和底提取纵波方位走时差，计算方位走时各向异性，进行方位走时各向异性裂缝检测，检测结果如图 6-13 所示，线条的方向表示检测的裂缝的主方向，线条的长度和背景颜色的深度表示主裂缝发育的强度，图中红色区域代表主裂缝较发育。从裂缝发育特征分析，断裂发育区及周边各向异性比较明显，揭示断层附近裂缝较发育，主要发育北东向和北西向两组裂缝。

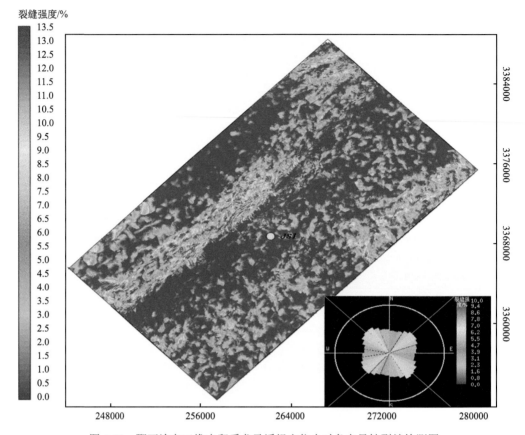

图 6-13　鄂西渝东三维志留系龙马溪组方位走时各向异性裂缝检测图

参 考 文 献

邓宾, 刘树根, 刘顺, 等. 2009. 四川盆地地表剥蚀量恢复及其意义. 成都理工大学学报(自然科学版),
　　26(6): 675-686
董宁, 许杰, 孙赞东, 等. 2013. 泥页岩脆性地球物理预测技术. 石油地球物理勘探, 48(1): 69-74
冯琼, 魏水建. 2011. 中上扬子区膏岩盖层的测井识别. 石油实验地质, 33(1): 100-104
何光玉, 张卫华. 1997. 盖层研究现状及发展趋势. 世界地质, 16(2): 28-33
李明诚. 2004. 石油与天然气运移(第三版). 北京: 石油工业出版社
楼章华, 朱蓉. 2006. 中国南方海相地层水文地质地球化学特征与油气保存条件. 石油与天然气地质,
　　27(5): 584-593
楼章华, 金爱民, 付孝悦. 2006. 海相地层水文地球化学与油气保存条件评价. 浙江大学学报(工学版),
　　40(3): 501-505
卢庆治, 马永生, 郭彤楼, 等. 2007. 鄂西-渝东地区热史恢复及烃源岩成烃史. 地质科学, 42(1): 189-198
马力, 陈焕疆, 甘克文, 等. 2004. 中国南方大地构造和海相油气地质(上、下). 北京: 地质出版社
马永生, 等. 2007. 中国海相油气勘探. 北京: 地质出版社
石和, 黄思静, 沈立成. 2002. 川黔上古生界锶同位素演化曲线的地层学意义. 地层学杂志, 26(2):
　　106-110
宋国奇, 向立宏, 郝雪峰, 等. 2011. 运用排替压力法定量预测断层侧向封闭能力. 油气地质与采收率,

18(1): 1-3

王大锐. 2000. 油气稳定同位素地球化学. 北京: 石油工业出版社

王芙蓉, 何生, 杨兴业. 2011. 中扬子海相碳酸盐岩中方解石脉成岩环境研究. 石油实验地质, 33(1): 56-65

王平, 刘少峰, 郜瑭珺, 等. 2012. 川东弧形带三维构造扩展的 AFT 记录.地球物理学报, 55(5): 1662-1673

王玮, 周祖翼, 郭彤楼, 等.2011. 四川盆地古地温梯度和中-新生代构造热历史.同济大学学报(自然科学版), 39(4): 606-613

杨兴业, 何生. 2010. 超压封存箱的压力封闭机制研究进展综述. 地质科技情报, 29(6): 66-72

杨智, 何生, 何治亮, 等. 2008. 准噶尔盆地腹部超压层分布与油气成藏. 石油学报, 29(2): 199-205

郑伦举, 何生, 秦建中, 等. 2011. 近临界特性的地层水及其对烃源岩生排烃过程的影响. 地球科学——中国地质大学学报, 36(1): 84-92

周云, 段其发, 唐菊兴, 等. 2014. 湘西地区铅锌矿的大范围低温流体成矿作用——流体包裹体研究. 地质与勘探, 50(3): 515-532

朱传庆, 徐明, 袁玉松, 等. 2010. 峨眉山玄武岩喷发在四川盆地的地热学响应. 科学通报, 55(6): 474-482

Anderson M P. 2005. Heat as a ground water tracer. Ground Water, 43(6): 951-968

Basuki N I, Spooner E T C. 2004. A review of fluid inclusion temperatures and salinities in Mississippi Valley-type Zn-Pb deposits: Identifying thresholds for metal transport. Exploration and Mining Geology, 11(124): 1-17

Bethke C M. 1985. A numerical model of compaction-driven groundwater flow and heat transfer and its application to the paleohydrology of intracratonic sedimentary basins. Journal of Geophysical Research, 90(B8): 6817-6828

Cathles L M, Smith A T. 1983. Thermal constraints on the formation of Mississippi Valley-type lead-zinc deposits, and their implications for episodic dewatering and deposit genesis. Economic Geology, 78: 948-956

Coustau H, Tison J, Chiarelli A, et al. 1975. Classification hydrodynamique des bassins sedimentaires, Utilization combinee avecd'autres methodes pour rationaliser l'exploration dans des bassins non-productifs. World Petroleum Congress, 2(9): 105-119

Deming D. 1994. Factors necessary to define a pressure seal. AAPG Bulletin, 78(6): 1005-1009

Hu S B, He L J, Wang J Y. 2000. Heat flow in the continental area of China: A new data set. Earth and Planetary Science Letters, 179: 407-419

Hunt J M. 1990. Generation and migration of petroleum from abnormally pressured fluid compartments. AAPG Bulletin, 74(1): 1-12

Keith M L, Weber J N. 1964. Carbon and oxygen isotopic composition of selected limestones and fossils. Geochimica et Cosmochimica Acta, 28: 1787-1816

Kesler S E. 1996. Appalachian mississippi valley-type deposits: Paleoaquifers and brine provinces. Society of Economic Geologists Special Publication, 4: 29-57

Ketcham R A, Donelick R A, Carlson W D. 1999. Variability of apatite fission-track annealing kinetics: III. Extrapolation to geological time scales. American Mineralogist, 84(9): 1235-1255

Leach D L, Dwight B, Lewchuk M T, et al. 2001. Mississippi Valley-type lead-zinc deposits through geological time: Implications from recent age-dating research. Mineralium Deposita, 36(8): 711-740

Leach D L, Sangster D F, Kelley K D, et al. 2005. Sediment-hosted lead-zinc deposits: A global perspective. Economic Geology, 100: 561-607

Muggeridge A, Abacioglu Y, England W, et al. 2005. The rate of pressure dissipation from abnormally pressured compartments. AAPG Bulletin, 89(1): 61-80

Nygard R, Gutierrez M, Bratli R K, et al. 2006. Brittle-ductile transition, shear failure and leakage in shales and mudrocks. Marine and Petroleum Geology, 23(2): 201-212

Oliver N H S, Mclellan J G, Hobbs B E, et al. 2006. Numerical models of extensional deformation, heat transfer, and fluid flow across basement-cover interfaces during basin-related mineralization. Economic Geology, 101(1): 1-31

Revil A, Cathles L M, Shosa J D, et al. 1998. Capillary sealing in sedimentary basins: A clear field example. Geophysical Research Letters, 25(3): 389-392

Roberts S J, Nunn J A. 1995. Episodic fluid expulsion from geopressured sediments. Marine & Petroleum Geology, 12(2): 195-204

Shosa J D. 2000. Overpressure in sedimentary basins: Mechanisms and mineralogical implications. New York: Cornell University

Toth J. 1978. Gravity-induced cross-formational flow of formation fluids, Red Earth region, Alberta, Canada: Analysis, patterns, evolution. Water Resources Research, 14(5): 805-843

Toth J. 1980. Cross-formational gravity-flow of groundwater: A mechanism of the transport and accumulation of petroleum (The generalized hydraulic theory of petroleum migration)//Roberts W H, Cordell R J. Problems of Petroleum Migration. American Association of Petroleum Geologists, Studies in Geology, 10: 121-167

Viets J G, Hofstra A H, Emsbo P, et al. 1996. The composition of fluid inclusions in ore and gangue minerals from Mississippi Valley type Zn-Pb deposits of the Cracow-Silesia region of southern Poland: Genetic and environmental implications//Gorecka E, Leach D L. Carbonate-hosted zinc-lead deposits in the Silesian-Cracow area Poland. Warsaw: Prace Panstwowego Instytuti Geologicznego

第七章 海相层系油气保存系统与保存条件评价

第一节 油气保存系统与评价方法

一、保存系统的定义与内涵

（一）保存系统的定义

由于油气的保存条件受多种地质要素的控制，各要素之间是一个有机联系的整体，因此，我们提出利用油气保存系统的思路，用以研究多旋回强改造盆地的油气保存条件。

油气保存系统是指某一地质单元内与油气保存条件相关的地质要素、作用和过程的有机统一体系。它具有统一的"源-盖"条件，相同或相似地质结构及流体特征，基本一致的油气藏保存（或破坏）过程。对于油气成藏研究来说，"油气保存系统"是与"油气系统"相平行的研究单元。油气系统主要包含了油气等流体从烃源岩到圈闭的动态过程，而油气保存系统则涵盖了盆地中构造单元内油气在区域盖层封盖下的多期运聚、保存条件动态变迁的历程。因此，油气保存系统也可以说是一种针对后期改造较强烈的地质单元，特别强调保存条件的油气系统。

一个保存系统的基本组成包括地质要素、地质作用和演化过程及成藏功能三大部分。其中，地质要素包括源-盖层、地质结构、水文地质条件、上覆岩层；地质作用和演化过程包括断裂与破碎作用、剥蚀作用、大气水下渗作用、深埋热变质作用、上覆层系叠加作用、影响或反映油气保存条件的各种地质要素与地质作用的演化过程；成藏功能包括油气在保存系统内聚集或散失的过程与结果（沃玉进等，2011）。

（二）保存系统的内涵

从油气保存系统所具有的系统层次性来看，它是进行油气保存动态分析、综合研究的一种思路和方法。此外，与狭义的油气系统类似，它本身代表了一个地下的三维实体，是一个研究油气藏保存的过程与结果的地质单元。它的地质内涵主要包括以下内容。

（1）三维实体的地质结构类型：它是一个油气保存系统所研究的对象，也是研究的出发点与归宿点；它既代表了地层在不同期次、不同方位的应力作用下构造变形的叠加与联合的现存状态，也反映了成藏要素在现今状态下的组合特征，反映了油气保存条件的背景和宏观因素。

（2）盖层的封盖性能：区域盖层的封盖性能是决定一个保存系统优劣的根本因素。只要有良好的区域盖层，即使直接盖层差一些，最终只是油气在区域盖层下的重新分配，

·228· 中国海相层系碳酸盐岩储层与油气保存系统评价

而不会导致油气的大量散失。同时，盖层的封盖性能研究除盖层的岩性、微孔结构、可塑性、厚度、分布范围、黏土组成及演化程度等主要因素外，还须注重其动态演化过程，即对油气能起到封盖作用的时期以及封盖性能的破坏与修复过程。

（3）源-盖的有效匹配：源-盖的有效匹配是一个保存系统的关键。在盖层封盖下的油气生成、运移、聚集等是油气保存系统形成、演化的物质基础，也是研究保存系统的目的。它包括了区域盖层封盖下的有效性烃源岩的生烃史与油气运聚过程，同时包括受上覆岩层或多期构造运动的影响，早期有效封盖层下的原生油气藏发生调整、转移、散失和破坏的动态演变历史。

（4）流体系统特征：流体系统特征是一个保存系统形成与演化的表征参数，也是区分一个保存系统现今保存状况优劣的判识性指标。其包含的内容主要有水文地质条件、地下流体化学-动力学行为与岩浆热液活动等。

二、保存系统的研究内容与研究方法

前述已表明，一个保存系统的地质内涵主要包括一个三维实体的地质结构类型、盖层的封盖性能、源-盖的有效匹配与流体系统特征4个方面的内容，再结合某一具体地区的综合评价，故在实际运用中，保存系统的研究主要包括地质结构类型、盖层封盖性、源-盖有效匹配关系、地层流体以及综合评价5个方面的内容。其研究的技术路线可采用由现象解剖到本质规律、再总结到实际应用的技术思路（图7-1）。即通过对现今地层地

图7-1 油气保存系统研究的技术路线图

质结构的分类和源-盖组合的划分，基本明确保存系统的纵向和横向分布；以构造活动为主线，通过地质构造剖面的平衡恢复、源-盖层有效匹配关系的动态评价和地层流体的阶段演化三者的耦合关系研究，动态分析保存系统形成与演化的过程；结合钻井、（古）油气藏的解剖，综合分析影响保存系统形成与调整改造的基本地质因素，进而评价不同类型保存系统的优劣，提出控制保存系统优劣条件的主要因素和评价指标；在此基础上，对有利的保存系统和勘探目标进行评价。

为此，油气保存系统研究的具体步骤与方法可归纳为以下几点。

（1）通过地层发育与保存特征、地层接触关系及地区差异性分析、典型（古）油气藏与重点探井解剖、地震资料解释、构造地质剖面分析、断裂发育与组合特征分析、平衡剖面分析、构造滑脱层性质与演化分析、构造样式及组合特征分析，较为精细地研究不同区块、不同区带的海相层系、盖层层系形变特征、赋存状态与地质结构。

（2）依据区域性优质烃源岩和盖层的纵向叠置关系，划分保存系统的评价层位。针对高演化泥岩易产生微裂缝而引起封闭性变差的问题，在微观研究上，通过相关粗碎屑岩或碳酸盐岩成岩作用、成岩演化史研究，结合 X 光衍射、扫描电镜、伊利石结晶度、包裹体均一温度、同位素、K/Ar 测年资料，研究泥质岩盖层成岩环境、成岩演化史及热演化史；通过采集一系列不同演化程度泥质盖层样品进行分析测试及多种地层条件下盖层微观参数模拟测试，即针对不同类型盖层，设定不同的实验条件（不同温压、不同流体），模拟多种地下地质环境，分析不同性质与类型的盖层对地下不同类型流体的封闭机理、模式与差异性。建立演化程度与微观参数的相关关系，进而分析泥质岩盖层封闭性演化史。

（3）在总结有关沉积-埋藏史、热演化史研究成果的基础上，动态分析地质历史时期烃源岩生烃史、古油藏中原油裂解史与盖层封闭性能的匹配关系。

（4）通过分析相关地区地表流体（包括泉水、油苗或沥青）的产状、物理性质、地球化学性质和同位素组成及热液矿物资料特征，结合地质背景，分析其成因及所反映的地下流体化学性质，定量或半定量计算大气水下渗循环深度、成因以及与断裂带分布的关系。收集现有钻井测试资料，测定地层流体（油气水）的化学性质、组分和稳定同位素，研究地层流体的成因、地表流体与地下流体相互作用特征，分析总结不同地区的流体系统特征。在岩心、野外观察的基础上，系统描述各种裂缝、断裂带特征，分析裂缝类型、期次，采集不同期次裂缝样品和地层岩石样品，结合薄片鉴定、阴极发光分析，描述裂缝充填物和岩石自生矿物的矿物类型、晶体特征、序列（期次），以及它们与构造作用、断裂带形成演化的关系。配套测定不同期次自生矿物中流体包裹体的地球化学性质（包括包裹体形状、大小、分布特征、类型、成分）、自生方解石碳氧同位素及测年资料，分析古流体的成因及其演化规律，恢复古流体（包括油气、地层水、大气水、深部热流）的地球化学性质、类型、成因与演化规律及主要影响与控制因素。着重研究流体系统演化对油气保存系统保存条件演变的判别，为保存系统的评价提供有效约束指标。

（5）通过已知（古）油气藏的解剖可以明确控制油气成藏与破坏的主要地质因素，同时也是对保存系统评价结果的一个有效检验。（古）油气藏解剖主要从其源盖配置的静、动态特征、地层沉积变形历史和地层流体性质及其形成、运聚、定位历史三方面入手，总结不同地区抬升剥蚀、褶皱变形、断层冲断、深埋增温、岩浆侵入、地表水冲刷等作用对油气保存的影响。

（6）在以上研究的基础上，对比分析不同构造背景下油气的有效盖层和保存条件，建立油气保存条件综合评价指标体系，结合生烃演化史分析，评价不同区块内的油气成藏的保存条件，划分油气保存系统，预测有利的油气保存系统和勘探目标。

三、保存系统的类型与命名

（一）保存系统的类型

针对中国海相多种原型盆地叠合、多期构造改造的特点，按保存系统的功能把南方海相的保存系统初步归纳为已知型（即已知有效的）、不确定型与破坏型三种基本类型。其中已知型保存系统可分为保持型与重建型两小类，破坏型保存系统可分为盖层剥蚀型、断层切割型、热变质破坏型、水动力破坏型和多因素破坏型五小类。

（1）保持型油气保存系统：指初始的源-盖匹配条件形成之后（即油气保存系统形成之后），在后期的演化历史中，聚集的液态烃只存在着相态的变化和空间位置上的改变，而原始的封盖（或封存）条件并没有改变。例如，四川盆地东部的普光气田，印支期形成的古油藏经燕山期深埋全部转化为气藏，且受喜马拉雅运动的影响构造位置发生了调整，但它的整体封盖（或封存）条件并无多大改变。

（2）重建型油气保存系统：是指前期形成的油气保存系统受构造运动的影响遭到完全破坏，但后期盆地（多为新生代盆地）叠加在前期改造了的盆地之上，致使在新的盆地覆盖下重建了有效封盖条件，重新形成了一套油气保存系统。在南方较为典型的是江汉盆地，燕山运动使前期形成的油气保存系统（特别是上古生界）几乎全部被破坏，燕山晚期—喜马拉雅期的伸展-断陷沉积，为巨厚的陆相地层覆盖，形成了新的油气保存系统。

（3）不确定型油气保存系统：是指早期形成的油气保存系统，在多期构造运动的影响下，遭受了一定程度的改造，区域性封盖层基本保存，但其封盖性能因剥蚀作用、断层破坏作用、大气水交替作用等因素遭到了局部破坏，致使同一个保存系统在相同的地质结构内表现出较大的差异性。例如，湘鄂西地区，尽管下寒武统的区域封盖层基本保留，但已有的地层水资料显示多为低矿化度型水，表明保存系统很大程度上已被破坏，但在局部的复向斜地区可能保存较好。

（4）破坏型油气保存系统：指早期形成的油气保存系统受多期构造运动的影响完全遭到破坏。其中包括因盖层封盖性能破坏的有盖层剥蚀型与断层切割型，因流体改造的有热变质破坏型与水动力破坏型，以及受各种因素影响的多因素破坏型等。例如，龙门山前陆的基底卷入带，因断层滑脱层深、断层变形具碎-韧性过渡带特征，封盖性能完全被破坏；雪峰山前陆的武陵基底卷入带，地表出露以震旦系为主，区域盖层已剥蚀殆尽，保存系统完全被破坏。

（二）保存系统的命名

保存系统的命名拟参考含油气系统的命名法则。Magoon 和 Dow（1994）所命名的含油气系统名称包括烃源岩层名称、主要储集层名称以及含油气系统的可靠性符号。本书把保存系统的名称初步规定为包括烃源岩层名称、区域封盖层名称以及保存系统类型的符号。保存系统类型的代表性符号初步表述如下。

（●）已知油气保存系统：已发现工业油气流，各方面证据表明其具有良好的封闭性与源-盖匹配。包括前述的保持型和重建型两类已知油气保存系统。

（？）不确定型油气保存系统：已发现油气显示，但无法确切证明是否具有工业勘探价值，从影响保存条件的基本要素上分析，具有局部保存条件优良的先决条件，保存条件需要加强研究。

（×）破坏型油气保存系统：形成过保存系统的物质基础，但源-盖组合基本暴露地表或证实无法形成油气封存条件。根据保存条件遭到破坏主要因素，可将其进一步分为盖层剥蚀型、断层切割型、热变质型、流体冲刷型等多种类型。

例如，在雪峰山前陆的武陵基底卷入带，残存的区域盖层为不连续的下志留统，烃源岩为下寒武统黑色页岩，且因剥蚀强烈及深断层切割破坏，保存系统基本已丧失，故可简记为$\text{\C}_1$–S_1（×）保存系统。

四、油气保存系统的评价

根据保存系统的内涵，一个保存系统的评价主要包括以下 4 个方面的内容，据此对油气保存条件进行综合评价。

（1）盖层的封闭性能：是一个保存系统是否存在与优劣的根本因素。盖层封盖性能的判别既包含了由于成岩作用使其封盖性能由差变好再变差的动态过程与现今状态，也包括了构造抬升与断层的破坏作用对盖层性能的改变过程。

（2）源-盖匹配关系：是一个保存系统评价的目标，也是一个保存系统形成、转化、改造与定型的物质基础。源-盖的动态匹配关系包括一个保存系统初始形成时液态烃的生、排、聚的盖层封盖性匹配，也包括后期保存系统因上覆岩层深埋或构造运动影响而发生的液态烃相态转变与空间位置调整时的盖层封盖性能的匹配过程。

（3）地质结构类型：是一个保存系统评价的对象，它的演化过程决定了它所包含的保存系统的演化历程。同时，它所表现出的盖层剥蚀状况与断层对油气保存的性质，也反映了构造改造对盖层封盖性能的破坏程度。

（4）流体性质：流体的分布特征与相关特征参数，反映了水文地质开启程度与地下热液的活动状况，由此反映出一个保存系统被改造的程度。很显然，它是判别一个保存系统好坏的表征参数。

总而言之，盖层封盖性能的动态演化是一个保存系统评价的核心内容。

保存系统的评价结果采用三图一表的表现形式，即地质结构图、烃源岩埋藏史图、保存系统事件图（图 7-2）及综合评价表。

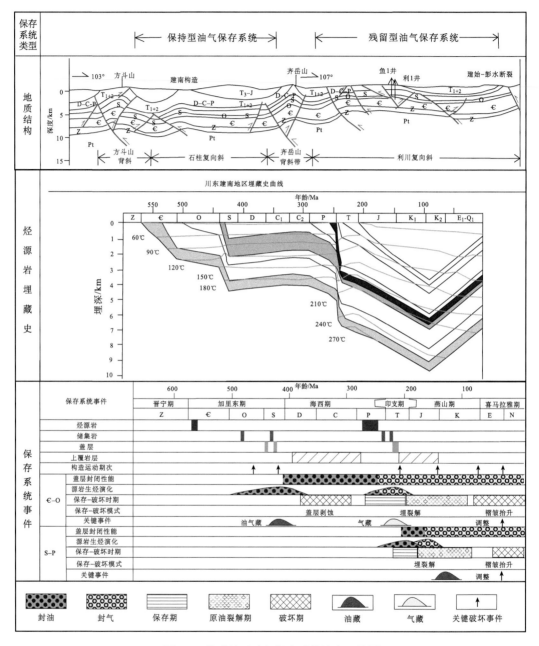

图 7-2　典型地区油气保存系统综合评价图

第二节　典型油气藏封盖条件解剖

典型油气藏的解剖是油气成藏研究中的重要内容，是研究油气藏形成过程中在不同地质历史阶段中成藏要素配置的重要手段，对于了解油气藏的形成、改造历史具有重要意义，特别是对于多旋回盆地尤为重要。

一、四 川 盆 地

（一）威远-高石梯-磨溪气田

1. 油气源对比

1）天然气地球化学特征

威远震旦系气藏天然气成分以甲烷为主，含有较多的非烃气体，为富含惰性和酸性气体的天然气田。天然气中甲烷含量一般为 85%～87%，平均为 86.23%，远远低于四川盆地其他气田。CO_2 和 N_2 含量较高，分别为 4%～5% 和 6%～8%，天然气中含有较多的 H_2S，为 0.32%～1.31%，惰性气体 He 含量也很高，为 0.25%～0.34%，属过成熟干气。受其化学组成影响，天然气相对密度较大，平均为 0.9514，临界温度为 220～280 K，临界压力为 10.5 MPa。甲烷碳同位素为 −31.96‰～−32.73‰，乙烷碳同位素为 −31.19‰～−32.00‰。

资阳地区震旦系天然气组分特征与威远地区存在一定差别，这种差别主要体现在天然气的甲烷含量上，资阳地区部分气井甲烷含量只有 53.13%，经分析应该与水溶气有关，最高的甲烷含量又达到 94.22%。资阳地区 N_2 含量与威远地区相当，含量为 1.1%～10.11%，H_2S 含量为 0.9%～19.4%，CO_2 含量为 2.9%～24.14%。从上述分析不难看出，资阳地区天然气组分变化很大，表现出比较典型的残留型气藏特征。

高石梯-磨溪地区震旦系天然气与资阳-威远地区相比，甲烷含量明显偏高，除高石 1 井天然气甲烷含量低于 90%，为 82.65% 外，其他气井天然气甲烷含量均高于 90%，高石 2 井天然气甲烷组分含量高达 97.85%。N_2 含量也明显低于威远和资阳地区，为 0.1%～5.09%，平均为 1.73%。高石梯-磨溪地区天然气甲烷碳同位素组成为 −29.9‰～34.6‰，乙烷碳同位素组成为 −25.5‰～−28.9‰。

2）储层沥青特征

威远气田震旦系储层沥青分布普遍，露头、井下、岩心、岩屑中皆可见到。对于威远气田震旦系储层沥青的成因，前人据放热峰（700℃）、$\delta^{13}C_{沥青}$（−38.03‰）及含钒量（0.06%～0.15%）将其定名为"碳沥青"，认为是震旦系生油母质在过熟阶段两极分化的产物，得出了"自生自储"的结论。威远背斜东南翼（威 117 井）储层沥青还表现出明显的生物降解特征，降解作用可能发生在加里东期；资阳和威远地区烃源岩和储层沥青中生物标志化合物的对比分析，表明威远震旦系的天然气主要是从资阳方向转移来的，威远地区在气藏形成之前，主要捕集的烃类来自南部的寒武系烃源岩，在气藏形成过程中主要来自北部寒武系烃源岩。根据 10-脱甲基藿烷对资阳古油藏中的油进行估算，从威远东南部烃源岩区方向运移来的油约占主要部分的 4/5，而原地烃源岩生成的油只占

1/5。这说明威远东南部的寒武系主要生油气区对整个加里东古隆起的聚油是十分重要的。但威远震旦系气藏与北部烃源岩的关系是十分紧密的。

3）气源对比分析

20 世纪 90 年代以来，国内外学者应用天然气中 C_1-C_3 组成及 $\delta^{13}C_1$–$\delta^{13}C_3$ 同位素资料来鉴别原油裂解气和干酪根热降解气，所用的主要资料包括 $\delta^{13}C_2$–$\delta^{13}C_1$ 与 ln（C_2/C_3）的关系图版，以及 ln(C_1/C_2) 与 ln(C_2/C_3)的关系图版等。从图 7-3 可以看出，无论是磨溪-高石梯地区震旦系天然气，还是威远地区震旦系天然气，均表现出典型的原油裂解气特征。

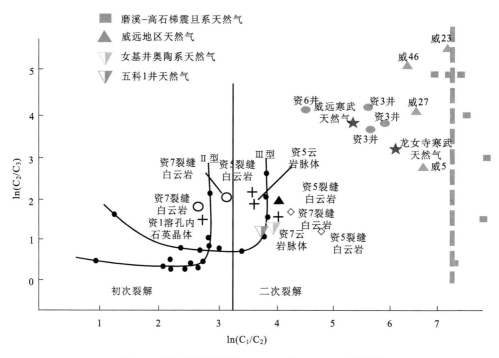

图 7-3　川中地区天然气 ln(C_1/C_2)与 ln(C_2/C_3)关系图

天然气的碳同位素组成主要反映了天然气的母源特征及气源热演化特征，根据这种原理，天然气的甲乙烷碳同位素组成及其关系成为判识天然气气源的重要手段和指示标志。天然气甲烷碳同位素组成主要与母源的热演化程度相关，而乙烷碳同位素组成则更多反映母源的特征，受热演化影响较小。正常情况下，甲烷碳同位素组成应轻于乙烷碳同位素组成，当两者出现倒转的时候，则更多反映出一种混源的特征。根据图 7-4 显示，高石梯-磨溪地区灯影组天然气与龙王庙组天然气碳同位素组成地球化学特征明显不同，明显具有不同母质来源。根据地质背景分析，可以确定，龙王庙组天然气主力气源来自下寒武统龙王庙组，而灯影组天然气主力气源应来自灯影组本身。高石梯-磨溪地区龙王庙组天然气地球化学特征与威远地区震旦系天然气同位素组成相似，表现出母源的相似性，由于威远地区不发育灯影组烃源岩，因此，威远地区灯影组天然气与高石梯-磨溪地区龙王庙组天然气气源均来自下寒武统筇竹寺组泥质烃源岩。而这二者天然气均表现出天然气甲烷、乙烷碳同位素倒转特征，反映了典型的混源特征，可能为干酪根裂解气与原油裂解气混源的结果。

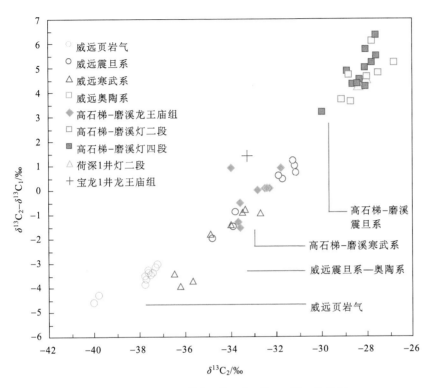

图 7-4　川中地区天然气 $\delta^{13}C_2$ 与 $\delta^{13}C_2-\delta^{13}C_1$ 关系图

图 7-5 为川中地区天然气甲烷、乙烷组分特征关系图，从图中可以明显分出三个区域，威远地区天然气甲烷组分特征与高石梯-磨溪以及资阳地区不同，表现出甲烷含量较低的特征，整体在 90%以下。而高石梯-磨溪地区天然气甲烷含量要明显高于威远地区，均在 90%以上，在上面的分析中，高石梯-磨溪灯影组天然气来源与威远地区天然气来源不同，是出现这种差异的主要原因。而资阳地区天然气与威远地区天然气气源来源相同，为何仍存在差别？这与天然气藏在后期调整过程有关，后面结合其他证据进行系统分析。

天然气藏中的非烃气体常常蕴含了丰富的成藏信息，由于其相对的性质稳定及特殊来源，因此，常常具有重要的指示意义。天然气组分中的 N_2 最常用的两种指向意义，一种是高演化烃源含氮化合物分解所形成的氮气，另一种是气藏遭受散失过程中氮气的相对富集。川中地区天然气中 N_2 的组分特征也表现出一定的指向意义，威远震旦系气藏和高磨地区震旦系气藏的气源明显不同（图 7-6）。

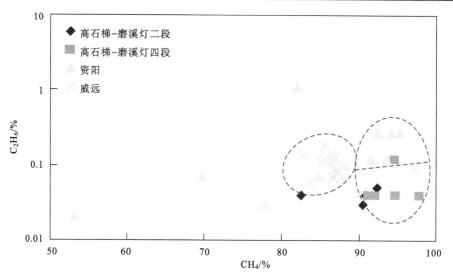

图 7-5 川中天然气甲烷（CH_4）、乙烷（C_2H_6）组分特征关系图

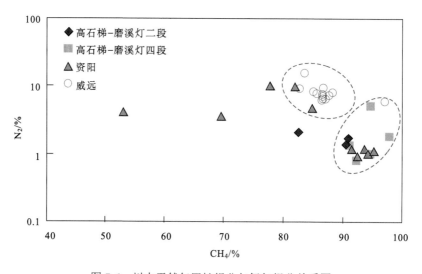

图 7-6 川中天然气甲烷组分与氮气组分关系图

综合天然气组分和同位素地球化学特征分析，可以得出以下几点结论：①威远地区天然气藏与高石梯-磨溪地区天然气藏为两个独立的气藏，并未发生过连通。②高石梯-磨溪地区震旦系天然气与龙王庙组天然气非同一母源，震旦系天然气主要来自震旦系自身泥质烃源岩贡献，而龙王庙组天然气来自寒武系筇竹寺组泥质烃源岩。③威远地区震旦系天然气、寒武系天然气、奥陶系天然气与高石梯-磨溪地区龙王庙组天然气为同一母源，均来自下寒武统筇竹寺组泥质烃源岩。④高石梯-磨溪震旦系—寒武系天然气保存条件良好，并未发生大规模破坏。⑤威远地区震旦系、寒武系、奥陶系天然气曾经发生过连通，其中部分还有页岩吸附气贡献，表现为同位素倒转程度，以及天然气中甲烷含量和氮气含量的变化。

2. 油气成藏过程与油气保存

1) 储层包裹体测温

威远震旦系气藏的形成经历了多期充注过程。根据包裹体分析，在威远、资阳地区的威 99 井、威 112 井、威 117 井、资 1 井和资 5 井中，上震旦统储集层孔洞缝所充填的三期矿物的盐水包裹体均一温度显示：威 99 井、威 112 井、威 117 井和资 1 井皆经历三次油气运移，运移温度范围主要分布在 120～150℃、160～190℃、190～220℃，其中威 112 井、威 117 井的第 I 期运移温度范围较宽，第III期运移温度较高。资 5 井经历了前两次油气运移，运移温度范围分别为 110～160℃、180～190℃。各钻井中，均一温度为 120～150℃的包裹体大多赋存于第 I 期细粉粒泥晶白云石中，160～190℃ 的包裹体主要赋存于第 II 期粗粒白云石中，190～220℃的包裹体赋存于第III期粗粒石英或白云石中，因此，本区至少经历了三次油气运移和聚集（图 7-7）。第一期油气充注时间为印支期晚三叠世，第二期油气充注时间为中-晚侏罗世，第三期油气充注时间为晚白垩世。

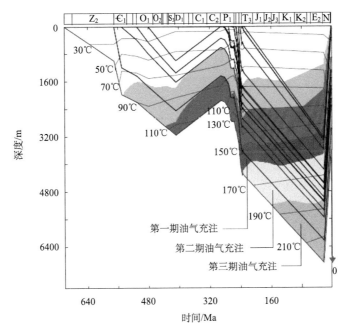

图 7-7　川中地区烃源岩生烃史与震旦系主要油气充注期

2) 油气藏成藏史恢复

加里东期，早期古油藏形成：加里东早期，川中古隆起已初具雏形，资阳和威远地区、高石梯-磨溪地区均处于构造较高的部位。志留系沉积时，川南、川东南下寒武统烃源岩成熟并向外排烃，古隆起为区域性运移提供指向，古隆起是聚烃的有利场所，并形成古油藏。古油藏的范围很广，现今震旦系沥青可以在所有古隆起钻达震旦系的井中见到，分布层位从灯二段至灯四段，而且隆起的高部位沥青含量较高。据统计，资阳-威远地区最大油柱高度为 585 m，高石梯磨溪地区最大油柱高度达到 450 m。

加里东末期—海西早期，隆升剥蚀及早期古油藏破坏：加里东末期—海西早期，川中古隆起全面抬升上隆，资阳地区为主要的隆起中心，志留系被剥蚀殆尽，威远地区西北部志留系也被剥蚀完，仅东南部保留有部分志留系，处于隆起与斜坡的过渡带。如此长时间的隆升过程和强烈剥蚀作用，不仅抑制了下寒武统烃源岩的生烃作用，也造成了先期古油藏的破坏。

二叠纪—三叠纪，后期古油藏形成：二叠纪，资阳和威远地区又一次沉降。在整体沉降的过程中，资阳古圈闭进一步形成，这一古圈闭包括了威远地区，威远地区处于资阳古圈闭的南斜坡，这一时期也可称为资阳-威远古圈闭形成期。二叠纪—三叠纪，除了川南、川东南下寒武统烃源岩再一次生烃外，川北和古隆起自身的下寒武统烃源岩也都达到成熟并开始供烃，资阳-威远古圈闭捕集了这一时期的油气，形成后期古油藏。

侏罗纪—晚白垩世，原油裂解，早期天然气藏形成：侏罗纪—晚白垩世，古油藏持续埋深。据威远地表样品磷灰石裂变径迹资料分析和包裹体测温资料，震旦系顶面曾埋深达 6000 m 以上，古地温超过 200℃，原油全部裂解为天然气和沥青。这一时期，资阳-威远古圈闭变化不大，但古油藏中原油的裂解过程，带来了一系列的变化。古油藏裂解的产物有天然气和沥青，并产生异常高压。通过模拟计算，异常高压可达 136.58 MPa，按 6600 m 埋深，折算地层压力系数为 2.05；异常高压迫使震旦系气藏气水界面下移，天然气沿隆起边界溢出，在古隆起周缘同期圈闭中富集成藏。

喜马拉雅期，古隆起分解，气藏调整局部富集成藏：威远地区喜马拉雅期隆升主要分三个阶段，具有梯度递增的变化特征：第一阶段，100～47 Ma，隆升与沉积并存阶段，隆升幅度为 1200～2200 m；第二阶段，47～15 Ma，差异隆升阶段，隆升的速率变化较大，分布在 20～180 m/Ma，主要集中在 20～120 m/Ma，隆升幅度为 600～2000 m；第三阶段，快速隆升阶段，最低速率为 80 m/Ma，隆升幅度大（1880～4000 m）。故晚燕山期以来（主要为喜马拉雅期），威远地区总的隆升幅度达到 1900～4000 m，多数达3900 m。后期隆升对威远气田和资阳含气区的形成起着决定性作用。

威远气田与资阳含气区震旦系天然气成藏是紧密相连和相互影响的。喜马拉雅期，资阳和威远地区隆升，但威远地区隆升更快、幅度更大，现今震旦系顶海拔为−2400 m，资阳地区现今震旦系顶海拔为−3300 m。这改变了两个地区的位能，资阳地区古圈闭被破坏。资阳地区的古气藏在隆升过程中调整，一部分在原地成藏，如资 1 井、资 3 井和资 7 井，另一部分向其他地区运移，如资 5 井和资 6 井。威远地区此时处于低势区，可能接收了相当部分资阳运移过来的天然气；而且由于处于隆升的轴部，威远地区裂缝发育，盖层发生破坏，部分天然气藏散失，现今威远地区圈闭幅度为 895 m，而最大气柱高度为 234 m。而泥岩盖层的抬升泄压作用，致使微裂缝产生，使下寒武统页岩气中残留的游离气部分析出，影响了现今威远地区天然气藏天然气组分和同位素特征，导致威远地区震旦系天然气甲烷、乙烷倒转。

这一过程中，高石梯-磨溪气藏调整幅度要远远低于威远地区，而且在轴线迁移过程中，处于稳定部位，因此，盖层调整小，龙王庙组岩性气藏保持了高压状态。而灯影组气藏由于天然气溢出作用在隆起周缘相关圈闭中富集成藏。

（二）川北古油藏

四川盆地北部震旦系灯影组沥青显示极为丰富。西至龙门山前缘，东至大巴山，北至陕西宁强，南达旺苍-南江地区，震旦系灯影组露头均有丰富的沥青显示。沥青多呈黑色细粒粉末，充填于白云岩溶孔、洞、缝内，属于典型的储层沥青。在米仓山构造带周缘，灯影组出露良好，沥青发育程度较高，表明川北地区曾在灯影组中发生过大规模的油气聚集，但为后期构造运动所破坏。

1. 沥青分布特征

地表调查发现，灯影组内部含沥青层累计厚度较大，在灯四段、灯二段内均有发育，其纵向分布可达距灯影组顶面 285 m 的范围内（图7-8）。但总体上，含沥青层段主要集中发育在灯四段内部，且具有明显的上部层段连续集中、向下逐步分散发育的特点。本书以视孔隙度（孔、洞、缝）≥5％，沥青充填度≥10％作为划分古油藏有效沥青层段的标准，发现米仓山灯影组有效沥青层段均分布在顶面以下 100 m 范围内，且多集中于顶部以下 60 m 范围内，具有明显的集中发育的特征。

作为米仓山地区灯影组沥青的主要储集空间，溶孔、溶缝、层间缝的发育程度直接控制了沥青层段的分布。结合灯影组储集空间发育情况以及沥青面孔率综合分析发现，除杨坝、映水坝剖面外，各剖面有效含沥青层段宏观上均具有较明显的从上向下逐步减少的趋势。沥青视面孔率最高的层段，多集中在有效沥青层段的顶部位置。在广家店、盐井河、正源、白头滩剖面，靠近灯影组顶部，风化剥蚀作用明显的层段，溶孔、溶缝（甚至溶洞）发育程度极高，内部可见沥青呈团块状发育，沥青视面孔率高达 20％～15％。向下岩性普遍致密，储集空间发育程度降低以及沥青充填程度减小（多表现为半充填），导致沥青面孔率逐步降低（图7-9）。

在杨坝、映水坝剖面，沥青不仅在灯影组顶部以下 40～100 m 范围内发育，而且在灯二段上部也较发育。映水坝剖面在灯影组顶部发育 12 个沥青段，储集空间为溶孔、裂隙及晶间孔，厚度为 77.6 m；灯二段发育 3 个沥青段，厚度为 68.2 m。第一沥青段：为灰白色、灰色砾屑白云岩，具葡萄石结构，葡萄石呈皮壳状结构，顺层展布，溶孔发育，有沥青充填，厚度达 57.3 m。第二沥青段：为灰白色砾屑白云岩，大量顺层状溶孔发育，孔径为 3～5 cm，孔中充填沥青和白云石晶粒，厚 8.5 m。第三沥青段：为灰色纹层状白云岩，溶孔发育，孔径为 1～2 mm，部分达 1～2 cm，大量沥青充填，厚 2.4 m。

从区域分布上来看，光雾山镇映水坝剖面灯四段白云岩无论在岩溶发育程度还是沥青充注强度上都是最强的，由此推测此处为米仓山古隆起的高点部位。在北部汉中市勉县小河庙乡剖面、南郑县西河乡剖面、大盘剖面、朱家坝剖面等，岩溶孔洞发育都相对较弱。

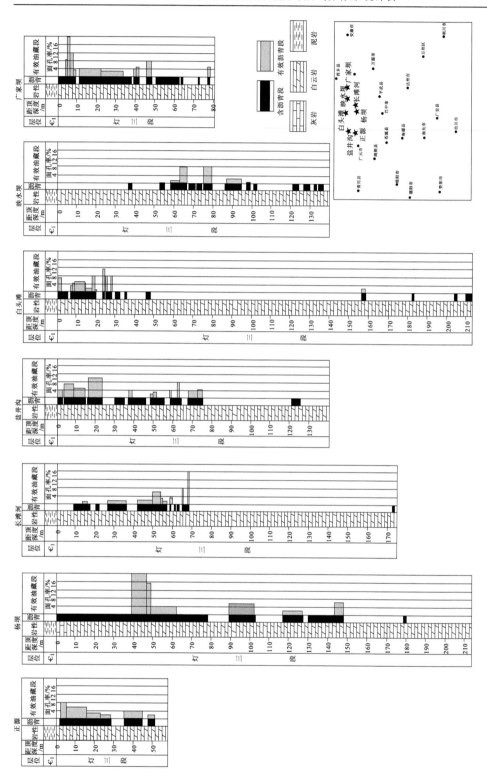

图 7-8　正源-杨坝-映水坝-广家坝灯影组沥青分布图

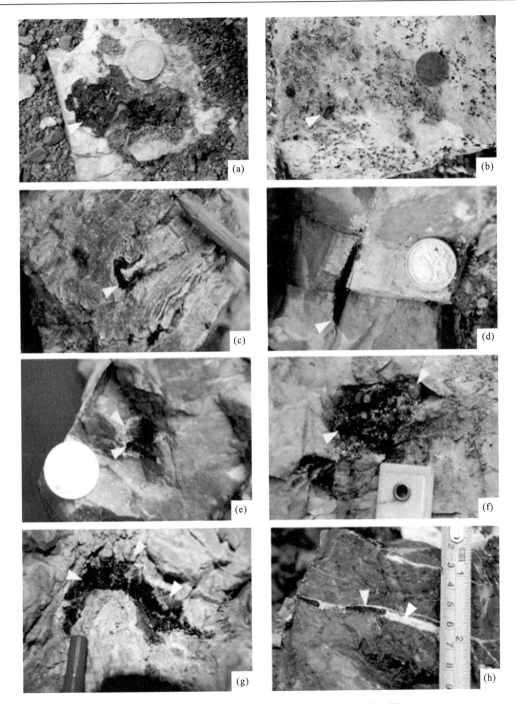

图 7-9 米仓山周缘地区震旦系灯影组沥青发育特征图

(a) 广家店灯影组顶部沥青呈团块状分布；(b) 广家店灯影组溶蚀孔内沥青充填；(c) 盐井沟灯影组沥青顺层间溶缝发育；(d) 广家店灯影组层间缝沥青发育；(e) 朱家河灯影组沥青半充填于溶孔内，白云石（第一期）＋沥青（第二期）充填关系；(f) 长滩河灯影组溶孔内白云石（第一期）＋沥青（第二期）充填关系；(g) 长滩河灯影组葡萄状白云石内白云石（第一期）＋石英（第二期）＋沥青（第三期）充填方式；(h) 马元灯影组白云石（第一期）＋沥青、闪锌矿（第二期）充填方式。黄色箭头表示沥青，青色箭头表示白云石，蓝色箭头表示闪锌矿，白色箭头表示石英

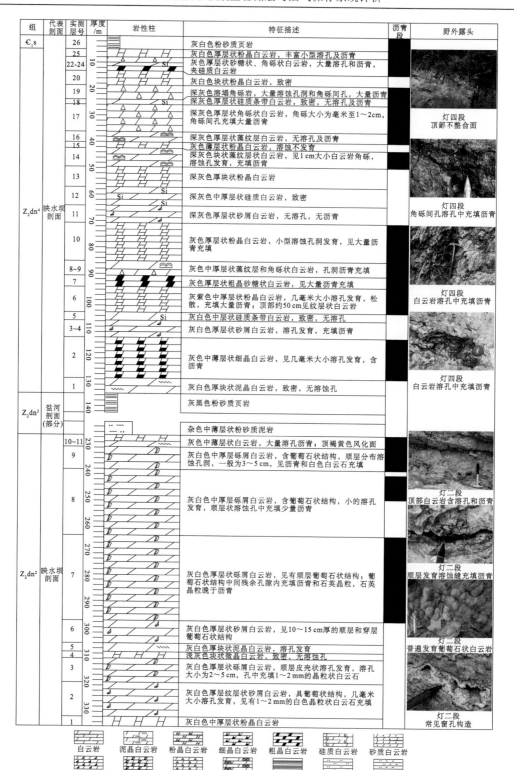

图 7-10　南江县光雾山镇映水坝地层综合柱状图

2. 沥青来源对比分析

灯影组沥青显示岩性主要为微细晶白云岩，孔隙不发育，但裂缝（微细裂隙）极为发育，呈网状，沿裂隙充填了丰富的碳质沥青，沥青脉宽度最大可达 3 cm。根据沥青的分布情况，明显分为三期，第一期为溶洞式，主要为晚期因为有机酸的进入而形成的微细溶孔，连通性极好；第二期为裂缝沥青，以碳质沥青为主，规模大，裂缝宽度数毫米至数厘米；第三期为裂隙沥青，以微细裂隙为主，可见切割先期充填沥青的裂缝。

从光雾山镇映水坝和盐河乡两个地层发育相对完整的剖面来看，灯二段和灯四段属于两个不同的油气成藏系统，以灯三段相隔。灯二段上部白云岩见一定量的沥青，但受灯三段阻隔，不能向上运移至灯四段储层中，因此在灯四段储层下部白云岩中见不到沥青充填。对灯二段来说，灯三段既是良好的盖层，也为可能的烃源层；对灯四段来说，下寒武统泥页岩是良好的盖层（图 7-10）。

从生标色质谱图上看具有较好的相似性，油源对比表明来自寒武系筇竹寺组，为"上生下储"式油气藏。对米仓山地区灯影组沥青与下寒武统烃源岩（包含两个宁强样品）进行了测试，发现各样品参数均较为一致（部分样品 CPI 值异常可能为地表氧化所致）。样品总体上均体现出具有较高的成熟度，其 C_{29} 甾烷 $\alpha\alpha\alpha20S/(S+R)$ 以及 C_{29} 甾烷 $\beta\beta/(\alpha\alpha+\beta\beta)$ 值分别为 $0.13\sim0.22$、$0.28\sim0.42$，远小于 $0.5\sim0.55$、$0.7\sim0.75$（烃源岩成熟时所对应的标准值），表现出过成熟时特有的"倒转"现象。而灯影组沥青与下寒武统烃源岩的色质谱图也具有较好的对应性。因此，综合分析认为米仓山古油藏震旦系沥青的主要来源为下寒武统泥页岩。

3. 川北地区油气成藏过程分析

米仓山及其南缘地区灯影组油气成藏大致可分为以下几个阶段（图 7-11）。

（1）志留纪：一期油藏发育阶段。寒武系沉积期间，米仓山及南缘地区震旦系已具宽缓背斜雏形。志留系沉积期间，伴随着埋深的增加，下寒武统筇竹寺组烃源岩上覆地层厚度达 1200 m，温度为 $50\sim60^{\circ}C$，进入早期排烃阶段。油气开始逐步向灯影组高点聚集，并形成早期（第一期）古油藏。

（2）泥盆纪—石炭纪：油藏发育停滞阶段。志留纪末期的加里东运动晚幕，由于挤压作用的影响，河坝场-马路背背斜明显发育，成为米仓山南缘一明显的次级隆起。泥盆纪—石炭纪，由于长期抬升暴露，寒武系源源岩生烃停滞，古油藏发育停止。米仓山及南缘志留系顶部虽受到剥蚀，但幅度不大，下伏（志留系底部龙马溪组泥岩盖层，筇竹寺组泥岩）盖层保存良好，因此早期古油藏可能得到了较好的保存。

（3）二叠纪—早三叠世：二期油藏发育阶段。二叠纪—早三叠世，研究区再次整体沉降，下寒武统进入二次生油阶段，直到二叠纪末，大量生油，油气再次向潜隆区聚集，早期古油藏规模持续扩大。

（4）中三叠世—早白垩世：古油藏深埋裂解，古气藏发育阶段。中三叠世以来，伴随着褶皱作用逐步加强，米仓山隆起以及南侧通南巴背斜带继续发育。受持续深埋作用的影响，下寒武统烃源岩进入生气阶段，同时古油藏也开始逐步裂解并向古气藏转化，

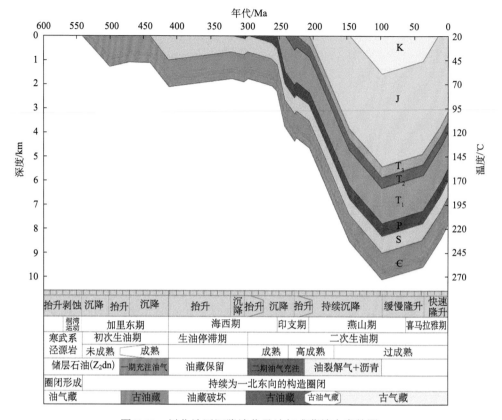

图 7-11 川北地区沉降演化及油气成藏综合事件图

在中侏罗世（埋深超过 6000 m）彻底转变为古气藏。总体而言，中三叠世—早白垩世属于气藏的稳定发育保存期，局部地区由于构造运动，可能存在小规模的气藏调整，但总体上影响不大。

（5）晚白垩世—现今：构造调整，现今气藏定型阶段。晚白垩世以来，受燕山及喜马拉雅运动的影响，米仓山地区发生强烈的隆升剥蚀，并伴随着大规模的断裂作用，导致了古气藏的破坏殆尽，仅残留大量的沥青。但在南缘凹陷区次级隆起带不排除仍有调整型聚集成藏的气藏得以保存。

二、塔里木盆地

目前发现的油气田主要分布于沙雅隆起、卡塔克隆起和巴楚-麦盖提、顺托果勒地区，奥陶系是最重要的油气储层。台盆区油气直接盖层具有多岩性类型、多层系的特征。台盆区油气直接盖层有三大类：泥质岩类、碳酸盐岩类与膏盐岩类（图 7-12）。寒武系膏盐岩、上奥陶统泥岩、石炭系膏泥岩是塔里木盆地海相油气最重要的三套盖层（顾忆等，2011）。

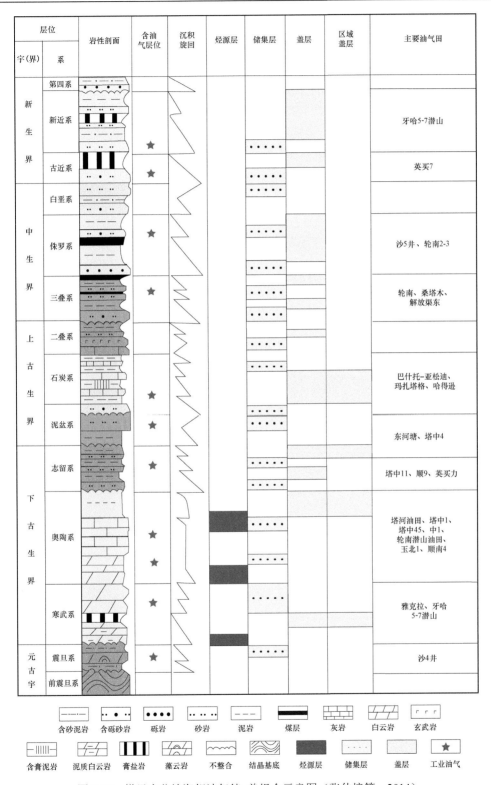

图 7-12 塔里木盆地海相油气储-盖组合示意图（张仲培等，2014）

（一）塔河奥陶系特大型油气田

塔河特大型油气田主体位于塔里木盆地北部沙雅隆起阿克库勒凸起，是以奥陶系碳酸盐岩岩溶缝洞型油气藏为主体，其上叠加了志留系、泥盆系、石炭系、三叠系、白垩系和古近系等多层系、圈闭类型多样、成群成带分布的碎屑岩次生油气藏的复式油气田。

塔河油田的形成经历了漫长的地质演化过程，从加里东期至喜马拉雅期经历多次构造调整和沉积充填以及有机质的差异热演化和油气充注，复杂的成藏过程和非均质改造决定了油气藏的复杂性。塔河油田油气成藏历史与成藏机制的研究表明，不同地史阶段油气成藏要素的配置与演化，控制了油气的运移、聚集与保存，形成了不同成藏时期、不同成因特点的油气藏。而奥陶系上覆盖层分布与原油密度具有良好的相关性（图7-13），盖层年代越新、原油密度越大。

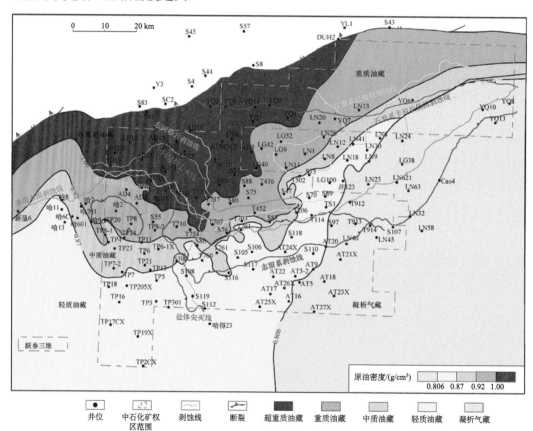

图 7-13　塔河油田原油密度分布图

塔河油田奥陶系的储盖组合中，下石炭统巴楚组泥岩盖层与中-下奥陶统岩溶缝洞储集体组成的储盖组合，上奥陶统灰质泥岩、泥灰岩盖层与中-下奥陶统岩溶缝洞储集体组成的储盖组合是塔河油田最重要的储盖组合。而石炭系泥质岩盖层在塔河油田油气成藏中发挥了重要的作用，是一套最重要的区域盖层。此外，中-下奥陶统致密灰岩也可起到局部盖层的作用。

（二）玉北 1 井奥陶系油藏

玉北 1 井油藏位于麦盖提斜坡玉北 1 井构造带，该构造带 NE 走向，主要是在加里东期—海西期多期构造叠加的作用下形成的双层断裂组合：基底逆冲断裂和盖层前展式滑脱逆冲断裂组合，断开层位于前寒武系至石炭系（图 7-14）；中-下奥陶统鹰山组在加里东中期—海西早期遭受剥蚀，多期岩溶作用叠加，其上覆盖的石炭系巴楚组和卡拉沙依组为盖层，共同组成了断层相关岩溶裂缝不整合圈闭。玉北 1 井油藏鹰山组为主力产油层，厚度为 350~600 m。主要储集空间为溶蚀孔、洞、裂缝，储层非均质性较强，储层类型有裂缝型、孔洞-裂缝型、孔隙-孔洞-裂缝型。玉北 1 井奥陶系鹰山组油藏为受不整合控制、与碳酸盐岩古岩溶有关的岩溶-缝洞型油气藏（谭广辉等，2014）。

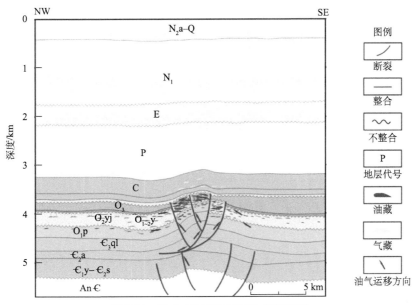

图 7-14　玉北 1#油藏 NW-SE 向剖面图

玉北 1 井奥陶系油藏的储盖组合包括：储层为中-下奥陶统鹰山组碳酸盐岩岩溶储层，其上缺失中-上奥陶统、志留系及泥盆系，碳酸盐岩储层在高角度构造缝的基础上，经历了加里东晚期—海西早期的风化淋滤，形成缝洞型风化壳储集体，盖层为石炭系巴楚组下泥岩段、中泥岩段或卡拉沙依组上泥岩段的泥岩和膏盐岩类。

构造带内下石炭统巴楚组下泥岩段具有填平补齐特征，巴楚组地层自西向东（玉北 1-1 井至玉北 1 井至玉北 1-2X 井）标准灰岩段以下地层段逐渐减薄，玉北 1-2X 井揭示巴楚组缺失下泥岩组和生屑灰岩段，且中泥岩段厚度仅 7 m（图 7-15），因此，玉北 1 井构造带在石炭系沉积前为西低东高的古构造格局，下石炭统巴楚组具有填平补齐的沉积特点。奥陶系潜山在石炭系沉积前东部比中西部逆冲部位高，剥蚀强度及风化淋滤时间较长，东部潜山圈闭内岩溶发育程度强，但充填也较强。

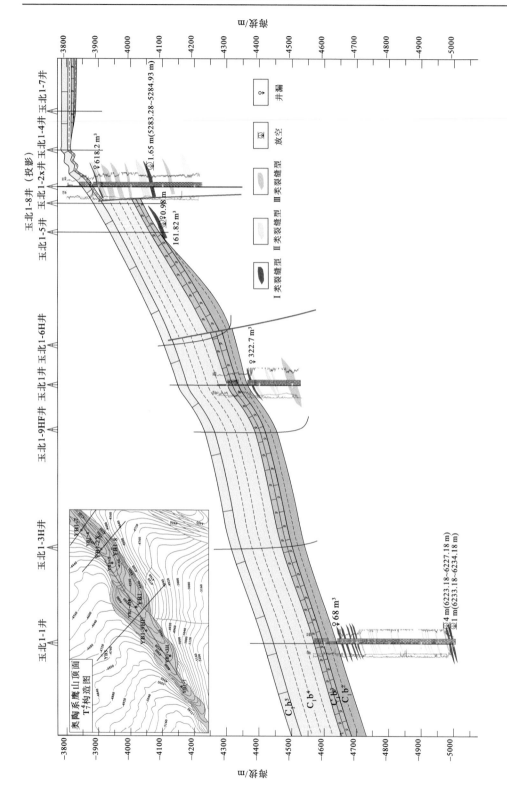

图 7-15　玉北 1 井构造带东西向奥陶系油藏剖面示意图

玉北地区发育一系列 NE 向断裂，断裂活动时间主要集中在加里东中晚期，海西晚期也有断层在活动，但活动强度明显减弱。从石炭系泥岩盖层厚度与断层断距叠合图可以看出，玉北地区海西晚期活动的断层（包括玛南断裂、玉北 1 断裂、玉北 3 断裂与玉北 7 断裂等），其在石炭系内的断距均为 20～80 m，最大位于玛南断裂中部，达 100 m。虽然受海西早期古地貌控制，下泥岩厚度变化较大，在局部构造带高部位如玉北 1-2 井、玉北 3 井不发育下泥岩段，但下泥岩总体厚度为 60～120 m。且中段泥岩与上段泥岩累积厚度可达 140～220 m。因此，总体上讲，晚期断裂对石炭系泥岩完整性改造程度低，盖层封盖作用良好。

此外，奥陶系内部致密碳酸盐岩也可作为局部盖层。该储盖组合以中-下奥陶统碳酸盐岩（大部分地区为灰岩、少部分地区为白云岩）为储层，厚度可达数百米，以上奥陶统泥岩、致密灰岩为盖层，厚度可达数百米。二者组成的储盖组合主要分布在玉北地区东部断洼区、中部平台区。玉北 6A 井中-下奥陶统鹰山组测试出水，储层较发育，直接盖层为鹰山组上段致密灰岩；玉北 8 井鹰山组上段钻遇 0.68 m 油斑显示，10.22 m 油迹显示，其盖层为良里塔格组致密灰岩；玉北 5 井恰尔巴克组——间房组测试出水，证实储层发育，其盖层为上奥陶统却尔却克组泥岩；玉北 5 井下奥陶统蓬莱坝组钻遇气测异常显示，岩心见盐霜、具有咸味，与邻井玉北 7 井对比，推测其为水层，蓬莱坝组盖层为鹰山组致密灰岩。

从玉北地区中-下奥陶统储层与上覆地层接触关系（图 7-16）及石炭系盖层分布图看，整个玉北地区奥陶系内部储盖组合为主要的盖层类型，致密碳酸盐岩是中-下奥陶统储层的直接盖层。石炭系为玉北地区中-下奥陶统储层的区域盖层。

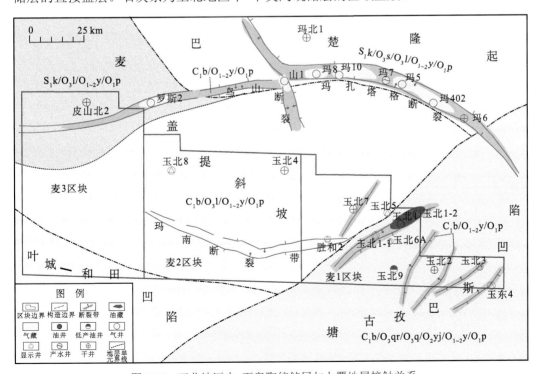

图 7-16　玉北地区中-下奥陶统储层与上覆地层接触关系

三、鄂尔多斯盆地

（一）靖边气田

靖边气田位于鄂尔多斯盆地中部，地跨榆林、延安和鄂尔多斯市三个地区，分布范围约 6000 km²。由于气藏受岩溶古地貌形态与古沟槽网络控制，局部构造对气藏的分布影响较小。主力产气层为奥陶系马五段 1 亚段和马五段 4 亚段，储集空间由岩溶作用形成的孔、洞、缝组成，受沉积微相与岩溶发育带控制，具有成层分布的特征。

1. 盖层性质

靖边气田地处构造作用相对微弱的区带，气藏形成的构造环境稳定，并具有多种封盖类型。按其规模可分为区域盖层、直接盖层和局部盖层三类。

区域盖层主要由太原组（P_1t）、山西组（P_2sh）、上石盒子组（P_2s）和石千峰组（P_3s）暗色湖相泥岩、生屑灰岩等稳定沉积的岩性组成，厚度为 240～350 m，气体绝对渗透率为 $5×10^{-5}～10×10^{-3}$ μm²，突破压力为 1.2～6 MPa，属于中等-较好的封盖层，三叠系沉积后，该段盖层普遍存在过剩压力，至晚白垩世，过剩压力值达到 20 MPa，是鄂尔多斯盆地的主要区域盖层。

直接盖层主要为石炭系本溪组（C_2b）底部的铝土质泥岩、灰质泥岩及含砂泥岩，单层厚度为 3～15 m，在气田区分布稳定，含黏土较多，遇水膨胀，气体绝对渗透率为 $1.1×10^{-3}～6.5×10^{-3}$ μm²，在饱和煤油情况下突破压力为 13.6 MPa，封盖性能好。

局部盖层是指气层之间的硬石膏泥质间隔层，主要为泥质白云岩、含膏泥白云岩及成岩过程产生的致密岩等，分布于储集空间的周围。其中泥质云岩渗透率为 $0.081×10^{-3}～1.2×10^{-3}$ μm²，饱含水时突破压力大于 14 MPa；泥质硬石膏层渗透率为 $1.42×10^{-3}$ μm²，饱含水时突破压力为 5～9 MPa。成岩致密带主要有铁泥质云岩、灰质云岩和含泥次生灰岩，渗透率一般为 $2.02×10^{-3}$ μm²，饱含水时突破压力为 2.5～10.5 MPa，也具一定的封盖性能，构成气藏的局部封盖层。

这些多类型封盖因素的相互配置，为天然气成藏营造了良好的封盖和保存条件。即本溪组底部的铝土岩、铝土质泥岩、灰质泥岩构成了马五段风化壳气藏的良好封盖；东部具有古沟槽及膏盐岩侧向封堵；西部石炭系一二叠系泥质盖层是形成有效圈闭的关键。

2. 气藏流体性质与压力特征

垂向均一、平面非均质及负压是靖边气田流体性质的两个显著特点。平面上非均质性严重，但纵向上一致性很好。平面非均质性主要受低渗透特性、物性的非均一性和致密带控制，是气体分子交换和压力传递不畅的表现；纵向一致性可能是风化壳裂隙和缝洞在垂向上的沟通所致（陈安定等，2010）。地层水矿化度平均为 37420 mg/L，变质系数为 0.3～0.6，水型为 $CaCl_2$ 型。气藏地层压力为 0.99～31.92 MPa，平均为 31.425 MPa，压力系数小于 1，平均为 0.945（何自新等，2005）。

（二）大牛地气藏

大牛地气田位于伊陕斜坡北部的塔巴庙区块，受区域构造的控制，气藏构造平缓，总体上呈西倾单斜的构造特征。大牛地气田共有 7 套产层，从下往上依次为太原组的太一段、太二段，山西组的山一段、山二段，下石盒子组的盒一段、盒二段、盒三段，其中太二段、山一段、盒二段、盒三段为大牛地气田的主力产层，预测天然气远景资源量 $8237.13×10^8 m^3$。

1. 储盖组合

大牛地气田烃源岩为太原组和山西组的煤系地层，煤层一般厚 $10\sim25$ m。研究区中三叠世开始进入生烃门限，早白垩世末达到生气高峰，东南和中西部地区生气强度最大。

储层岩性以三角洲和辫状河道含砾中粗粒岩屑石英砂岩和粗粒岩屑石英砂岩、岩屑砂岩为主，其次为中细粒岩屑石英砂岩和岩屑砂岩。溶蚀作用形成的粒间和粒内溶孔、残留粒间孔和高岭石的晶间孔构成了主要储集空间。储层孔隙度为 $4\%\sim10\%$、渗透率为 $0.1×10^{-3}\sim1.2×10^{-3}$ μm^2，属于低孔、低-特低渗、小孔、微细喉储层。上古生界在由海向陆的转变过程中，太原组、山西组直至盒一段发育三角洲平原，产生接触面积较大的自生自储式组合，至盒二段、盒三段时已转变为辫状河-曲流河性质的沉积体系，形成下生、中储、上盖的生储盖组合，储层与源岩层距离加大，二叠系上石盒子组泥质岩是上古生界气藏的区域性盖层，厚 $60\sim140$ m，该套泥岩对整个地区的成藏起到控制作用，油气只能在其以下层位成藏（图 7-17）。只有在盆地伊盟隆起北部和东部神木地区由于断层影响，在以上层位成藏。

2. 地层压力特征

大牛地气田上古生界气藏现今压力系数为 $0.76\sim1.02$，绝大多数分布在 $0.85\sim0.95$，属于异常低压-常压气藏。泥岩存在"欠压实"，形成了高孔隙流体压力，现今储层低异常压力主要是后期地层抬升剥蚀、成岩作用形成次生孔隙和天然气逸散的结果。因泥岩压实作用的不可逆性，由压实曲线经平衡深度法计算出的过剩压力，应反映该地区处于最大埋深状态下的地层压力分布状况。鄂尔多斯盆地大部分地区在早白垩世埋深最大，因而计算的过剩压力更多地反映了这一时期的情况。

泥岩盖层声波时差值与泥岩欠压实程度存在明显的特征关系。因此，提取泥岩盖层段声波时差值，并建立它们与深度的关系 （图 7-18）。大牛地气田上古生界含气层系泥岩盖层普遍欠压实且存在超压，埋深不同，导致压实成岩程度不同，使其开始欠压实形成超压的埋深和超压值也不同。超压封闭的欠压实泥岩分为上、下致密层段和中间欠压实层段 3 个部分，上、下正常压实致密泥岩层段，将大量孔隙流体封闭在欠压实层段中，从而产生了比正常压实泥岩高的孔隙流体压力。正常压实的泥岩与欠压实泥岩共同控制盖层的质量。

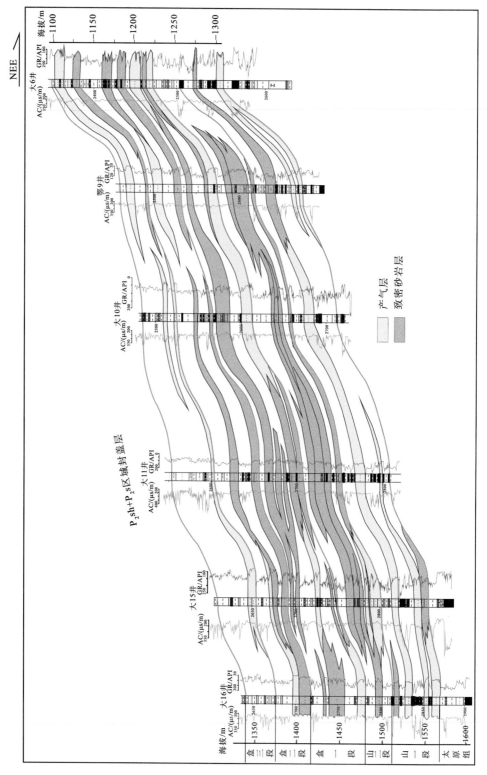

图 7-17 大牛地气田大 16 井-大 6 井气藏剖面图

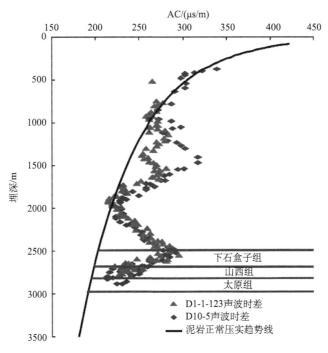

图 7-18　鄂尔多斯盆地大牛地泥岩盖层声波时差与埋深关系

　　大牛地气田超压封闭泥岩盖层在全区可以对比，而且绝大多数出现在上二叠统上石盒子组中下部。不同地区由于埋深不同，其压实成岩程度不同，使其开始欠压实形成超压的埋深（或时期）和超压值也不同，超压值主要分布在 20～25 MPa。

　　塔巴庙地区上古生界气藏为压力+岩性封闭的异常低压-常压气藏，尤以低压气藏为主。气藏内部压力特征与产能之间具有良好的正相关关系：剩余压力封盖下，在相对较高压力的区域（气藏）内，气井的产量高，而在较低压力的区域内，气井的产量低（李仲东等，2006）。通过对研究区 106 个产气层段的统计，低产井（$0.5 \times 10^4 \sim 2.0 \times 10^4$ m^3/d）占 54%，中产井（$2.0 \times 10^4 \sim 5.0 \times 10^4$ m^3/d）占 20.1%，高产井（大于 5.0×10^4 m^3/d）占 25%。其中高产气井有 87.5% 分布在压力系数大于 0.95 的区域内，中产井以上的气井有 75% 分布在压力系数大于 0.90 的区域。盒三段+盒二段、太二段两个高产气藏更是有 95% 的高产井出现在压力系数大于 0.95 的地区（图 7-19）。压力系数小于 0.85 的区域一般为低产气或非工业产能井。由此说明，上覆剩余压力封盖下，异常低压状态下的气藏内部相对较高的储层高压是影响气井产能的重要因素。

　　最大过剩压力为 15～20 MPa，一般稳定发育在上石盒子组，少数下延到下石盒子组，形成上大下小的"漏斗形"压力场，有利于油气在其下成藏。上石盒子组大套泥岩之下过剩压力与油气关系显示，不同的层位需要的过剩压力封盖是不同的。区域上只需 15 MPa 的过剩压力就能形成区域性压力封盖，15 MPa 之下油气即可成藏。自下而上从太原组到上石盒子组，第一次出现 15 MPa 过剩压力的地方形成整个压力封盖，其上不能成藏。对于 15 MPa 过剩压力出现在下石盒子组的井以及某些单井双峰型在山西组就出现了过剩压力的井，下石盒子组不能成藏，只能下移至山西组以下层位成藏。15 MPa

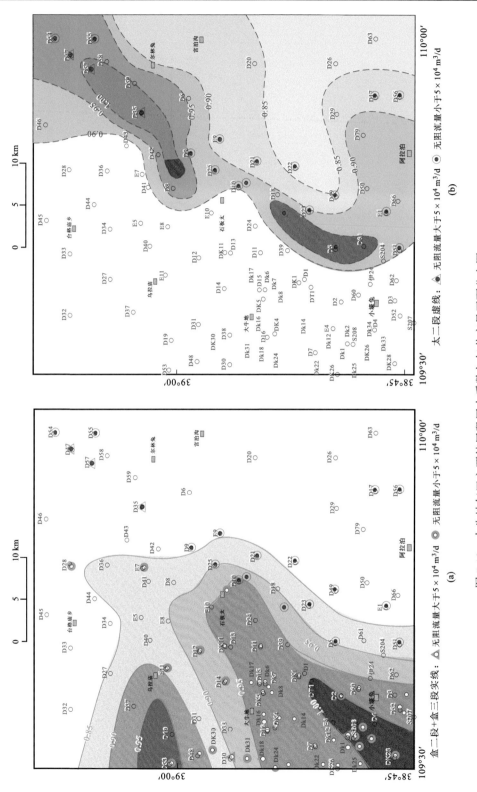

图 7-19　大牛地气田主要储层段压力系数与气井产量平面分布图

(a) 下石盒子组；　(b) 太二段

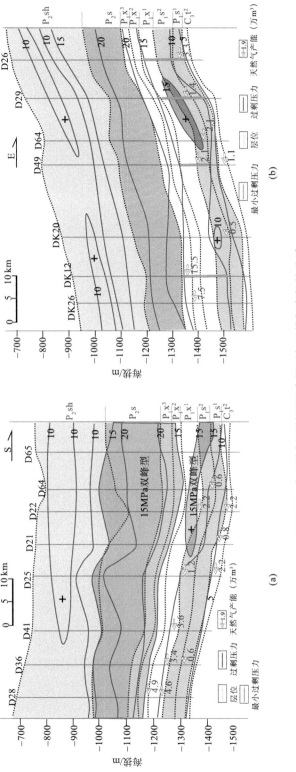

图 7-20 大牛地气田过剩压力剖面与天然气产能的关系

为区域压力封盖，但是 D21～D65 井之间出现又一个 15 MPa 封盖层，致使成藏层位下移至山二段和山一段[图 7-20（a）]。大于 15 MPa 的过剩压力形成了盒三段+盒二段的局部压力封盖层，具有明显的下压成藏特点。当其出现的层位在上石盒子组底部或盒三段顶部，则可能在盒三段成藏（如 DK12 井）；若出现在盒三段底部或者盒二段顶部，则可能在盒二段成藏（如 DK26 井）。若 15 MPa 出现在盒二段以下或者在山西组出现局部超压体，山西组成藏，而盒三段+盒二段就不能成藏[图 7-20（b）]。

　　鄂尔多斯盆地北部上古生界目的层主要受剩余压力封盖层控制，白垩纪达到最大埋深，现今的压力系统虽经后期卸压改造，但总体封盖条件较好。从太原组到下石盒子组目的层均受到上覆上石盒子组+石千峰组区域剩余压力封盖层的控制。而目的层总体上均有自己的压力封盖系统——上覆剩余压力大于下伏相邻目的层的剩余压力，局部存在封盖缺口。

　　综上所述，大牛地地区地层压力系统对保存条件的影响，综合表现为盖层剩余压力、气藏储层压力与盖层岩性三者的共同作用，其中剩余压力直接控制天然气成藏层位和产能。

第三节　油气保存条件控制因素

　　在对大量被破坏的油气藏的解剖过程中，我们注意到很多油气藏实际上都经历两种或两种以上破坏方式的复合与叠加。特别是在盆地演化过程中的强烈改造期，因为构造变形与抬升剥蚀的联合作用，几种破坏作用还可能相互叠合，表现出复杂多样的油气藏破坏类型。但是本质上，油气藏的破坏是一个在动态构造环境下因构造、地层、热体制、流体等因素的剧烈变化而导致流体封闭体系发生改变的过程。它自身受到构造、盖层、热体制和流体活动 4 个要素的控制，这 4 个要素既独立又相互影响，我们将 4 个要素构成的空间组合称为油气保存环境。油气保存环境随时间而变化，也就是保存条件动态演化过程。油气保存条件主要受这 5 个因素控制，在时空上构成了各种各样的组合形态。

　　构造因素包括以褶皱、断裂变形和抬升剥蚀为主的构造改造作用，它是油气藏破坏的动力背景，主要体现在地层残余状态和变形结构上；盖层对油气起到直接保护作用，伴随着埋藏或者抬升变形过程，盖层的成岩作用强度和韧脆性会发生变化，这是影响保存环境变化的重要因素；盆地热体制主要体现在对烃源岩生烃过程的控制上，"冷盆"烃源岩生烃晚，古油藏保存深度大，客观上有利于油气的保存，与热体制有关的岩浆活动也会直接破坏油气藏；流体主要是指除油气以外的活动流体，一方面它们可能会通过冲洗作用直接破坏油气藏，另一方面它们是保存环境优劣的判别标志。时间是影响保存条件的另一重要因素，油气藏形成越早保存的难度越大，在中国海相盆地中持续稳定的油气保存环境几乎不存在，所以时间因素在研究保存条件的工作中必须充分考虑（何治亮等，2011）。

一、构 造 作 用

（一）构造隆升、剥蚀是影响盖层封盖条件的重要控制因素

1. 构造隆升、剥蚀是盖层失效的重要影响因素

塔里木盆地多期次构造运动造成多次抬升剥蚀，是研究构造隆升、剥蚀与盖层封闭性能关系的典型实例。

从地层接触关系来看，各期构造活动对塔里木盆地区域盖层的影响范围和程度存在差异，其中构造隆升对古生界区域盖层造成剥蚀破坏的主要时期是在加里东中晚期—海西早期（晚奥陶世—泥盆纪）、海西中晚期（早石炭世末—二叠纪）和喜马拉雅中晚期（中新世末）（图 7-21）。

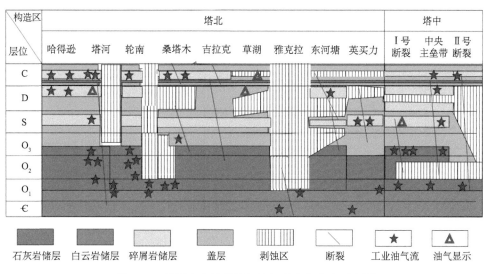

图 7-21　塔里木盆地盖层与油气藏纵向分布示意图

塔北哈得逊-塔河-轮南地区油气主要分布在区域石炭系盖层以下，塔河及轮南位于古隆起高部位，受到多期构造运动造成多次抬升剥蚀，油气主要富集于石炭系直接封盖的中-下奥陶统岩溶缝洞型储层，且均以重质油藏为主，而塔河南及哈得逊地区为上奥陶统桑塔木组直接覆盖区，受到上奥陶统桑塔木组泥岩段直接盖层和石炭系泥岩区域盖层封隔作用的双重控制，以中质油藏为主。而雅克拉断凸，由于构造隆升形成的剥蚀作用，缺乏石炭系区域盖层，奥陶系仅见晚期充注的轻质油藏。

2. 盆地整体抬升掀斜泄压对保存条件的影响

鄂尔多斯盆地是个半开放性盆地，四周均有地层出露，西缘是黄河水供水区，东缘是泄水区，北部有中生界、二叠系出露，盆地内部从南北向中线向东至山西，出露中生界和古生界，全套地层呈倾斜状，向西南倾斜。由于埋深大，西南端部的三叠系、古生

界应该是完全密封的，这样，每一套储层在北部和东部单面"开口"。

鄂尔多斯盆地低压油气藏十分普遍，不仅奥陶系气藏，还包括上古生界气藏、三叠系油藏。绝大多数井的气层压力系数小于 1。例如，苏里格下石盒子组气藏地层压力系数为 0.66～0.90，以低压和异常低压为主。三叠系、石炭系—二叠系、奥陶系这些以非均质、低渗透闻名的岩性油气藏，共同特点是油气占据了物性相对好的部分（好的物性毛管阻力小，是油气入侵的突破口），其周围包裹部分往往是低渗透致密带。致密带密封是一种相对密封，犹如"只出不进、传压不传流（体）"的单流阀，多余的压力可以排出，但与外界不产生流体交换。由于纵向上的封隔，油气层的静水柱压力实际上取决于它的最低排泄口（可以是本层的排泄口，也可能追索至上一层的排泄口）到气层之间的垂直水柱高度。实际静水柱高度必然低于从井口到油气层之间的名义静水柱高度，从而出现负压油气藏（图 7-22）。

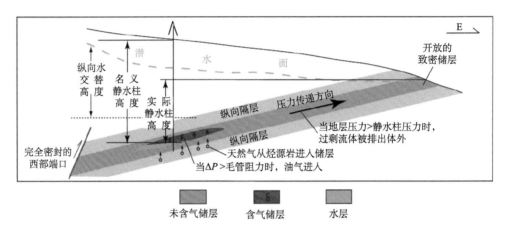

图 7-22　鄂尔多斯盆地半开放岩性油气藏负压形成机理示意图（陈安定等，2010）

当然，负压油气藏的成因可能有多种，但这是开放性盆地岩性油气藏中一种极为普遍的成因。一般认为，鄂尔多斯负压油气藏经历了晚三叠世—早侏罗世正常压力状态（持续埋藏生烃）—中-晚侏罗世压力整体上升（快速埋藏升温生烃）—早白垩世持续增大到最高（两次快速埋藏、生排烃高峰）—早白垩世晚期以来气藏压力逐渐降低（盆地快速抬升，地温下降生烃停止）的演化过程，认为构造抬升剥蚀-沉积埋藏是异常低压气藏形成的主要原因；杭锦旗地区石盒子组气藏平均压力系数为 0.75～0.87，平面上呈现南高北低的趋势，认为天然气逸散作用也是异常低压气藏形成的主要原因（袁京素等，2008）。

（二）断裂活动对盖层的影响

1. 断裂对盖层的破坏类型及其保存意义

理论上讲，一次构造活动引发的断层与某套盖层的空间关系有三种情况：①断层只在盖层以下活动，没有切割或切穿盖层；②断裂切穿了盖层，并影响了盖层以上的层系，但没有断至地表；③断裂活动强烈，断穿了盖层并断至地表。

　　在构造活动期，以上三种情况的断层对储盖组合或油气的破坏意义完全不同：①当断层没有断到盖层，不会对储盖组合有破坏，可视为保存好的断裂带（Ⅰ类）；②当断穿了盖层没断到地表，就会导致该套储盖组合封闭条件破坏，可引起盖层上、下的流体交换，流体可能运移到该盖层之上的储盖组合中聚集，可视为保存条件中等（Ⅱ类）；③当断层断至地表，会导致该储盖组合与地表流水沟通，可视为保存条件严重破坏（Ⅲ类）（图7-23）。在构造相对静止期，后两种情况的保存意义可能会不同于构造活动期，这主要取决于断层本身的封闭性，情况可能更加复杂。

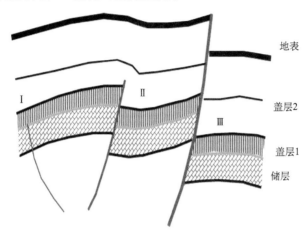

图 7-23　同期次活动的断层与盖层空间关系模式示意图

2. 断裂活动对古生界盖层的改造

1）断裂发育期次

　　塔里木盆地巴麦地区多期构造活动叠加发育，共发育5期断裂：震旦纪—加里东早期、加里东中期、加里东晚期—海西早期、海西晚期及喜马拉雅期断裂。

　　震旦纪—加里东早期断裂主要表现为伸展特征，如塔中Ⅰ、塔中Ⅱ，康塔库木断裂南段、色力布亚断裂亚松迪段、卡拉沙依断裂西段等，均控制了震旦系及中-下寒武统的分布，呈小型断陷充填特征，这些早期伸展正断裂多于加里东早期发育过构造反转，现今多为小型逆断层，少数在后期具有多期活动叠加特征，成为现今的大型逆冲断层。

　　加里东中期断裂主要发育于中奥陶世末期，断层上延层位为 T_7^4，以逆冲断裂为主，如塔中Ⅰ井、塔中Ⅱ号、塔中10井、塔中11井、塔中22井、塔中5-48井断裂，伴随有与其主干断裂近于垂直的北东向断裂。该期断裂的发育是塔中隆起形成的主控断裂。该期断裂在巴麦地区未见有明显的发育迹象。

　　加里东晚期—海西早期断裂主要形成于奥陶纪末期，断裂作用导致的隆起、背向斜控制了志留系—中泥盆统的沉积分布。该期断裂主要分布在玉北地区东部断褶区-塘古孜巴斯拗陷西北部-塔中南坡一线，平面上呈向西北凸的弧形特征，表明是来自东南方向的挤压应力所致。自西向东依次为玉北1井断裂带、玉东1-4井断裂带、玛东断裂带、塘北2井-塘参1井断裂带、中3井断裂带、塔中3井断裂带等。该期断裂在塔中隆起10号断裂带附近也有较多分布。构造样式上，这些断裂多为北东-南西走向，主断裂向北西或者南东逆冲，多上切至石炭系底界，下切入基底或者滑脱倾伏消失于中-上寒武统膏盐岩层中。

海西晚期断裂形成于晚二叠世末期，平面上多为近东西走向。巴麦地区主要有巴什托断裂、玉带里克断裂、海米东断裂、玛南断裂等，均为逆冲断层发育特征；塔中地区主要有塔中Ⅱ号断裂带、塔中 5-48 井断裂带、塔中 25 井-塘古 1 井断裂带，主要表现为压扭特征。

喜马拉雅期断裂主要分布在巴楚隆起区，主要形成于中新世末和上新世末，以前者为主，断裂多为基底卷入式，下切入基底，上延至 T_2^0 界面。后者主要为新生界沿古近系底部膏盐岩的滑脱逆冲推覆断层，断裂活动延伸到地表。巴楚地区多数断裂形成于中新世末期，南缘和北缘构造带以扭动断裂带上部形成逆冲断裂为特征。巴麦地区西北部的断裂在后期进一步活动。

2）断裂与古生界主要盖层切割关系

加里东早期断裂：加里东早期断裂多为小型逆冲断层，多数下切入基底，上切至 T_8^1 界面，由于寒武系吾松格尔组和阿瓦塔格组两套厚层膏盐岩的存在，该期断裂发育对寒武系膏盐岩区域盖层的破坏作用相当有限。

加里东中期断裂：该断裂主要发育在塔中地区，如北部的塔中Ⅰ号断裂和南部的塔中南缘（中 2 井）断裂，这类断裂多上切至上奥陶统桑塔木组内，未切至志留系—泥盆系中。该期断裂主要是对桑塔木组泥岩局限盖层有破坏作用。

加里东晚期—海西早期断裂：该期断裂主要分布在玉北地区东部-塘古巴斯拗陷西北部和塔中南坡一线及塔中 10 号断裂带附近，该期断裂多上切至志留系—泥盆系，断裂活动与寒武系烃源岩初始生烃期相匹配，使得油气多能沿断裂垂向运移至志留系柯坪塔格组砂岩中，在后期构造活动下受破坏散失，形成沥青砂。

海西晚期断裂：海西晚期主要分布在巴麦南部和塔中Ⅱ号断裂带附近，该期断裂多上切至 T_5^0 界面。该期断裂的形成，不仅控制了背斜、断背斜等类型圈闭的发育，更重要的是断裂形成期与烃源岩主生排烃期匹配，油气沿断裂垂向运移至上古生界的石炭-二叠纪碳酸盐岩和泥盆系碎屑岩圈闭中，如巴什托油气田。

喜马拉雅期断裂：该期断裂活动强，断距大，对盖层的破坏严重，巴楚隆起区此类断裂众多，断裂切穿整个古生界，并且多为通天断裂，对油气的保存相当不利，如吐木休克断裂带，下切基底，上部切至地表，任何盖层在断裂处都不具封盖性能。

二、盆地流体与压力系统

盆地内部的流体主要是水，并以孔隙水的形式存在。孔隙水在沉积盆地中的流动是由两种因素所致，一是压力驱动，形成压力流；二是地热驱动，形成热对流。形成压力流最重要的驱动力包括沉积压实、地形重力和构造力及地震作用。因此，盆地流体与压力系统关系密切。

地层压力是指所测得地层中流体的压力，一般用地层压力系数作为评价地层封闭条件的判识性指标。地层压力系数为实测地层压力与同深度静水柱压力的比值。地层压力系数大于 1.2，则称为高异常地层压力；压力系数小于 0.9，则称为低异常地层压力；压力系数为 0.9~1.2，则称为正常地层压力。一般来说，地层压力系数越高，则地层封闭性能越好。高异常地层压力的成因往往存在多种因素，如地层埋藏压实过程中，孔隙度变小，地层流体排泄不畅，造成憋压（又称为欠压实）；地层温度增高，地层流体体积膨胀；成岩作用过程中，黏土矿物脱水；有机物生成石油与天然气等都能形成地层异常高压。而低异常地层压力往往是地层封闭体系被破坏，如断裂的切割与通天，地层流体泄漏，造成地层泄压。

　　一般的物性盖层，即毛细管封闭，对油是有效的，对气却无效。因为天然气易于水溶的特性与多相散失的特点，对油行之有效的毛细管封闭，对气却无能为力，难以实现全面有效的封闭，必须依赖于压力封闭、浓度封闭与物性封闭的综合效应。压力封闭对油气藏的封存功能，已为国内外的油气勘探实践所证实。

（一）四川盆地流体与压力系统

　　四川盆地流体压力系统具有明显的分层性。震旦系气藏均为常压或弱超压气藏（图 7-24），未获工业气流的钻井，均产盐水或者淡水，说明震旦系良好储层广泛发育。

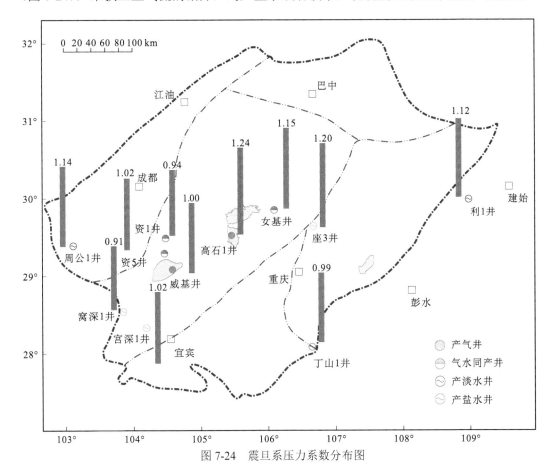

图 7-24　震旦系压力系数分布图

　　寒武系最大的发现是川中地区的安岳气田，探明储量 $4403 \times 10^8 \text{m}^3$，为一构造岩性气藏，储层为龙王庙组颗粒白云岩，气藏压力系数普遍高于 1.6，为超压气藏。从地层压力系数看（图 7-25），寒武系气藏多为弱超压-超压气藏，气藏充满度越高压力系数越高，未获气流的钻井也多产水。志留系的勘探主要是在川东和川东南地区，除了焦石坝、长宁等地区的页岩气气藏以外，在小河坝组和韩家店组砂岩中见到了良好的油气显示。川东南钻遇这套地层的井有 10 口，其中，太 13 井初测产天然气 $9 \times 10^4 \text{m}^3/\text{d}$；老深 1 井，井涌、井喷、气喷达 8～20 m；阳 9 井发现气侵和气喷；阳 63 井气喷达 5～25 m。川东高陡构造带五百梯构造的五科 1 井在小河坝砂岩段发现了天然气藏，中测产气 $1 \times 10^4 \text{m}^3/\text{d}$，建深 1 井在韩家店组砂岩见到良好的气显示，中测产气 $5.04 \times 10^4 \text{m}^3/\text{d}$，地层压力系数为 1.63。焦页 1 井完钻井深 3500 m，在志留系龙马溪组获得 $20.3 \times 10^4 \text{m}^3/\text{d}$ 的工业气流，地层压力系数为 1.55。阳 101 井以龙马溪组为目的层，完钻井深 3577 m，试获日产 $5.8 \times 10^4 \text{m}^3$ 页岩气，该构造随后钻探的阳 201-H2 井试获日产 $43 \times 10^4 \text{m}^3$ 高产页岩气流，地层压力系数达 2.2。彭页 1 井在龙马溪组底部优质页岩层段进行了水平井钻探，压裂测试获天然气 $2 \times 10^4 \text{m}^3/\text{d}$，为常压低产气藏。渝页 1 井实钻见油气显示，但没有工业气流。已见工业气流的志留系气藏多属于超压-超高压气藏，未见工业气流的钻井产水也不明显。

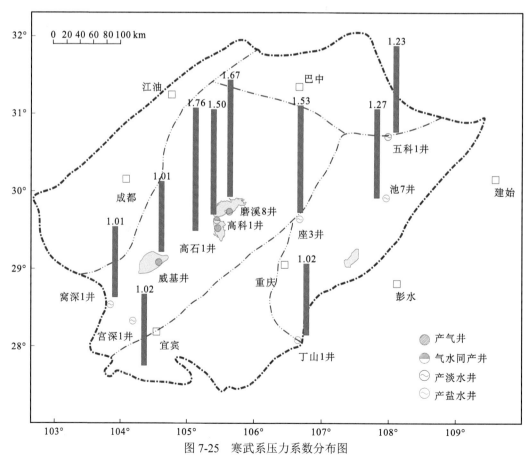

图 7-25　寒武系压力系数分布图

　　根据下组合钻井的油气显示特征,将气藏主要分为三种类型,即孔隙型(或孔隙-裂缝型)、致密储层裂缝型和非常规页岩型。孔隙型气藏的储集体发育以溶蚀孔隙和粒间孔、晶间孔为主,储层连通性好,气藏具有统一的气水界面,地层水较丰富,气藏压力系数较低,一般为常压或弱超压,这一类型气藏的典型代表为威远和高石梯的震旦系气藏。致密储层裂缝型气藏,储层致密,只有裂缝发育部位才能有效成藏,储集空间以粒间孔和裂缝为主,储层非均质性强,气藏往往不具有统一的油气水界面和压力系统,地层水含量少,且不连续,建南志留系小河坝组气藏为这一类型气藏的典型代表。非常规页岩型气藏的储集体即为烃源岩本身,主要储集空间为微米-纳米级有机孔和水平页理缝,储层中不含地层水,往往具有超压,焦石坝气田为典型代表。

　　川东地区纵向上从中三叠统—中石炭统黄龙组已发现 12 个产气层,除黄龙组储层的超压主要是由气柱高度引起外,其余层段均不同程度表现为高压或超高压。尤其是二叠系致密裂缝型碳酸盐岩储层,原始地层压力系数最高达 2.35。

　　四川盆地经历的构造运动以挤压为主,因此构造作用对高压的形成产生较大的影响。第一,构造作用超压在喜马拉雅期最典型,因强大的地应力(一般产生褶皱时水平应力是上覆负荷的 3 倍)的侧向作用,一部分挤压应力传递给孔隙流体,形成超压。这种情况在川南和川东表现最为明显。川南东部,一些发育程度低、断层较少、应力未完全释放的丘状构造,均为高压或超高压。而川南西部及川西南地区的线状构造,因挤压到极限时产生断层,地应力释放,褶皱也比较强烈,纵向上无高压储层发育。第二,构造运动中地层的抬升,使原来处于封闭条件下的常压储层变成高压或超压。对于川东南高褶带,一般构造顶部与向斜区比较,同一地层抬升了 1000 m 以上。构造运动时,二叠系已埋深达 5000 m,孔渗条件已很差,并在生烃过程中形成了区域高压状态,随着地层抬升,地层顶部被剥蚀,埋深变浅,地层压力梯度增大,造成浅处的高压。

(二)塔里木盆地流体与压力系统

　　塔里木盆地海相地层分布区(台盆区)压力系统一般以常压地层系统为主(山前带中新生代盆地除外),但在局部地区或层位存在高异常压力现象(表 7-1)。这与盆地经历了多期构造运动,断裂发育有关。

　　从地域分布来看,高异常压力系统主要存在于巴什托-先巴扎构造和亚松迪构造所在的色力布亚构造带石炭系。处于断层下盘的巴什托-先巴扎构造从二叠系—石炭系—泥盆系为高异常压力带,地层压力系数最大达到 2.03,据麦 4 井实测资料,下二叠统南闸子气藏地层压力系数为 1.56,石炭系巴楚组油气藏地层压力系数为 1.45~2.03,均大大超过正常地层压力(0.9~1.2)的范围,为高压气藏和超高压油气藏。位于断裂带上盘的亚松迪构造石炭系小海子组地层压力系数高于 1.2,但下部的泥盆系东河塘组和志留系塔塔埃尔塔格组为常压地层。

　　而同处于麦盖提斜坡的玛南构造带(玉北地区),地层压力系数小于 1.2,为常压地层,主要原因可能是加里东期—海西早期,随着和田河古隆起的形成,中上奥陶统—泥盆系剥蚀殆尽,早期形成的油气藏遭受破坏,原始地层压力系统不复存在,只是在石炭系区域盖层的封盖下才重建了地层压力系统,形成了现今的常压地层系统。

表 7-1 塔里木盆地海相地层实测地层压力统计

构造带	构造	井号	层位	井段/m	地层压力/MPa	压力系数	压力系统
麦盖提斜坡	巴什托	麦参1	P_1n	4106.6～4129.4	59	1.44	异常高压
		麦4	P_1n	4307～4314.5	65.01	1.5	
			C_1b	4755～4792.5	92.05	1.97	
		麦10	C_1b	4751.9～4792.5	91.6	1.96	
		巴探4	P_1kk	4185.03	50.39	1.228	
			C_2x	4254.36	48.67	1.167	
			D_3d	4880～4913.76	81.51	1.74	
		巴开7	$D_{1\sim2}k$	4915～5030	80.01	1.63	
		巴开8	$D_{1\sim2}k$	4950.5～4999.5	82.95	1.7	
		群字号	P_1-D_1	4167.06	51.2	1.23～2.03	
	玛南	玉北1	$O_{1\sim2}y$	5464.9	63.6	1.187	常压
		BSBX1	K_2y	6924	76.68	1.13	
巴楚隆起	亚松迪	巴探2	C_2x	1920～1929.5	23.36	1.214	偏高压
	玛扎塔格	玛字号	C-O	862～2746.8	7.66～29.38	0.913～1.07	常压
	吐木休克	方1	S	1522.5～1525.5	14.54	0.93	常压偏低压
			$O_{1\sim2}y$	2064～2170	18.48	0.89	
			Є	4300～4636.7	48.79	1.13	
	玛北	玛北1	O_1p	4655	48.58	1.06	
	康塔库木	康1	C			1.043～1.02	
	海米罗斯	罗南1	P-O			1.09～1.23	
顺托果勒低隆	顺托低凸	顺2	O_2yj	6711.66～6900	70.352	1.05	常压偏高压
		顺6	O_3l	6630.2～6658	98.513	1.54	
		顺9	S	4583～4587	52.243	1.19	
		顺西1	O_3l	6491～6547	85.62	1.37	
			O_3l	6575～6583	79.28	1.23	
	顺南低凸	顺南4	$O_{1\sim2}y$	6673.5～6679	76.38～78.34	1.17～1.2	
沙雅隆起	雅克拉断凸	YK7H	$Є_3$	5381～5391	85.31	1.33	常压局部偏高压
		Y4	O	5465.6～5577	57.09	1.08	
	阿克库木凸起	海探1	P_2	4833.5～4952.08	53.10	1.14	
		THN1	T_1k	4517.50～4522.5	47.87	1.1	
		塔深1	$Є_3xq$	6800.00～7358	73.525	1.105	
			C_1kl	5220.00～5225	63.46	1.26	
		YQ字号	K_1y	4830～4835	51.5	1.1	
			T	5287～5540	55.89～59.80	1.07～1.1	
			O	5632～6650	60.85～73.71	1.1～1.15	
		T字号	D_3d	5660～5664	60.912	1.1	
			O	5930～6300	63.60～67.68	1.1～1.15	

顺托果勒低隆奥陶系存在高异常压力系统，顺 6 井地层压力系数最大达到 1.54，顺西 1 井地层压力系数达到 1.23～1.373，这与该区古生界发育上奥陶统厚层泥岩和石炭系膏泥岩区域封盖层有关。

塔里木盆地常压地层系统分布较为普遍，如巴楚隆起下古生界、麦盖提斜坡玛南构造带玉北地区、沙雅隆起等构造单元地层压力系数小于 1.2。例如，玛扎塔格构造带、田河气田和鸟山气田不论是石炭系还是奥陶系均为常压地层系统，压力系数为 0.913～1.07。玛南构造带的玉北 1 井在奥陶系中途测试根据二关井外推压力 63.6 MPa/5464.9 m，压力系数 1.187。其他如古董山构造、和 2 井、和 4 井为常压地层系统。位于吐木休克构造带卡北构造高部位的方 1 井，下奥陶统鹰山组压力系数为 0.89，地层压力偏低，如方 1 井志留系柯坪塔格组 1522.5～1525.5 m 井段，实测地层压力为 14.54 MPa，氯根含量为 3027.43 mg/L，总矿化度为 6843.33 mg/L，为 $MgCl_2$ 型水；奥陶系鹰山组 2064～2170 m 井段，实测地层压力为 18.48 MPa，氯根含量为 13926.18 mg/L，总矿化度为 27845.12 mg/L，为 Na_2SO_4 型水。这可能是卡北构造缺失石炭系—二叠系盖层以及吐木休克断层的强烈活动且直通地表，造成地表水下渗和地层泄压有关；也说明志留系盖层缺乏有效封闭下覆油气藏的条件。

（三）鄂尔多斯盆地流体与压力系统

多种压力类型并存是鄂尔多斯盆地上古生界压力构成的一大特点，不同地区、不同层系地层压力差异明显。研究普遍认为，鄂尔多斯盆地上古生界以异常低压和常压为主，高压少见。盆地内超高压异常仅出现在奥陶系马家沟组盐下层系，铺 2 井和镇川 1 井压力系数分别为 1.62 和 1.44，该超高压异常的形成主要与优质的膏盐岩封盖层有关。

通常人们用地层压力与静水压力的比值，即压力系数来标定地层压力的异常情况，而静水压力计算都是基于水柱到达地表这一假设：某一目的层地下水承压面从地表算起，应该说，这种假设在大多数地表起伏不太强烈的地区或盆地，特别是我国东部地形平坦区可以近似使用。而当受构造运动等影响，承压面与地表起伏不相协调时，如我国中西部盆地，承压面以上的地层不承压，会导致计算的静水压力大于实际的静水压力，自然导致计算出的压力系数、压力梯度等指标偏低，显示出明显的"负压异常"，而实际上这种低压可能是人们的一种习惯做法（压力的起算点均从地表开始）带来的，在西部盆地负压的实际研究中应予以注意。

鄂尔多斯盆地上古生界下石盒子组—山西组以低压和异常低压气藏为主，盆地北部压力系数一般为 0.746～0.981，异常低压和低压占绝对优势。中部气田下石盒子组压力系数为 0.787～0.998，普遍呈现异常低压和低压，少数达到常压范围。总体上低压和异常低压在中部气田占主导地位，常压和高压在东部地区集中分布，局部层位（下石盒子组）有异常低压出现。盆地西部数据点较少，压力系数为 0.938～1.01，以常压为主。平面上，杭锦旗以北、陕 231 井-陕 234 井、陕 204 井-神 2 井、陕 23 井-陕 138 井区域呈异常低压，召 3 井-杭锦旗和中部气田主体部位为低压分布区，常压主要分布于桃利庙以西、横山以东大片区域，东部气田洲 4 井-榆 8 井区域为高压区（图 7-26）。储层物性和气柱高度是决定压力系数大小的重要因素。

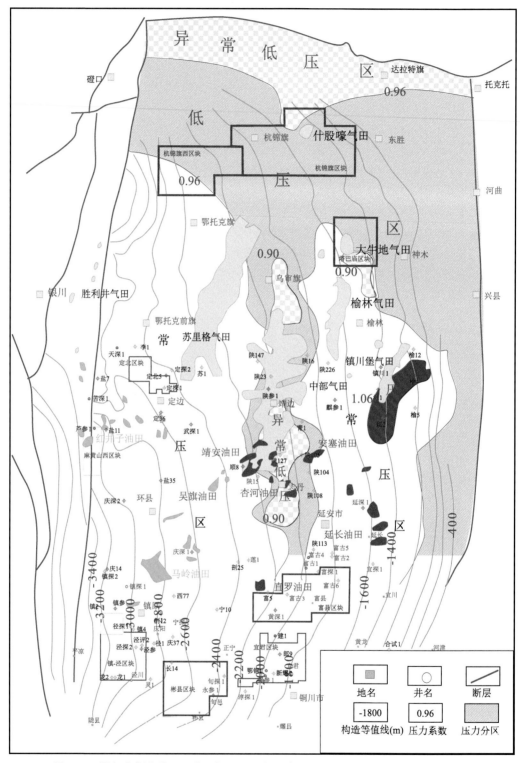

图 7-26 鄂尔多斯盆地下石盒子组—山西组压力分区图（据李熙哲等，2003 修编）

大牛地气田上古生界气藏现今压力系数为 0.76～1.02（小于 0.95 的占 81%，0.95～1.0 的占 16.5%，大于 1.0 的占 2.5%）。与整个鄂尔多斯盆地上古生界气藏压力系数相比较，不论采用何种分类方案，均属异常低压-常压气藏。较高平均压力系数出现在盒三段（0.945）、盒二段（0.910）、太原组（0.918），较低平均压力系数出现在盒一段（0.894）、山一段（0.865），各段平均压力系数呈现两头较高而中间略低的基本态势。太二段平均压力系数较高可能与太原组为煤层生烃有关，盒三段、盒二段平均压力系数较高似乎与天然气向上聚集有关。

大牛地气田压力异常主要分布在埋深 2500 m 以下，且主要分布在下石盒子组、山西组、太原组以及本溪组。总体上，随埋深增加，地层压力增大，压力梯度基本趋势规律性不明显。由于纵向封隔层多，各层段压力差别较大，压力梯度反映同一层段分属不同的压力系统；山一段+山二段、太一段+太二段为主要烃源岩发育层位，理应为高压层，而目前则基本表现为正常压力特征，说明在该地区生烃增压作用在地质历史中因流体外泄而大幅度降压。

鄂尔多斯盆地石炭系—二叠系、奥陶系非均质、低渗透岩性油气藏，均具低压特征。海相层系地层压力大致经历了晚三叠世—早侏罗世正常压力状态、中侏罗世—晚侏罗世压力整体上升、早白垩世压力持续增大并达到最高及早白垩世晚期以来气藏压力逐渐降低的演化过程，最终形成低压。早白垩世晚期以来的构造抬升剥蚀作用、温度降低、半开放盆地天然气泄漏是鄂尔多斯盆地海相气藏负压的主要成因。

三、地层水化学特征

地层水是油气勘探开发过程中地层流体分析的一项重要内容，也是判识油气封闭条件的重要指标。多旋回海相盆地地层水化学特征复杂，由于经历过多个水文地质旋回，现今海相地层中的地层水化学性质受多种因素的综合影响，是反映现今油气保存条件最为显著的指标之一。

（一）四川盆地及周缘

四川盆地内部整体保存有利，地层水以交替停滞带为主，保存条件差异比较大的地区主要位于盆地东部至中扬子区，结合盖层分布状况、水动力条件，盆地东部至中扬子区被划分为鄂西渝东、湘鄂西以及江汉平原三个相对独立的水化学系统。

鄂西渝东区：对鄂西渝东区 14 口钻井水化学资料进行分析，依据表 7-2 的评价标准，可得该区主要处于交替阻滞水文地质带，除齐岳山背斜外其他四个构造单元保存条件整体较好。方斗山复背斜及其西部的万县复向斜中地层水矿化度普遍较高，为 61.31～346.39 g/L。除茨竹 1 井外，其他井位地层水变质系数小于 1，脱硫系数小于 0.25，为 $CaCl_2$ 型水，反映了该区优越的保存条件。石柱复向斜水化学资料主要取自建南和龙驹坝构造。建南地区由于受到下侏罗统自流井组区域盖层的封隔，上三叠统须家河组至石炭系黄龙组地层水矿化度为 61.786～184.058 g/L，变质系数小于 1，脱硫系数绝大部分小于 1，表明该区的保存条件较好。龙驹坝构造带由于受到断层影响上盘飞仙关组已处于交替阻滞带，说明地下水已深入飞仙关组，而其下部的石炭系地层仍处于交替停滞带，有较好的保存条件。齐岳山背斜带上的两口井水化学特征显示从二叠系长兴组到侏罗系自流井组地层均受到地表水影响的轻度较大。地层水矿化度最高值仅为 8.791g/L，变质系数多大于 1.5，脱硫系数多大于 40，以 Na_2SO_4 型水为主，垂向水文地质条件多处于自由交替带，已基本不具备保存条件。

表 7-2　中扬子地区海相油气保存条件的水文地质地球化学条件划分表

参数	保存条件			
	很好 （Ⅰ类）	好 （Ⅱ类）	中等 （Ⅲ类）	差 （Ⅳ类）
地层水成因	沉积埋藏水	短暂受大气水下渗影响	较长期受大气水下渗影响	长期受大气水下渗影响
矿化度/(g/L)	>40	30～40	20～30	<20
变质系数	<0.87	0.87～0.95	0.95～1.0	>1.0
脱硫系数	<1	1～4	4～40	>40
水型	以 $CaCl_2$ 型为主，偶见 Na_2SO_4 型		以 $CaCl_2$ 型为主，常见 Na_2SO_4 型	$NaHCO_3 \cdot Na_2SO_4$ 型
水文地质分带	交替停滞带		交替阻滞带	自由交替带

　　湘鄂西区：根据收集到的湘鄂西区 16 口钻井的地层水化学资料，依据表 7-2 的评价标准，可得震旦系到志留系地层水普遍处于自由交替带内，矿化度最高值仅为 8.875 g/L，大多脱硫系数大于 2，仅有茅 2 井下寒武统地层水变质系数为 1.180，脱硫系数普遍大于40，以 Na_2SO_4 型水为主，局部地区为 $NaHCO_3$ 型。水文垂向开启程度高，地表影响深度可达 3500～3700 m（洗 1 井）。但同时钻探实践表明该区局部地区仍然存在残余油气保存区，如河 2 井、咸 2 井见有少量可燃天然气。造成该区垂向水文开启程度高的主要原因是印支运动以来受到构造改造程度大，地表大面积暴露碳酸盐岩，上组合地层基本全部被剥蚀，缺乏上部盖层，同时断裂发育使地层水与大气水连通。

　　江汉平原区：该区印支期—早燕山期受到强烈的南北对冲挤压，晚燕山期—早喜马拉雅期进入拉张、断陷阶段，喜马拉雅运动二幕开始进入抬升剥蚀阶段。构造运动在时间和空间上的复杂性导致了该区复杂的水文地球化学特征在垂向上的多变性。沉湖-土地堂复向斜 4 口钻井的地层水化学特征，反映了中生代地层大部分处于交替阻滞带。地质历史时期的淋滤作用同样可以在现今的地层水化学特征中表现出来。丰 1 井二叠系埋深为 3350～4000 m，但茅口组下部地层水矿化度仅为 18.080 g/L，变质系数为 2.186，脱硫系数为 12.500，为 $NaHCO_3$ 型水，处于交替阻滞带，这可能与地质历史时期茅口组二段受到大气水的淋滤作用有关。土地堂复向斜东缘的冶 1 井、冶 2 井、冶 3 井在二叠系和三叠系为 Na_2SO_4 型水，说明江汉平原区在上部缺少侏罗系、白垩系、古近系—新近系，覆盖区域的水文地质封闭条件较差。

　　渝东-湘西地区区域和构造演化上具有连续性。印支运动前，该区总体处于旋回性拗陷沉积阶段，总体沉积和构造格局并未改变。印支运动是扬子地区一次划时代的构造运动，导致了构造格局的重大改变，南东侧源于江南陆内俯冲造山作用逐渐向北西推进，在早燕山期开始波及渝东地区。后期又经历了晚燕山期、早喜马拉雅期、晚喜马拉雅期等多期构造运动改造，形成了形变强度由川东、渝东的隔挡式背斜带→鄂西隔槽至隔挡式背斜带→湘西北的隔槽式背斜带自西北至东南方向逐渐增强；剥蚀强度明显增强，地层水矿化度降低，变质系数和脱硫系数增高（图 7-27），显示了渝东→湘西北油气保存条件逐渐变差。

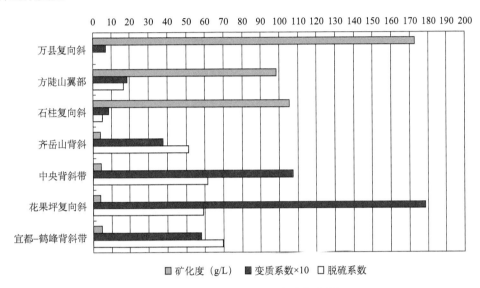

图 7-27　渝东–湘西北地层化学变化特征

（二）塔里木盆地

塔里木盆地油田水总体具有高矿化度，相对贫镁、富钙、富锶的特点。收集塔里木盆地 4000 多个有效的地层水常规测试分析资料，研究表明塔里木盆地地层水化学特征总体较为复杂，不同构造单元和不同层位有一定差异（图 7-28）。

但大部分地层水表现为高或特高矿化度特征，以 $CaCl_2$ 型水为主，少量为 $MgCl_2$ 型水、Na_2SO_4 型水和 $NaHCO_3$ 型水。矿化度最高的是位于沙雅隆起雅克拉断凸上的沙 45 井的苏维依组，达到了 364.3 g/L，其次是巴楚隆起中部凹陷上的和田 1 井寒武系，矿化度达到 303.6 g/L，这与该两层均发育膏盐岩有关。塔里木盆地大部分地区地层水矿化度都大于 40 g/L，大都属于交替停滞带，未受到地表淡水的影响，反映了地层的封闭性能良好。地层水矿化度最低的是位于孔雀河斜坡东部的孔雀 1 井志留系，仅为 4.50 g/L，其次是位于巴楚隆起的方 1 井志留系，矿化度为 7.49 g/L，均处于地层水自由交替带，地层强烈抬升剥蚀，古生界第一套区域盖层石炭系剥蚀殆尽（孔雀河斜坡）或残留厚度很少（吐木休克构造带），以及断裂的切割，地表大气淡水下渗作用强烈，导致地层保存

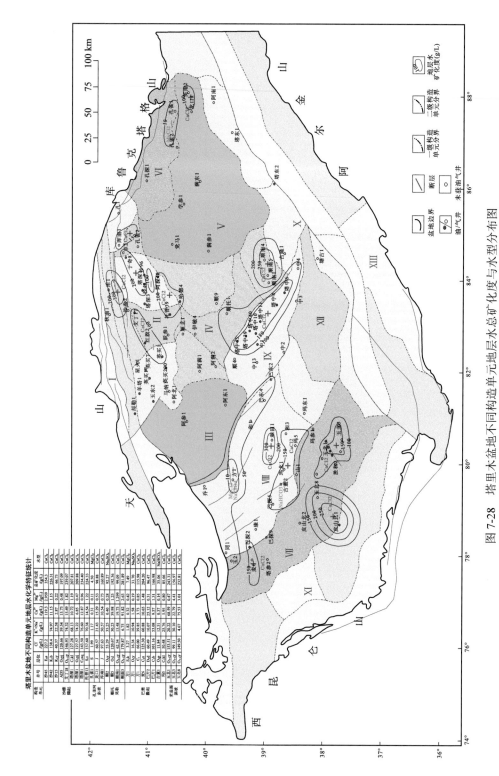

图 7-28 塔里木盆地不同构造单元地层水总矿化度与水型分布图

I. 库车拗陷; II. 沙雅隆起; III. 阿瓦提拗陷; IV. 阿瓦提拗陷; V. 满加尔拗陷; VI. 孔托托果勒低隆; VII. 麦盖提斜坡;
VIII. 巴楚隆起; IX. 卡塔克隆起; X. 古城墟隆起; XI. 塘西南拗陷; XII. 塘古巴斯拗陷; XIII. 塔东南断隆

条件遭受破坏。据分析，吐木休克构造带，地层大气淡水下渗深度达到 2000 m 以上，奥陶系鹰山组上部层位受到淡化作用，其矿化度为 31.70 g/L，为 Na_2SO_4 型水，属交替阻滞带；但深部寒武系具有高矿化度特征，封闭性能良好，与其自身的膏泥岩层的封盖作用有关。

总体来说，塔里木盆地海相层系地层水矿化度的高低与石炭系区域盖层的分布具有良好的对应关系。同时，也受到晚期中新生代重建的封盖系统优劣的影响。例如，沙雅隆起上的阿克库勒凸起、顺托果勒低隆、麦盖提斜坡、巴楚隆起中南部、塔中隆起和古城墟隆起等构造单元，石炭系膏泥岩分布稳定，封盖条件良好，地层水矿化度达到或超过 100~200 g/L，为 $CaCl_2$ 型水。在石炭系残留较少或完全缺失的地区，如雅克拉断凸、沙西凸起和阿克库勒凸起的北部，但中新生代重建封盖层良好，如侏罗系煤系、古近系膏盐岩层等，地层水矿化度高，为 $CaCl_2$ 型水。上述地区也是油气富集的地区。

（三）鄂尔多斯盆地

1. 水动力场特征

从二叠纪开始，一直到早白垩世末，鄂尔多斯盆地的沉降、沉积中心分别位于靖边继承性隆起的两侧，并且东部的沉降、沉积速度比西部的大，埋藏深度大，储层的成岩强度相对较高。由东向西储层的物性变差，孔隙度（均值小于 7%）、渗透率（$0.42×10^{-3}$ μm^2）和导水系数都降低。这些特征决定了鄂尔多斯盆地上古生界现今地下水动力场的基本特征。平面上，鄂尔多斯盆地上古生界地下水动力场具有很强的不对称性：盆地北部伊盟斜坡和东部伊陕斜坡上倾地区大气水下渗补给形成向心流（朝盆地内部）；盆地西南部下倾区泥岩压榨水形成离心流（朝东北指向靖边-横山一带），两者之间的过渡带具有越流-蒸发泄水的总体特征（图 7-29）。

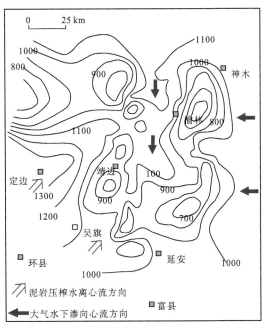

图 7-29　鄂尔多斯盆地上古生界储层现今水头平面分布图（单位：m）

2. 地层水化学特征

鄂尔多斯中部气田下古生界地层水以偏酸性为主，其特征为：①总矿化度（TDS）分布范围为 $0.93\sim356.12$ g/L，多数为 $20\sim180$ g/L，平均为 109.5 g/L（图 7-30），远高于海水的盐度 35 g/L，说明其具有高的矿化度，并且纵向上由浅入深，总矿化度总体上逐渐升高；②以 $CaCl_2$ 型水为主，仅见有极少数的 $NaHCO_3$ 型水、$MgCl_2$ 型水，属于区域水动力相对阻滞区，是水文地质剖面上的交替停滞带，说明下古生界地层水封闭条件较好；③地层水钠氯系数（r_{Na}/r_{Cl}）较低，主要分布于 $0.20\sim0.80$，大多低于 0.50，有利于下古生界天然气藏的保存；④脱硫系数（$100\times r_{SO_4}/r_{Cl}$）均小于 7.20，平均小于 0.97，说明脱硫酸作用通常都是在缺氧的还原环境中进行，对油气藏保存极为有利；⑤碳酸盐平衡系数（$r_{HCO_3}+r_{CO_3}/r_{Ca}$）、氯镁系数（$r_{Cl}/r_{Mg}$）、镁钙系数（$r_{Mg}/r_{Ca}$）等均有利于下古生界天然气气藏保存。

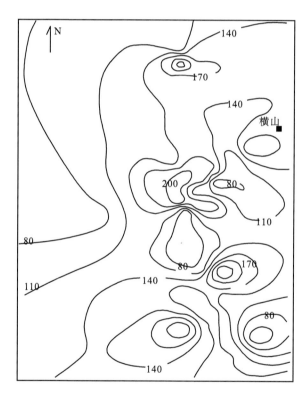

图 7-30　鄂尔多斯盆地中部气田下古生界地层水总矿化度分布（单位：g/L）

上述特征综合反映下古生界地层水处于阻滞-停滞的水文地质状态，有利于天然气的聚集与保存。

第四节　油气保存地质模式与评价

一、油气保存地质模式

根据海相多旋回盆地盖层与储层匹配关系的不同，可以划分为保持型、重建型及破坏型三种地质模式。

保持型油气保存模式：即盖层与主力储层之间没有明显的沉积间断或未经受过长期抬升与剥蚀，盖层保存完好。例如，四川盆地威远-安岳气田灯影组气田，下寒武统泥岩与灯三段泥岩直接封盖在威远-安岳地区灯影组气藏之上，形成有效封盖，为保持型油气保存模式（图7-31）。塔里木盆地塔河油田南部地区（图7-32），中下奥陶统储层上覆上奥陶统桑塔木组，下志留统及石炭系巴楚组膏盐岩盖层叠置发育，以中质-轻质油气藏为主，为保持型油气保存模式。鄂尔多斯盆地东部伊陕斜坡带（图7-33），地层相对齐全，奥陶系马家沟组膏盐岩可作为直接盖层，属保持型油气保存模式。

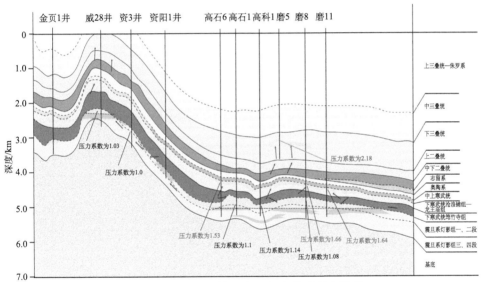

图7-31　威远-安岳气田灯影组保持型保存模式

重建型油气保存模式：由于多旋回海相盆地的多次构造运动引起多期隆升、剥蚀，一方面对碳酸盐岩表生岩溶作用的发育，对储层的形成构成非常有利的条件，其上再沉积泥岩、膏盐岩等盖层，储、盖匹配最好，可形成大型碳酸盐岩原生油气藏。例如，塔河油田主体区（图7-32），由于海西早期运动的隆升、剥蚀，形成中下奥陶统碳酸盐岩岩溶缝洞型储层，其后石炭系大规模海侵形成的巴楚组泥岩覆盖其上，形成 $C_1b/O_{1\sim2}$ 封盖类型，重建了油气保存条件，形成重建型油气保存模式。

重建型油气保存模式是多旋回海相盆地最重要的一种保存模式，分布广泛。例如，鄂尔多斯西部，包括大牛地奥陶系储层位于加里东期岩溶古地貌的岩溶斜坡发育带，古岩溶储集层发育，其上直接覆盖的石炭系本溪组的铝土质泥岩厚度一般为0～15 m，形成良好的重建型油气保存模式（图7-33）。

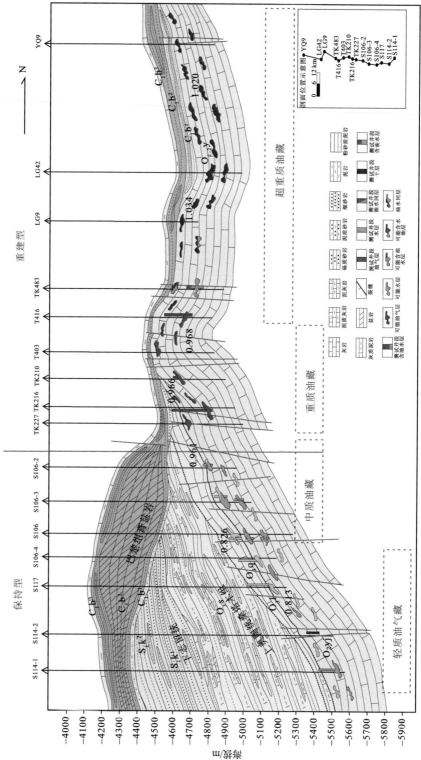

图 7-32 塔河油田奥陶系保持型与重建型油气保存模式

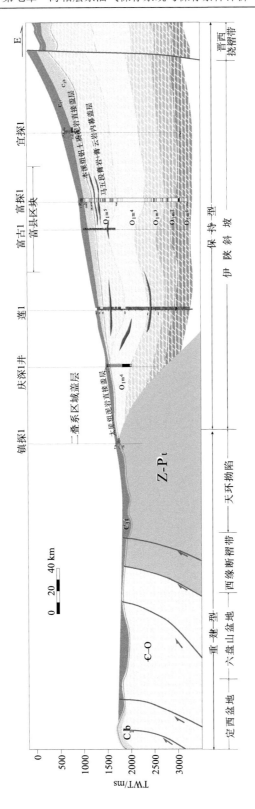

图 7-33 鄂尔多斯盆地海相层系油气保存地质模型

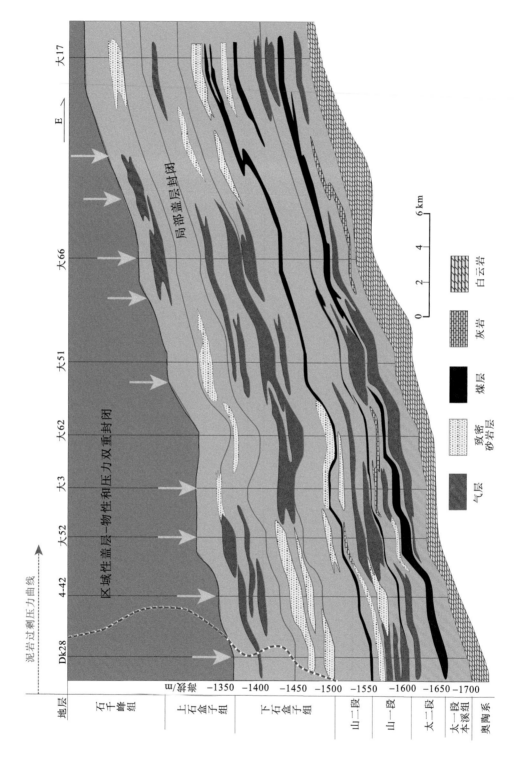

图 7-34 鄂尔多斯大牛地地区上古生界油气多盖层叠置保存模式

破坏型油气保存模式：由于多旋回盆地多次构造隆升、剥蚀，已经形成良好保存条件的油气藏被破坏，形成沥青或稠油，如麻江古油藏。塔河油田主体区存在的大量稠油、全盆广泛分布的志留系沥青砂岩，均表明加里东晚期—海西早期的大量原油被破坏。若后期再沉积良好的泥岩或膏盐岩盖层，重新形成封盖，则可以成为重建型油气保存模式。同时，多层盖层叠置对油气的封盖作用也起加强作用。如塔里木盆地塔河油田南部（图7-32）、鄂尔多斯盆地大牛地上古生界油气藏（图7-34）。

二、保存系统划分

根据不同盆地特点、构造特征、盖层性质、油气保存模式对四川盆地、塔里木盆地、鄂尔多斯盆地海相多旋回盆地开展了保存系统的划分与评价。

（一）四川盆地保存系统划分

四川盆地保存系统在纵向上（即层位上）发育的有 4 套源-盖组合，即$\text{\textepsilon}_1$-$\text{\textepsilon}_1$、$\text{\textepsilon}_1$-$\text{\textepsilon}_2$、$\text{\textepsilon}_1$-S 与（S+P）-T_2，这与上扬子地区发育有3套优质区域性封盖层（下寒武统、下志留统泥质岩、中三叠统膏盐岩层）与一套局部盖层（中下寒武统）密切相关。而高石梯-磨溪大气田的发现证实了$\text{\textepsilon}_1$-$\text{\textepsilon}_2$源-盖组合的存在。保存系统划分见表7-3。

表 7-3　四川盆地保存系统分布一览表

评价单元	地质结构类型	保存系统名称	代表钻井、油气藏	初步评价
川东	双层滑脱反冲结构	$\text{\textepsilon}_1$-$\text{\textepsilon}_1$（●）	礁石1井	有效保存
		$\text{\textepsilon}_1$-$\text{\textepsilon}_2$（●）	礁石1井	有效保存
		$\text{\textepsilon}$-S（？）	未发现油气藏	
		（S+P）-T_2（●）	普光气田	有效保存
川西拗陷	稳定向斜结构	$\text{\textepsilon}_1$-$\text{\textepsilon}_1$（？）	未发现油气藏	
		$\text{\textepsilon}_1$-$\text{\textepsilon}_2$（？）	未发现油气藏	
		（S+P）-T_2（●）	彭州气田	有效保存
川中古隆起	稳定单斜结构	$\text{\textepsilon}_1$-$\text{\textepsilon}_1$（●）	威远气田	有效保存
		$\text{\textepsilon}_1$-$\text{\textepsilon}_2$（●）	安岳气田	有效保存
		（S+P）-T_2（●）	磨溪气田	有效保存
川中北部	稳定单斜结构	$\text{\textepsilon}_1$-$\text{\textepsilon}$（？）	未发现油气藏	
		$\text{\textepsilon}_1$-$\text{\textepsilon}_2$（？）	未发现油气藏	
		$\text{\textepsilon}$-S（？）	未发现油气藏	
		（S+P）-T_2（●）	元坝气田	有效保存
川东南	双重滑脱断褶结构	$\text{\textepsilon}_1$-$\text{\textepsilon}_1$（●）	丁山1井	断裂破坏
		$\text{\textepsilon}_1$-$\text{\textepsilon}_2$（？）	未发现油气藏	
		$\text{\textepsilon}$-S（？）	未发现油气藏	
		（S+P）-T_2（●）	蜀南气矿	有效保存

评价单元	地质结构类型	保存系统名称	代表钻井、油气藏	初步评价
鄂西渝东	双层滑脱反冲结构	$Є_1$-$Є_1$（●）	利1井	隆升、断裂
		$Є_1$-$Є_2$（●）	未发现油气藏	
		$Є$-S（?）	未发现油气藏	
		（S+P）-T_2（●）	建南气田	有效保存
川西南	稳定单斜结构	$Є_1$-$Є_1$（●）	窝深1井	断裂沟通
		$Є_1$-$Є_2$（?）	未发现油气藏	
		$Є$-S（?）	未发现油气藏	
		（S+P）-T_2（●）	麻柳场气田	有效保存
米仓-大巴山前	双层隐伏断褶结构	$Є_1$-$Є_1$（●）	天星1井	隆升破坏
		$Є_1$-$Є_2$（?）	未发现油气藏	
		$Є$-S（?）	未发现油气藏	
		（S+P）-T_2（●）	金溪1井	有效保存

（二）塔里木盆地保存系统划分

以中下寒武统为主力烃源岩、中下寒武统膏盐岩为直接封盖层的下组合可以划分出已知型和不确定型2类8个保存系统（表7-4）。以中下寒武统、下奥陶统为主力烃源岩，以上奥陶统泥岩和石炭系膏泥岩为直接和区域盖层的上组合可划分出已知型、不确定型和破坏型3类36个油气保存系统（表7-5）。

表 7-4　塔里木盆地寒武系膏盐岩油气保存系统划分表

一级构造单元	二级构造单元	保存系统结构类型	保存系统名称	系统个数	已知油气藏	综合评价
沙雅隆起	沙西凸起-哈拉哈塘凹陷	隆升剥蚀与冲断结构	$Є$-$Є$（?）	1		加里东期—海西早期破坏，燕山期—喜马拉雅期重建
阿瓦提拗陷		对冲与向斜结构	$Є$-$Є$（?）	1		地层发育较全，保存好
顺托果勒低隆	顺北缓坡	稳定单斜结构	$Є$-$Є$（?）	1		地层发育较全，保存好
麦盖提斜坡		早期抬升后期单斜结构	$Є$-$Є$（?）	1		加里东期—海西早期破坏，海西晚期重建
巴楚隆起		隆升剥蚀与冲断结构	$Є$-$Є$（?）	1		加里东期—海西早期破坏，燕山期—喜马拉雅期断裂切割
卡塔克隆起	西部	隆升与冲断结构	$Є$-$Є$（?）	1		保存好
	东南部		$Є$-$Є$（●）	1	中深1井	
塘古巴斯拗陷	塘古凹陷塘南凸起	冲断与向斜结构	$Є$-$Є$（?）	1		加里东期—海西早期遭受破坏

表 7-5　塔里木盆地奥陶系-石炭系油气保存系统划分表

一级构造单元	二级构造单元	保存系统结构类型	保存系统名称	系统个数	已知油气藏（井）	综合评价
沙雅隆起	沙西凸起-雅克拉断凸	隆升剥蚀与冲断结构	Є-Mz（●） Є-C（×）	2	雅克拉油气藏，英买7、羊塔克油气田	加里东期—海西早期破坏，燕山期—喜马拉雅期重建
	阿克凸起北-草湖凹陷	局部隆升与向斜结构	Є-C（●） Є-O（×）	2	塔河稠油油藏、草2井气藏	加里东期—海西早期破坏，海西晚期重建
	阿克库勒凸起南	隆升与冲断结构	Є-C（●） Є-O（●）	2	塔河油田，英买1油田	地层发育较全，北部重建型，南部保持型
	库尔勒鼻凸	隆升与冲断结构	Є-C（×） Є-O（?）	2	库南1井见少量天然气	海西期以来破坏
阿瓦提拗陷		对冲与向斜结构	Є+O-C（?） Є+O-O（?）	2	探井见油气显示，但未发现油气藏	地层发育较全，保持型
顺托果勒低隆		稳定单斜结构	Є-C（●） Є-O（●）	2	顺9气藏、顺托1气藏、哈德逊油田	保存条件优越，保持型
满加尔拗陷	拗陷中西部	稳定沉降与向斜结构	Є-C（●） Є-O（●）	2	满东1气藏	保存条件优越
	拗陷东部-英吉苏凹陷	向斜结构	Є-Mz（●） Є-C（×） Є-O（?）	3	满东1气藏、英南2井气藏	海西期遭受破坏，海西晚期保存良好
孔雀河斜坡	斜坡带	隆升与冲断结构	Є-Mz（●） Є-C（×） Є-O（?）	3	孔雀1低产气藏	加里东期—海西期遭受破坏
麦盖提斜坡	西部	单斜结构	Є-C（●） Є-O（×）	2	巴什托油气藏、皮山北新1井油藏	地层发育全，保存条件好
	东部	早期抬升与后期单斜结构	Є-C（●） Є-O（×）	2	玉北1井区油藏	加里东期—海西期破坏，海西晚期重建
巴楚隆起	东南	隆升与冲断结构	Є-C（●） Є-O（×）	2	亚松迪气藏、鸟山、和田河气田	加里东期—海西期遭受破坏，燕山期—喜马拉雅期重建
	西北	隆升剥蚀与冲断结构	Є-C（×） Є-O（×）	2	未发现油气藏	加里东期—海西期破坏，燕山期—喜马拉雅断裂切割
卡塔克隆起		隆升与冲断结构	Є-C（●） Є-O（●）	2	塔中4、塔中10等油田、中1井油藏	加里东期—海西期破坏，燕山期—喜马拉雅期重建
古城墟隆起	顺南缓坡-古城低凸	隆升与冲断结构	Є-C（●） Є-O（●）	2	顺南4、古隆1气藏、塔东2油藏	加里东期—海西期破坏，燕山期—喜马拉雅期重建
	塔东凸起	隆升与冲断结构	Є-C（×） Є-O（×）	2	未发现油气藏	加里东期—海西期遭受破坏
塘古巴斯拗陷	塘古凹陷塘南凸起	冲断与向斜结构	Є+O-C（?） Є+O-O（?）	2	未发现油气藏	加里东期—海西早期遭受破坏

（三）鄂尔多斯盆地保存系统划分

针对鄂尔多斯盆地海相层系油气成藏、盖层发育和保存条件特点，按照不同构造单元和地质结构特点，将鄂尔多斯盆地海相层系划分出 11 类油气保存系统。鄂尔多斯盆地油气保存系统划分及特征见表 7-6。

表 7-6　鄂尔多斯盆地海相层系油气保存系统划分及特征

构造单元	地质结构	保存系统名称	油气基本特征	综合评价
乌兰格尔凸起	褶皱和冲断	P_1-P_2（●）保存系统	上古生界工业气流	最有利保存系统 重建型
		O_2-C-P（×）保存系统	缺乏有利储盖组合，上古生界盖层薄	已破坏保存系统
天环向斜	断陷沉降，稳定向斜结构	P_1-P_2（?）保存系统	北部有较好保存条件	不确定保存系统 重建型
		O_2-O_3-C-P（●）保存系统	镇探 1 井元古宇产气；天 1 井奥陶系工业气流	最有利保存系统 保持型
		O_2-C-P（?）保存系统	存在上古生界盖层	不确定保存系统
陕北斜坡	局部隆起，稳定单斜结构	P_1-P_2（●）保存系统	已发现中部、苏里格、大牛地、杭锦旗、富县等多个油气田	最有利保存系统 保持型
		O_2-C-P（●）保存系统	已发现中部、大牛地、富县等多个气田；锦 10 井奥陶系工业气流	最有利保存系统 保持型
晋西挠褶带	褶皱，单斜结构	P_1-P_2（●）保存系统	子洲气田，中东部有一定保存条件	较有利保存系统 重建型
		O_2-C-P（?）保存系统	上古生界有较好保存条件	不确定保存系统 重建型
渭北隆起	褶皱和叠瓦冲断	P_1-P_2（?）保存系统	南部盖层破坏或品质差；东部有一定保存条件	不确定保存系统 重建型
		O_2-C-P（×）保存系统	南部盖层破坏或品质差	已破坏保存系统

三、保存系统评价

（一）评价标准

对保存系统的综合评价是在前述区域构造-沉积研究的基础上，结合多旋回盆地海相层系盖层综合评价，采用定性与定量相结合的方法，分层系、分不同构造单元进行。主要采用构造活动因素、盖层宏观特征、盖层微观特征、流体与压力特征以及动态演化五大类因素，各类因素又考虑不同评价指标和参数，其中，构造活动因素包括褶皱变形、断裂特征、隆起剥蚀三类参数；盖层宏观特征包括盖层岩性、盖层厚度、盖层结构组合三类参数；盖层微观特征主要包括突破压力、比表面积、中值半径、<50 nm 孔径分布四

类参数；流体与压力特征包括地层水矿化度、水型、变质系数、水动力条件、地层压力五类参数；动态演化包括的评价参数为源-盖匹配，共计 16 类参数（表 7-7）。

表 7-7　多旋回盆地海相层系保存系统评价指标体系

评价因素	评价参数	评价级别				权重系数
		I	II	III	IV	
构造活动因素	①褶皱变形	连续宽缓褶皱，大型向斜	不连续宽缓褶皱，复向斜	连续或不连续紧密褶皱复向斜和复背斜	叠瓦冲断褶皱滑脱断褶、复背斜	0.2
	②断裂特征	压性断层，断层密度<5 条/km²	压性和压扭性断层，断层密度为 5～10 条/km²	张性断层，断层密度为 10～20 条/km²	张性断层，断层密度>20 条/km²	
	③隆起剥蚀	缓慢低幅度间断隆升；剥蚀量<1000 m	缓慢高幅度间断隆升，剥蚀量为 1000～2000 m	快速高幅度，间断隆升；剥蚀量为 2000～4000 m	持续高幅度隆升剥蚀量>4000 m	
	赋值	0.75～1.0	0.5～0.75	0.25～0.5	0～0.25	
盖层宏观特征	①盖层岩性	膏盐岩、泥岩	致密泥灰岩、泥岩、泥页岩	粉砂质泥岩、致密砂岩、含灰质泥岩	泥质粉砂岩	0.25
	②盖层厚度	膏盐岩为 10～30 m；泥岩>200 m	100～200 m	100～50 m 盖层	<50 m	
	③盖层结构组合	内幕+直接+区域盖层	内幕+直接盖层；直接+区域盖层	直接+区域	区域盖层	
	赋值	0.75～1.0	0.5～0.75	0.25～0.5	0～0.25	
盖层微观特征	①突破压力/MPa	>15	10～15	5～10	<5	0.25
	②比表面积/(m²/g)	>5	3～5	0.1～3	<0.1	
	③中值半径/nm	<2	2～5	5～8	>8	
	④<50 nm 孔径分布	>80	50～80	30～50	<30	
	赋值	0.75～1.0	0.5～0.75	0.25～0.5	0～0.25	
流体与压力特征	①地层水矿化度/(g/L)	>40	30～40	20～30	<20	0.15
	②水型	CaCl₂	CaCl₂、MgCl₂	NaHCO₃、MgCl₂	NaHCO₃、MgCl₂	
	③变质系数	<0.5	0.5～0.7	0.7～1.0	>1.0	
	④水动力条件	交替停滞带、承压水	交替停滞带、缓慢交替带；承压水、渗入水	缓慢交替带、自由交替带；渗入水	自由交替带，渗入水	
	⑤地层压力	>1.2	1.0～1.2	0.9～1.0	<0.9	
	赋值	0.75～1.0	0.5～0.75	0.25～0.5	0～0.25	
动态演化	①源-盖匹配	有效盖层形成早于大规模生排烃时间	有效盖层形成早于大规模生排烃时间	有效盖层形成接近大规模生排烃时间	有效盖层形成晚于大规模生排烃时间	0.15
	赋值	0.75～1.0	0.5～0.75	0.25～0.5	0～0.25	
保存系统		最有利保存系统	有利保存系统	中等保存系统	差保存系统	

表 7-7　多旋回盆地海相层系保存系统评价指标体系

（二）评 价 结 果

根据实际情况对评价指标和参数进行分类赋值，针对评价因素的影响程度赋予不同权值，最终对不同构造单元、不同层系盖层进行定量评价。

1. 四川盆地

根据四川盆地的构造特点，将四川盆地划分为川中古隆起、川中北部、川西拗陷、川西南、川东南、川东南盆外、川东、鄂西渝东盆内、鄂西渝东盆外、米仓-大巴山前10个评价区带。

川西拗陷位于四川盆地西部呈北东向展布，西以安县-都江堰断裂与龙门山冲断带为界，东以龙泉山-南江一线为界，南以峨眉荣经断裂与川滇南北构造带为界，北至米仓山前缘。晚三叠世以来，随着中国大陆的主体拼合和龙门山的崛起，该区在前期被动陆缘的基础上演化进入前陆盆地展开阶段，堆积了厚逾5 km的陆相碎屑岩。

川中古隆起是一个受基底控制的巨型裙边状隆起，其上有乐山和磨溪-龙女寺两个大型的继承性古高点，该隆起在桐湾期即有雏形，在加里东期定型，经历了多期的同沉积隆升兼剥蚀，有一定的继承性。

米仓-大巴山前属上扬子北缘和秦岭造山带交接转换部位，其中汉南-米仓山地块属于川中地块的北延，而大巴山以城口断裂为界，南大巴山则属上扬子北缘，为秦岭造山带南缘前陆冲断带和前陆盆地，其构造则由米仓山、大巴山、华蓥山和龙门山多方向构造叠加复合区组成，北大巴山属推覆体，归秦岭造山带，通南巴则属米仓山前的四川盆地北部。大巴山逆冲推覆构造以发育一系列的弧形逆冲断裂及断裂间所夹褶皱断块为基本特征。展布方向由西北部的 NNE 向、中部的近 EW 向，至东南部的 NEE 向，呈一向西南凸出的弧形，是由一系列呈向西南凸出的巨型逆冲推覆断裂带构成。

川东地区构造整体上呈 NNE—NE 向延伸，向 NW 向凸出的宽广弧形构造带，该带发育一系列背斜和向斜相间的侏罗山式褶皱及相关逆冲叠瓦推覆构造，西侧边界为华蓥山断裂，东侧与鄂西渝东区相邻。

鄂西渝东盆内位于四川盆地东部，夹持于秦岭造山带和江南褶皱带之间，是中、上扬子的接合部位。自西向东包括方斗山复背斜、石柱复向斜、齐岳山复背斜和利川复向斜4个二级构造单元。自东向西褶皱变形减弱，且背斜带构造变形强于复向斜构造变形，呈背斜紧密高陡向斜舒展宽缓，而主要复向斜内部构造变形强度表现为自北向南逐渐减弱。总体构造变形在纵向剖面上表现为交替相间的四套强岩组和滑脱层。

川东南是由北东向、南北向和东西向展布的三组构造所组成的三角区，平面上表现为帚状构造，剖面组合为隔挡式褶皱。北东向和南北向的中、高陡背斜是华蓥山构造带向南自然延伸的部分。往南构造褶皱减弱，并与东西向中、低褶皱叠加，组成横跨叠加构造。

川西南位于四川盆地-滇黔北部拗陷康滇隆起的接合部，属上扬子地台西南缘。受加里东、海西、印支和喜马拉雅等多期构造运动的改造和叠加，主要形成了近南北向的小江、甘洛-昭觉大断裂，北东向的莲峰隐伏大断裂和北西向的峨眉-宜宾隐伏大断裂三大断裂系统，构造活动强烈。

1）$\in_1$-$\in_1$保存系统

通过对$\in_1$-$\in_1$保存系统5个关键因素，16项评价指标的定量评价，可以看出川西拗陷、川中古隆起、川中北部三个地区保存条件优越，这主要得益于上述三个地区下寒武统泥岩盖层发育面积广、厚度大，并且在后期的构造改造过程中所受影响较小，构造相对平缓，断裂整体不发育，除川中古隆起在喜马拉雅期大幅度抬升扭动可能对该保存系统造成破坏外，整体处于稳定部位，有利于油气的保存。

川东南、川东以及米仓-大巴山前，整体评价为Ⅱ类，上述三个地区主要受燕山期造山运动的影响，在米仓-大巴山前形成了推覆叠瓦式构造样式，受益于泥岩以及三叠系膏盐的滑脱作用，整体构造形态较有利于保存，并受到三叠系膏盐的区域盖层保护，保存条件有利。川东南和川东主要受雪峰造山的推覆作用，由于齐岳山断裂的应力释放作用，盆地内部整体构造完整，在寒武系、三叠系膏盐，以及多套泥岩的综合封盖下，保存条件较有利（图7-35）。

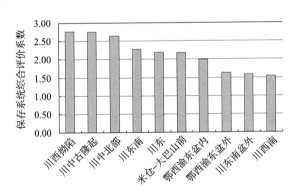

图7-35　四川盆地$\in_1$-$\in_1$保存系统综合评价结果对比图

川西南、川东南盆外、鄂西渝东盆内、鄂西渝东盆外，整体评价为Ⅲ类，川西南、鄂西渝东盆外和鄂西渝东盆内，下寒武统泥岩盖层整体较薄，岩性不纯，封盖性不佳，受后期构造作用影响，保存条件不利，川东南盆外主要是构造活动强，三个地区流体活动普遍较强，水循环深度大，水型较差，综合评价不利于油气保存。

2）$\in_1$-$\in_2$保存系统

中寒武统的盖层较发育，泥岩盖层和膏盐岩盖层均发育。中寒武统泥岩发育范围不大，厚度较大的地区主要分布在紫阳-岚皋-城口-沙滩-旺苍一带，川中也有发育。四川盆地中寒武统膏盐段主要发育在石冷水组沉积时期。中寒武统膏盐岩的分布主要集中在两个区域，即川南-黔北聚盐区和万县-忠县聚盐区，而且分布上二者已连接在一起，覆盖了川东南、川西南、鄂西渝东大部分地区。川东南地区由于受到中寒武统厚度较大膏盐岩保护，保存条件评价为Ⅰ类，川中北部、川西拗陷、川中古隆起、川东、米仓-大巴山前整体评价为Ⅱ类保存。川中北部、川西拗陷与川中古隆起虽然未发育膏盐岩盖层，泥岩厚度整体较薄，但得益于上述三个地区构造稳定，中寒武统下部的泥岩或灰岩盖层未遭到破坏，并叠加上覆三叠系膏盐岩盖层的封盖，整体保存较为有利。米仓-大巴山前受到多层盖层叠置的影响，保存也仍有可能有效。而鄂西渝东盆内、川西南、鄂西渝东盆外、川东南盆外等地区受断裂活动影响，水动力活动强，保存条件相对较差，其中鄂西渝东区由于寒武系膏盐的存在，保存条件有可能较好（图 7-36）。

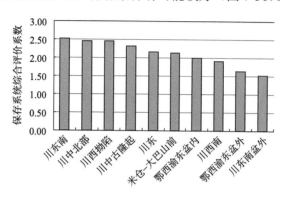

图 7-36　四川盆地 $\mathcal{C}_1$-$\mathcal{C}_2$ 保存系统对比图

3）$\mathcal{C}_1$-S_1 保存系统

下志留统泥质盖层以乐山-龙女寺隆起为中心，古隆起核部志留系剥蚀殆尽，向外厚度由 100 m 逐渐增大，向南在泸州-宜宾地区厚 600～700 m。向北至大巴山地区厚 300～700 m。向东至湘鄂西地区达 1000 m。综合评价来看，川中北部与川西拗陷保存条件有利，评价为Ⅰ类区，川东南、川东、米仓-大巴山前、鄂西渝东盆内由于志留系泥岩厚度较大，评价为Ⅱ类区，川西南、鄂西渝东盆外、川东南盆外受构造活动影响强烈，评价为Ⅲ类区（图 7-37）。

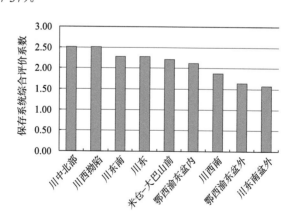

图 7-37　四川盆地 $\mathcal{C}_1$-S_1 保存系统综合评价结果对比图

4）（S_1+P）-T_2保存系统

该保存系统的源盖组合为下志留统泥质岩、二叠系暗色碳酸盐系与中三叠统膏盐岩层，三叠系是四川盆地重要的含盐层系，发育多期、巨厚的膏盐岩，盆地内膏盐岩钻揭最厚可达 208 m，总体上从鄂西向川西逐步抬升的趋势。综合评价川中北部、川西拗陷构造稳定、盖层发育好，保存条件有利；而川东、米仓-大巴山前、川东南、鄂西渝东盆内构造活动较强，但膏盐封盖能力强，在一定程度上对构造破坏起到保护作用，川中古隆起上膏盐不十分发育，但得益于构造稳定，评价为Ⅱ类区。川西南地区构造活动强烈，深源断裂发育，水动力强，评价为Ⅲ类区（图 7-38）。

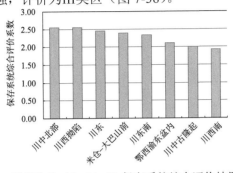

图 7-38 四川盆地（S_1+P）-T_2保存系统综合评价结果对比图

2. 塔里木盆地

塔里木盆地保存系统综合评价结果表明，塔中隆起Є-Є（●）、Є-O（●）和Є-C（●）、阿克库勒南部、顺托果勒低隆、满加尔西斜坡、顺南-古城墟Є-O（●）和Є-C（●）保存系统为Ⅰ类最有利保存系统，顺托果勒低隆西北、沙雅隆起西部、塔中隆起西北及麦盖提斜坡Є-Є（?）、巴麦地区、草湖、沙西Є-O（●）和Є-C（●）保存系统为Ⅱ类有利保存系统，其他地区保存系统则相对较差（图 7-39、图 7-40）。

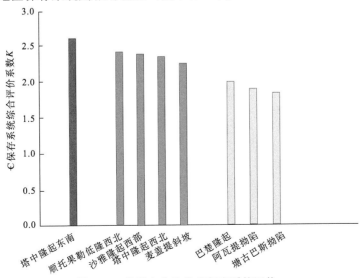

图 7-39 塔里木盆地Є-Є保存系统评价

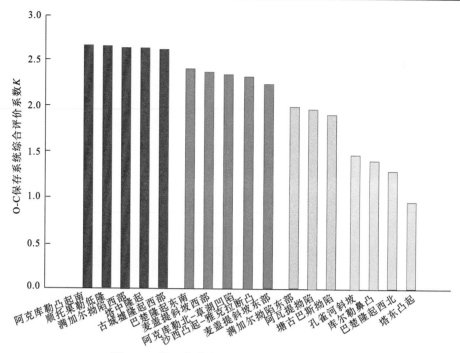

图 7-40　塔里木盆地 Є-O 与 Є-C 保存系统评价

3. 鄂尔多斯盆地

综合研究和勘探实践表明，鄂尔多斯盆地内部构造稳定、地层平缓，古生界碳酸盐岩和碎屑岩储层天然气富集，储盖配置丰富，盖层类型多样，品质较好，为海相层系天然气保存提供了有利条件。盆地西南缘下古生界沉积厚度大，构造活动相对强烈，为形成构造型气藏奠定了基础。

奥陶系陕北斜坡中部整体构造稳定，内幕-直接-上覆盖层发育，盖层稳定性好，盖层品质好，总体保存条件优越，发育 O_2-C-P（●）、O_2-O_3-C-P（●）保存系统，且已发现奥陶系中部大气田、大牛地气田，综合评价为Ⅰ类最有利保存区；陕北斜坡南部和北部、晋西挠褶带、天环向斜中部，构造基本稳定，内幕-直接和上覆盖层发育，盖层稳定性好，保存条件好。天环向斜西部和南部发育平凉组泥岩盖层，但经历后期构造改造，太原组直接盖层发育，保存条件较好，发育 O_2-O_3-C-P（●）保存系统，富县地区发现奥陶系工业气流，镇探 1 井在元古宇有工业油气流发现，北部杭锦旗和天环拗陷定北区块也有奥陶系工业油气流发现，综合评价为Ⅱ类有利保存区；天环向斜北部和南部、渭北隆起西北缘内幕盖层发育，发育平凉组泥岩局部直接盖层，上覆古生界盖层发育，发育 O_2-O_3-C-P（?）保存系统，但经历后期构造改造，盖层较薄，保存条件一般，综合评价为Ⅲ类中等保存系统；北部乌兰格尔凸起和渭北隆起南部上覆上古生界盖层，存在 O_2-O_3-C-P（×）保存系统，但厚度较薄，盖层品质较差，内幕盖层不发育，构造隆起幅度较大，褶皱和断裂发育，后期构造改造强烈，整体评价为Ⅳ类差保存系统。

鄂尔多斯盆地上古生界陕北斜坡整体构造稳定，局部和区域盖层发育，盖层品质好，保存条件优越，且有大牛地气田、杭锦旗地区和富县地区均发现工业油气流，发育 P_1-P_2（●）

保存系统，综合评价为Ⅰ类最有利保存系统；晋西挠褶带中部和天环向斜中部泥岩局部盖层，构造较为稳定，且灵1井的下石盒子组、淳探1井、鄂铜1井、黄深1井在山西组已有油气发现，局部盖层发育，保存条件好，存在P_1-P_2（●）保存系统，综合评价为Ⅱ类有利保存系统；天环向斜北部和南部、晋西挠褶带北部和南部发育局部盖层和区域盖层，且宜探1井在下石盒子组有油气发现，镇探1井在山西组有油气发现，但经历后期构造改造，盖层品质一般，存在P_1-P_2（？）保存系统，保存条件中等，综合评价为Ⅲ类较中等保存系统；渭北隆起东部和西部盖层不发育，厚度薄，品质差，后期构造改造强烈，断裂发育，保存条件差，综合评价为Ⅳ类差保存系统。

参 考 文 献

蔡立国, 钱一雄, 刘光祥, 等. 2002. 塔河油田及邻区地层水成因探讨. 石油实验地质, 24(1): 57-60

陈安定. 1994. 陕甘宁盆地中部气田奥陶系天然气的成因及运移. 石油学报, 15(2): 1-10

陈安定, 代金友, 王文跃. 2010. 靖边气田气藏特点、成因与成藏有利条件. 海相油气地质, 15(2): 45-55

成艳, 陆正元, 赵路子, 等. 2005. 四川盆地西南边缘地区天然气保存条件研究. 石油实验地质, 27(3): 218-221

戴少武, 贺自爱, 王津义. 2001. 中国南方中、古生界油气勘探的思路. 石油与天然气地质, 22(3): 195-202

邓模, 吕俊祥, 潘文蕾, 等. 2009. 鄂西渝东区油气保存条件分析. 石油实验地质, 31(2): 202-206

冯增昭. 2005. 关于油气保存单元. 石油与天然气地质, 26(3): 388-390

顾忆. 2000. 塔里木盆地北部塔河油田油气藏成藏机制. 石油实验地质, 22(4): 307-312

顾忆, 黄继文, 邵志兵. 2003. 塔河油田奥陶系油气地球化学特征与油气运移. 石油实验地质, 25(6): 746-750

顾忆, 黄继文, 马红强. 2006. 塔河油区油气分布特点及其控制因素. 中国西部油气地质, (1): 23-29

顾忆, 邵志兵, 赵明, 等. 2011. 塔里木盆地巴楚隆起油气保存条件与勘探方向. 石油实验地质, 33(1): 50-55

郭彤楼, 楼章华, 马永生. 2003. 南方海相油气保存条件评价和勘探决策中应注意的几个问题. 石油实验地质, 25(1): 3-9

过敏. 2010. 鄂尔多斯盆地北部上古生界天然气成藏特征研究. 成都理工大学博士学位论文

何登发, 李德生. 1996. 塔里木盆地构造演化与油气聚集. 北京: 地质出版社

何登发, 赵文智, 雷振宇, 等. 2000. 中国叠合型盆地复合含油气系统的基本特征. 地学前缘, 7(3): 23-37

何登发, 马永生, 杨明虎. 2004. 油气保存单元的概念与评价原理. 石油与天然气地质, 25(1): 1-8

何登发, 李德生, 张国伟, 等. 2011. 四川多旋回叠合盆地的形成与演化. 地质科学, 46(3): 589-606

何治亮, 汪新伟, 李双建, 等. 2011. 中上扬子地区燕山运动及其对油气保存的影响. 石油实验地质, 33(1): 1-11

何自新, 郑聪斌, 王彩丽, 等. 2005. 中国海相油气田勘探实例之二——鄂尔多斯盆地靖边气田的发现与勘探. 海相油气地质, 10(2): 37-44

金之钧. 2014. 从源-盖控烃看塔里木台盆区油气分布规律. 石油与天然气地质, 35(6): 763-770

金之钧, 蔡立国. 2006. 中国海相油气勘探前景、主要问题与对策. 石油与天然气地质, 27(6): 722-730

金之均, 庞雄奇, 吕修祥. 1988. 中国海相碳酸盐岩油气勘探. 勘探家, 3(4): 66-69

李明诚, 李伟, 蔡峰, 等. 1997. 油气成藏保存条件的综合研究. 石油学报, 18(2): 41-48

李熙哲, 冉启贵, 杨玉凤. 2003. 鄂尔多斯盆地上古生界盒8段—山西组深盆气压力特征. 天然气工业, (1): 126-127

李小地. 1996. 油气藏成因模式探讨. 石油勘探与开发, 23(4): 1-5

李仲东, 过敏, 李良, 等. 2006. 鄂尔多斯盆地北部塔巴庙地区上古生界低压力异常及其与产气性的关系. 矿物岩石, 26(4): 48-53

梁兴, 吴少华, 马力, 等. 2003. 赋予含油气系统内涵的南方海相含油气保存单元及其类型. 海相油气地质, 8 (324): 81-88

刘洛夫, 赵建章, 张水昌, 等. 2000. 塔里木盆地志留系沥青砂岩的成因类型及特征. 石油学报, 16(6): 12-17

罗志立. 1998. 四川盆地基底结构的新认识. 成都理工学院学报, 25(2): 191-200

马力, 叶舟, 梁兴. 1998. 南方重点盆地海相油气勘探新进展//赵政璋. 油公司油气勘探之路: 新区勘探项目管理探索. 北京: 石油工业出版社

马永生, 楼章华, 郭彤楼, 等. 2006. 中国南方海相地层油气保存条件综合评价技术体系探讨. 地质学报, 80(3): 406-417

宋鸿彪, 罗志立. 1995. 四川盆地基底及深部地质结构研究的进展. 地学前缘, 2(3-4): 231-237

谭广辉, 邱华标, 余腾孝, 等. 2014. 塔里木盆地玉北地区奥陶系鹰山组油藏成藏特征及主控因素. 石油与天然气地质, 35(1): 26-32

田在艺, 张庆春. 1997. 中国含油气沉积盆地论. 北京: 石油工业出版社

童晓光, 梁狄刚. 1992. 塔里木盆地油气勘探论文集. 乌鲁木齐: 新疆科技卫生出版社

王津义, 付孝悦, 潘文蕾, 等. 2007. 黔西北地区下古生界盖层条件研究. 石油实验地质, 29(5): 477-481

王立志. 2013. 塔中地区奥陶系基岩潜山天然气盖层封闭能力综合评价. 东北石油大学硕士学位论文

王显东, 姜振学, 庞雄奇, 等. 2004. 塔里木盆地志留系盖层综合评价. 西安石油大学学报(自然科学版), 19(4): 49-53

王晓梅, 赵靖舟, 刘新社, 等. 2013. 鄂尔多斯盆地东部上古生界现今地层压力分布特征及成因. 石油与天然气地质, 34(5): 646-651

沃玉进, 汪新伟. 2009. 中、上扬子地区地质结构类型与海相层系油气保存意义. 石油与天然气地质, 30(2): 177-187

沃玉进, 汪新伟, 袁玉松, 等. 2011. 中国南方海相层系油气保存研究的新探索——"保存系统"的概念与研究方法. 石油实验地质, 33(1): 66-73, 86

袁际华, 柳广弟. 2005. 鄂尔多斯盆地上古生界异常低压分布特征及形成过程. 石油与天然气地质, 26(6): 792-799

袁京素, 李仲东, 过敏, 等. 2008. 鄂尔多斯盆地杭锦旗地区上古生界异常压力特征及形成机理. 中国石油勘探, (4): 18-21

袁玉松. 2009. 中上扬子地区埋藏史、热史及源—盖匹配关系. 中国石化石油勘探开发研究院博士后出站报告

张俊, 庞雄奇, 刘洛夫, 等. 2004. 塔里木盆地志留系沥青砂岩的分布特征与石油地质意义. 中国科学(D辑: 地球科学), (S1): 169-176

张抗. 1999. 塔河油田的发现及其地质意义. 石油与天然气地质, 20(2): 120-124

张立宽, 王震亮, 于在平. 2004. 沉积盆地异常低压的成因. 石油实验地质, 26(5): 422-426

张仲培, 王毅, 李建交, 等. 2014. 塔里木盆地巴-麦地区古生界油气盖层动态演化评价. 石油与天然气地质, 35(6): 839-852

赵文智, 何登发. 1996. 含油气系统理论在油气勘探中的应用. 勘探家, 1(2): 12-19

周兴熙. 1997. 源-盖共控论述要. 石油勘探与开发, 24(6): 4-7

朱筱敏, 顾家裕, 贾进华. 2003. 塔里木盆地重点层系储盖层评价. 北京: 石油工业出版社

Dow W G. 1974. Application of oil correlation and source rock data to exploration in Williston Basin. AAPG Bulletin, 58(7): 1253-1262

Magoon L B, Dow W G. 1994. The petroleum system-from source to trap. AAPG Memoir, 60: 3-24